西安交通大学 本科"十四五"规划教材

虚实结合的智能制造实践教程

李 晶 杨立娟 主编

西安交通大学出版社
XI'AN JIAOTONG UNIVERSITY PRESS

图书在版编目(CIP)数据

虚实结合的智能制造实践教程 / 李晶,杨立娟主编.
西安：西安交通大学出版社,2025.6.--(西安交通
大学本科"十四五"规划教材).-- ISBN 978-7-5693
-3957-4

Ⅰ.TH166

中国国家版本馆 CIP 数据核字第 2025FE3262 号

书　　名	虚实结合的智能制造实践教程
	XUSHI JIEHE DE ZHINENG ZHIZAO SHIJIAN JIAOCHENG
著　　者	李　晶　杨立娟
责任编辑	李　佳
责任校对	王　娜
装帧设计	伍　胜

出版发行	西安交通大学出版社
	(西安市兴庆南路 1 号　邮政编码 710048)
网　　址	http://www.xjtupress.com
电　　话	(029)82668357　82667874(市场营销中心)
	(029)82668315(总编办)
传　　真	(029)82668280
印　　刷	中煤地西安地图制印有限公司

开　　本	787 mm×1092 mm　　1/16　　**印张** 14.875　　　**字数** 315 千字
版次印次	2025 年 6 月第 1 版　　2025 年 6 月第 1 次印刷
书　　号	ISBN 978-7-5693-3957-4
定　　价	44.90 元

如发现印装质量问题,请与本社市场营销中心联系。
订购热线:(029)82665248　(029)82667874
投稿热线:(029)82668818
读者信箱:19773706@qq.com

前　言

　　装备的智能化升级和智能工厂的兴起成为制造业发展的重要趋势。智能制造是将新一代信息通信技术与先进制造技术深度融合,逐步实现关键工序智能化和关键岗位用机器人替代。工业互联网和智能制造云平台是智能制造的支撑和基础,系统集成技术将智能制造各功能单元和支撑系统集成为新一代智能制造系统。在这一背景下,我们编写了本书,期待能普及智能制造技术相关的知识。

　　本书为西安交通大学本科"十四五"规划教材。书中突出新的教学计划"重基础、宽门类、强实践"的要求,使学生掌握基于智能制造的基础理论,同时能够融会贯通高端装备制造领域的知识体系,解决复杂工程问题,成为满足先进制造业发展需求、具有创新能力和跨界整合能力的工程技术人才。

　　本书结合了编者在数控加工、工业机器人、智能产线方面的多年教学经验,主要内容为智能制造技术应用,包含智能产线构建分析与操作、智能产线设计与优化、工业机器人操作与编程、智能产线网络架构体系设计、视觉识别技术应用以及五轴加工和增材制造等项目。书中包含基础项目及综合创新项目,基础项目的内容注重于对智能制造基本理论的理解与应用;综合创新项目的内容则重在扩展学生智能制造实践的空间,以支撑课程的综合实验、课程设计及 CDIO 项目等实践环节。

　　本书由李晶、杨立娟主编,还有多位实验技术人员参与编写。其中,项目一、二、五、六、九由李晶编写,项目三由李晶、陶岳编写,项目四由赵丹编写,项目七、十一、十二由杨立娟编写,项目八由郭文静编写,项目十由陶岳编写,项目十三由李晶、杨立娟编写。

　　由于编者水平所限,书中疏漏在所难免,恳请相关专家和读者批评指正。

编　者

目　录

目 录

项目一　智能制造产线系统构建与运行分析

一、项目目标

(1)掌握智能制造产线的组成及各部分功能；

(2)了解智能制造系统的层级架构；

(3)理解叶轮智能制造生产模式及工艺流程；

(4)掌握智能产线操作与运行过程。

二、相关知识点

(1)智能制造的概念；

(2)智能制造产线的四层级架构体系；

(3)制造执行系统(MES)、仓储管理系统(WMS)的功能与应用；

(4)智能产线运行过程。

三、项目内容

(1)认识智能产线的组成及层级架构,掌握各智能设备在产线中的作用及运行过程；

(2)学习数控机床、工业机器人基于智能产线的基本操作；

(3)学习智能产线的操作,完成产线运行与控制。

四、项目设备

(1)硬件:五轴加工中心、三轴加工中心、数控车床、六自由度机器人(2 台)、八工位自动料仓、AGV、物料转换中转台、机器人气动夹具、车间智能终端显示屏、三台机床监控设备；

(2)软件:智能产线集成控制系统、基于 RFID 的数字化系统、制造执行系统(MES)、仓库管理系统(WMS)、产线虚拟仿真系统,Mastercam2017、斯沃数控仿真软件、工业机器人仿真软件 V2.0、SIEMENS TIA Portal V16、Tecnomatix Process Simulate(简称 Process Simulate)V16.0、PLCSIM Advanced V3.0。

五、项目原理

(一)信息物理系统

智能制造是指运用信息物理系统(cyber - physical system,CPS,也称作虚拟-实体系统)技术将生产过程中的诸如供应链、制造、销售等方面的信息数据化、智能化,从而实现快速、高效、个性化的产品生产。美国早在 2006 年就提出了 CPS 的概念,并将此项技术体系作为新一代技术革命的突破点。CPS 系统是一个在环境感知的基础上,深度融合了计算、通信和控制能力的可控、可信、可扩展的网络化物理设备系统。德国提出的工业 4.0 的核心技术也是 CPS 技术在生产系统的应用。

任何产品可以存在于虚拟和实体两个世界,虚拟世界中代表实体状态和相互关系的模型和运算结果能够更加精确地指导实体的行动,使实体的活动相互协同和优化,实现价值更加高效、准确和优化的传达。智能制造核心就是借力新一代信息技术,实现制造的物理世界和信息世界的互联互通与智能化操作,能根据当前状态预测对象的发展变化,实时学习得到最优的控制策略,从而取得最佳的生产控制效果。因此,我们在学习智能制造相关知识及相关实践训练时,要理解制造物理世界与信息世界的交互与共融,将物理空间的实体产品、数字空间的虚拟产品及两者之间的数据和信息对接过程带入到产品制造和运行的全生命周期的各个阶段。

(二)智能制造学科交叉创新实践平台简介

智能制造学科交叉实验平台(见图 1-1)以微型涡轮(简称微涡)发动机核心零部件为载体,实现产品设计、加工制造、智能管理、物流服务等产品全生命周期运行、监控过程,将智能制造的机器人、数控机床、虚拟仿真、云平台、物联网、信息化管理等技术进行融合,具有无人化智能车间的基本功能和形态。该平台体现了虚拟仿真系统与物理系统的有机融合,将虚实结合的理念和技术贯穿于智能制造学科交叉创新平台建设和实践教学的各个环节。

图 1-1　智能制造学科交叉实验平台

1.智能制造物流平台

智能制造学科交叉创新实践平台以国家智能制造系统标准架构为参考,构建了由设备层、采集与控制层、管理层、决策层组成的四层级架构体系(见图1-2)。

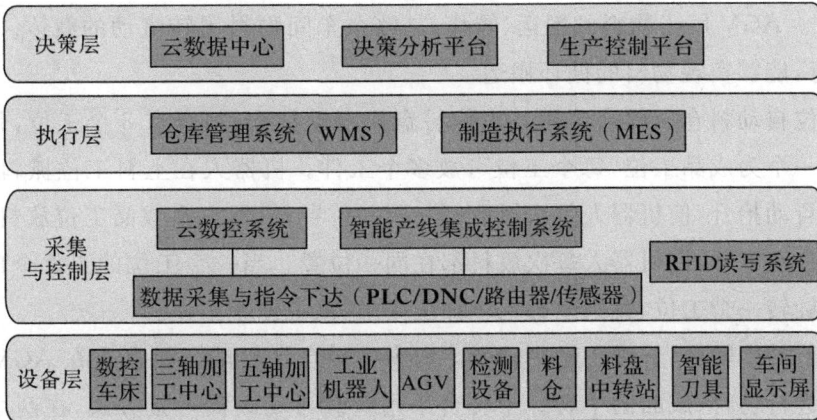

图1-2　智能制造平台四层次架构体系

1)设备层

产线的智能设备主要包括两部分:车铣工站和五轴工站。车铣工站设备包括:三轴加工中心、数控车床、HSR-JR620工业机器人、八工位自动料仓、自动导向车(automated guided vehicle,AGV)、车铣工站物料转换中转台、机器人气动夹具、车间智能终端显示屏等设备。五轴工站设备包括:五轴加工中心、HSR-JR612工业机器人、五轴工站物料转换中转台。如图1-3所示为智能制造平台设备布局图。

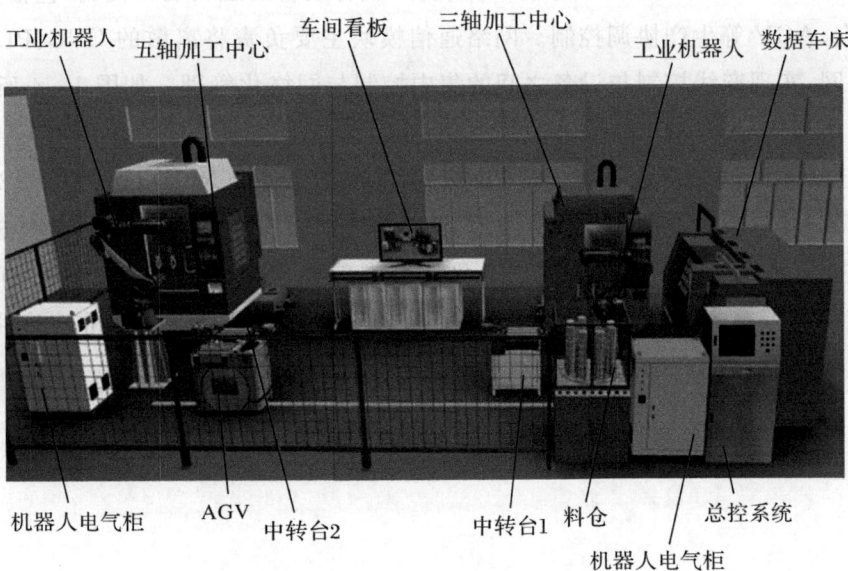

图1-3　智能制造平台设备布局图

（1）数控机床。产线配备一台五轴加工中心、一台三轴加工中心、一台数控车床，可以加工如微涡发动机叶轮等复杂零件。

（2）工业机器人。两台六关节机器人 HSR－JR620 和 HSR－JR612，末端执行机构为自动气爪夹具。

（3）AGV。AGV 用于物料的搬运、转移，是整个车间物料周转流动的载体。AGV 按照规划轨迹运行，能够实现物料的循环搬运。

（4）八工位自动料仓。料仓采用八工位转盘式自动料仓，料仓有 8 个工位，其中一个是物料工位，另一个为成品工位，每个工位可放多个工件。机器人在上料工位抓料，每抓走一个工件，工位自动抬升，使机器人每次抓取都在同一位置；机器人在成品工位放料，每放置一个工件，工位自动下降，使机器人每次放料都在同一位置。当一个工位的工件全部抓取完毕后，料仓自动旋转一个工位，直到全部毛坯加工完毕，系统停止工作。

（5）车铣工站中转台、五轴工站中转台。两个中转台主要配合机器人在 AGV 与车铣工站、五轴工站进行物料、成品的中转。中转台采用背载自动滚筒对接方式，在两个工站分别安装 RFID 数字化采集系统。

2）智能采集与控制层

（1）智能产线集成控制系统。采集与控制层主要负责产线设备数据采集（各个设备状态、I/O 状态、生产数据等）、状态显示、设备监控、RFID 读写控制、检测设备检测交互等，为执行层的 MES、WMS 提供准确、及时的生产完工信息。

产线控制系统包括中央控制系统和五轴工站控制系统，中央控制系统主要负责车铣工站各设备及五轴工站控制。两个工站都以 PLC 为控制器，中央控制系统的 PLC 为主站 PLC，五轴工站的 PLC 为从站 PLC。PLC 负责产线各设备的逻辑动作控制，包括机器人、数控机床、料仓、AGV 等生产协调控制。网络通信模块主要负责将离散的 CNC、PLC、检测设备等进行组网，实现产线控制与设备之间的集中控制与网络化管理。如图 1－4 所示为智能制造平台网络架构。

（2）基于 RFID 的数字化系统。RFID 读写系统主要包括 RFID 读写器、读头、电子标签，通过 RFID 读写器读取物料、零件、刀具的电子标签，并对物料、零件、刀具进行标记，实现实时监控。平台的 RFID 读写系统分别安装在料仓、车铣中心中转台、五轴加工中心中转台及刀柄处。高效的数据采集系统能有效地提升 MES、WMS 数据的准确性。

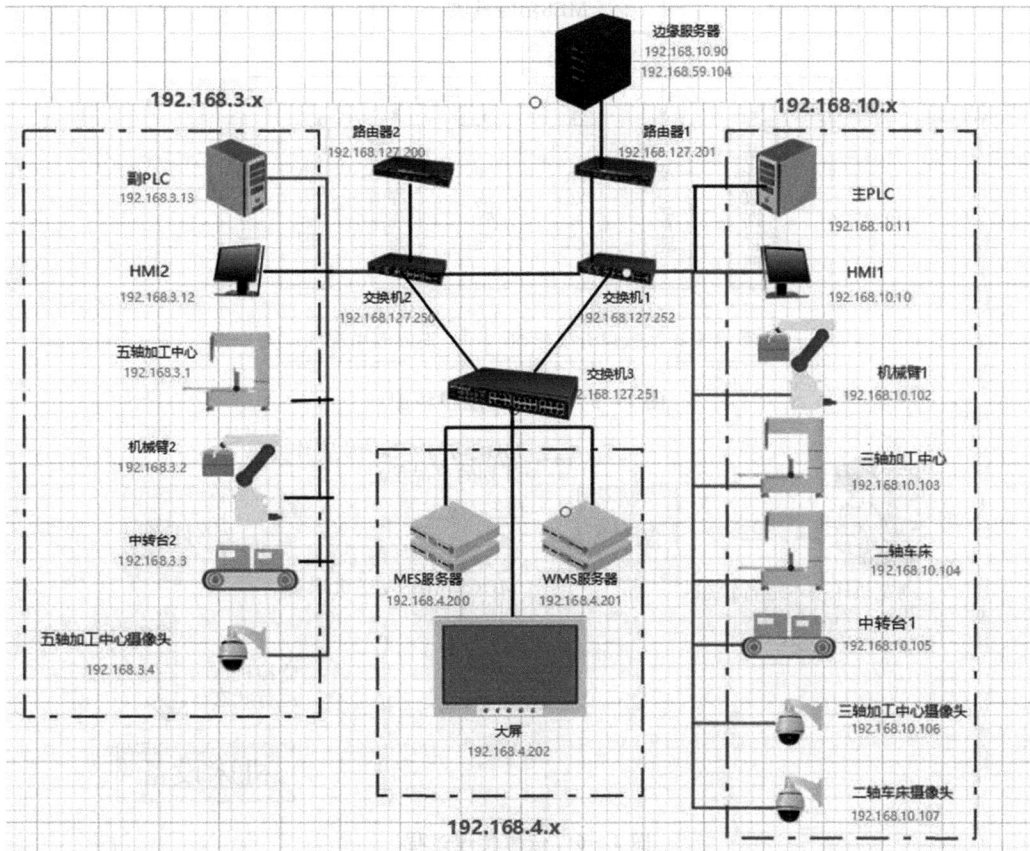

图 1-4 智能制造平台网络架构

3）管理层

（1）制造执行系统（manufacturing execution system，MES）是面向制造企业车间执行层的生产过程的信息化管理系统，在生产制造系统中起着承上启下，提高企业运作效率和管理水平的作用。产线 MES 功能模块如图 1-5 所示，主要包含基础数据管理、BOM 管理、计划管理、高级排产管理、质量管理、决策管理、数据统计分析等。MES 与 DNC/MDC 系统集成，数据流双向传输，MES 将任务计划、程序、刀具、设备准备情况传给 DNC 系统，编程人员编完程序后，进行任务完工确认，同时把准备情况反馈到 MES。MDC 系统采集机床运行信息并实时添加到 MES 的相关数据库中，MES 提供对设备实时运行状态和历史运行数据的显示，MDC 可以访问 MES 中生产作业计划的产品信息，其信息传递过程如图 1-6 所示。

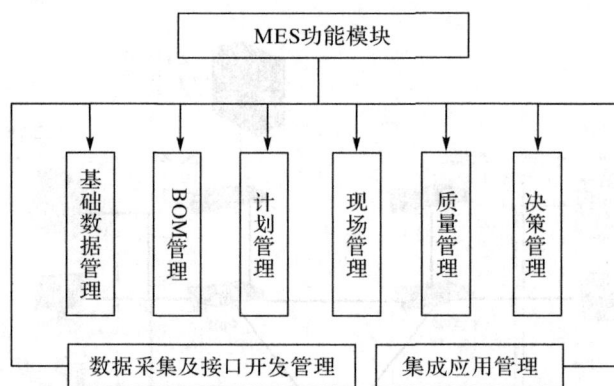

图 1-5　MES 功能模块图

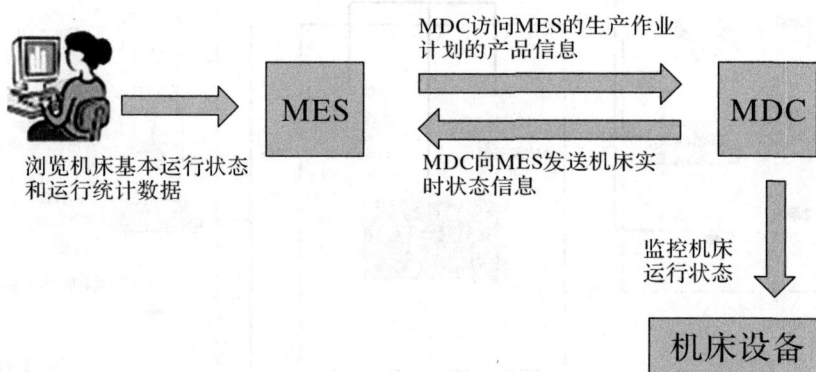

图 1-6　信息传递过程

　　(2)仓库管理系统(warehouse management system，WMS)是对车间产品批次管理、物料对应、库存盘点、质检管理、虚仓管理和即时库存管理等功能综合运用的管理系统。WMS有效控制并跟踪仓库业务的物流和成本管理全过程，实现或完善企业仓储信息管理。为了提高客户的办公效率，MES 可与 WMS 进行集成，实现 MES 和 WMS 的数据连接。WMS能够接收 MES 下达的物资生产准备指令，生成任务准备提醒，进而快速进行物料准备状态反馈及物料配送流程的处理，处理完成后反馈状态结果给 MES。如图 1-7 所示为 WMS 功能结构图。

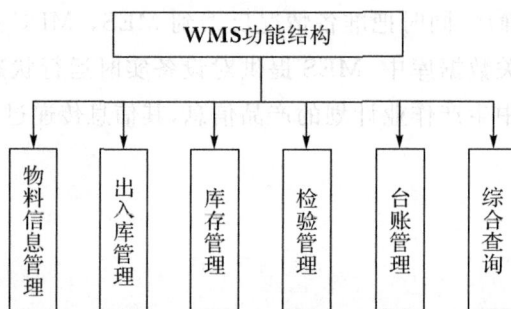

图 1-7　WMS 功能结构图

4)决策层

通过云数据中心的大数据分析、计算等技术,辅助管理者从海量数据中寻找出隐藏期间的关系和规律,为管理者管理和控制提供即时决策的依据。可以通过手机、平板等移动终端实现远程监控、远程管理。

2. 虚拟仿真系统

由于智能产线的台(套)数有限,且多学科交叉的智能制造专业知识使学生学习起来难度大,如果能将虚拟仿真技术应用于智能制造各环节,利用虚拟仿真技术,构建虚幻的条件与场景、逼真的操作对象、灵活多样的互动环节及学习内容,会大大提高实验教学效果,有效拓宽实践平台的承载能力。虚拟仿真系统是智能制造系统不可缺少的组成部分,这些虚拟仿真系统(见图1-8)贯穿了产品设计阶段、生产、管理与运维阶段的各环节。

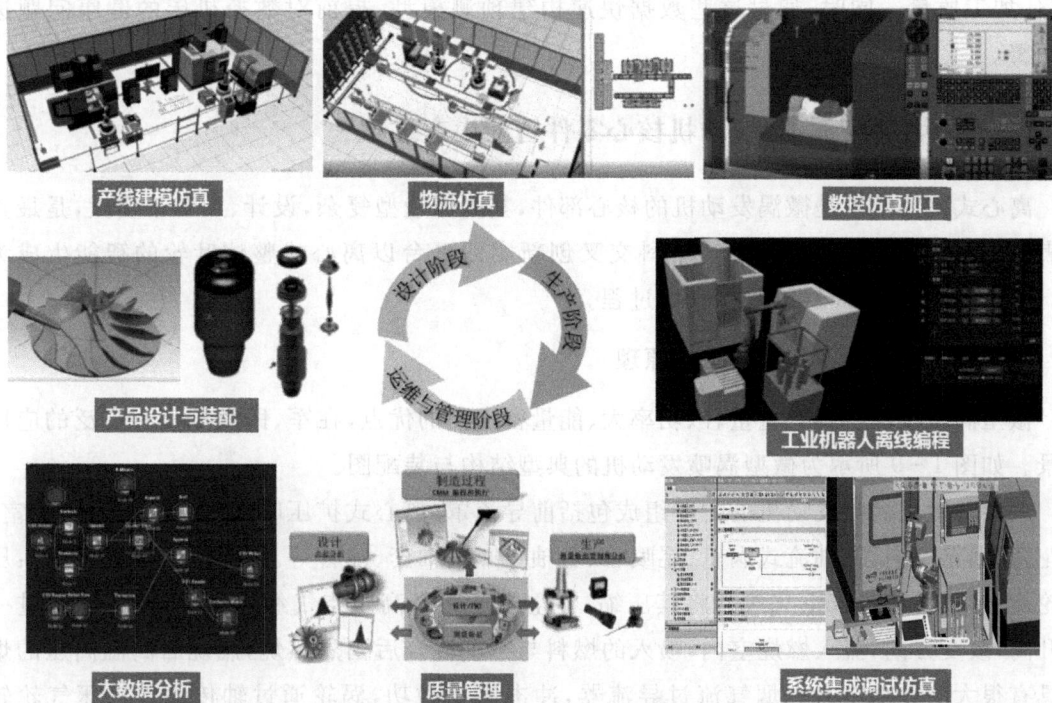

图1-8 智能制造虚拟仿真系统

在产品设计阶段,引入 UG、Mastercam 等 CAD/CAM 软件,完成零件的三维模型设计与加工仿真。应用 Process Simulate 软件在产品开发的早期仿真装配过程,验证产品的工艺性,动态分析装配干涉情况,获得完善的制造规划。利用工厂 Plant Simulation 软件对要投建、改建的工厂和生产线进行建模、仿真,分析和优化生产布局、资源利用率、生产瓶颈、产能、效率、物流和供需链等。

在生产阶段,Mastercam 软件导出的 NC 程序在斯沃数控仿真软件中完成零件的仿真加工。数控仿真软件可以仿真机床的各种操作及加工过程,可选择多种数控系统、机床模型和刀具型号,真实再现了零件加工过程。仿真加工无误后,可以将程序传输到实体机床,完成零件加工。应用西安交通大学自主开发的工业机器人离线编程软件可以线上操作仿真机器人,进行基于智能产线的机器人作业轨迹的离线编程,提高机器人编程质量和效率。利用智能产线数字孪生模型及博途 TIA 软件对智能产线设备、系统进行虚拟组态、集成和调试。先在虚拟环境中调试自动化控制逻辑和 PLC 代码,再将其下载到真实设备,验证自动化产线的组态、控制及运行过程。

在管理与运维阶段,利用 PLM 软件提供三维公差仿真分析技术,高精度坐标测量机自动编程和执行,生产过程中的尺寸测量规划与验证技术,有效管理和跟踪了产品全生命周期质量控制过程中的各项信息。利用 TTSS、GenPro 等软件对采集的数控机床的位置、电流、力矩、跟随误差等数据进行有效挖掘,发现其规律,提高数控机床的管理效率、加工效率、加工质量。同时,通过这些数据快速构建预测模型,提前对数控机床的健康问题进行预警。

(三)微涡(微型涡喷)发动机核心零件智能生产过程

离心式整体叶轮是微涡发动机的核心部件,其曲面造型复杂,设计、加工难度大,是最具代表性的复杂零件。该智能制造学科交叉创新实践平台以离心式整体叶轮的智能生成为例,让学生掌握智能产线的智能生成过程。

1. 微涡发动机典型结构与工作原理

微型涡喷发动机具有重量轻、功率大、能量密度高的优点,在军、民领域都有广泛的应用前景。如图 1-9 所示为微型涡喷发动机的典型结构与装配图。

典型的微型涡喷发动机的主要组成包括前导流罩、离心式扩压叶轮、前扩压器、燃烧室、火花塞、涡轮导向器、轴流式涡轮、尾喷管、主轴、轴承、轴套、油管等。其基本工作原理为:压气轮旋转,发动机吸入空气然后将其压缩,使空气压力升高。空气经过扩压器后,压力进一步升高,改变方向,流入燃烧室内,喷入的燃料与空气混合后剧烈燃烧,燃烧后高温高压的烟气具有很大的做功能力。烟气流过导流器,冲击涡轮做功,涡轮通过轴传动带动压气轮转动。烟气释放出推动压气机叶轮所需的能量,剩余的能量使烟气加速到很高的速度,速度方向沿轴向,与飞行方向相反。根据能量守恒定律,微型涡喷发动机获得与排气方向相反的推动力,从而推动飞机飞行。

（a）

（b）

图 1-9　微型涡喷发动机的典型结构与装配图

2. 叶轮智能生产工艺流程

如图 1-10 所示为叶轮智能加工工艺流程。

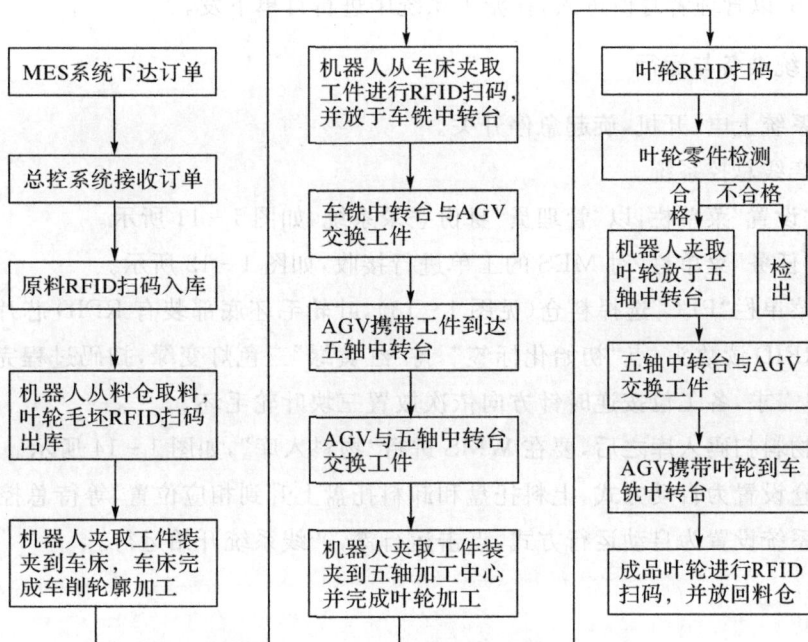

图 1-10　叶轮智能加工工艺流程图

六、项目实例

以叶轮零件为加工对象,操作并运行产线,具体操作步骤如下。

1. 机床准备过程

数控车床、三轴加工中心、五轴加工中心开机,调用数控加工程序并运行一次程序,数控机床防护门打开,等待总控指令。

2. AGV 准备过程

打开 AGV,观察蓄电池电量是否充足,向前运行后,回退到车铣工站的中转台工位,等待总控指令。

3. 料仓准备过程

打开料仓总控开关,急停开关旋起,在手动方式下将上料托盘和卸料托盘下降到 0 位置,转动一次工位,等待物料扫码入库。

4. 工业机器人准备过程

伺服上电、开机,旋起急停开关,HSR-JR612 机器人调用程序 Main2,HSR-JR620 机器人调用程序 Main1。在自动方式下,点击程序运行键,机器人等待总控指令。

5. MES 派工

打开 MES,以管理者身份进入,在派工系统中进行订单下发。

6. 总控系统准备与运行

(1)总控系统上电、开机,旋起急停开关。

(2)登录产线总控系统。

(3)进入"设置"菜单栏,以"管理员"身份登录系统,如图 1-11 所示。

(4)进入"任务"菜单栏,对 MES 的工单进行接收,如图 1-12 所示。

(5)进入菜单栏"PLC"选择料仓(见图 1-13),叶轮毛坯底部装有 RFID 芯片,将芯片对准料仓上的 RFID 读数头,点"初始化标签",待"红黄绿"三色灯变绿,扫码过程完成,物料入库。根据订单需求,各工位按逆时针方向依次放置三块叶轮毛坯。

(6)每个物料扫码入库之后,要在 WMS 进行"物料入库",如图 1-14 所示。

(7)将料仓设置为自动方式,上料托盘和卸料托盘上升到相应位置,等待总控指令。

(8)总控系统设置为自动运行方式,点击运行键,产线系统开始运行。

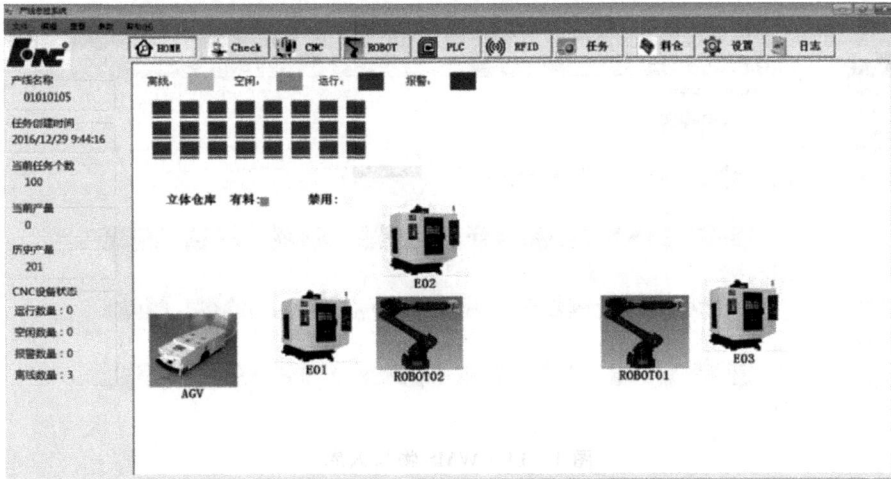

图 1-11   总控系统主界面

图 1-12   接收 MES 工单

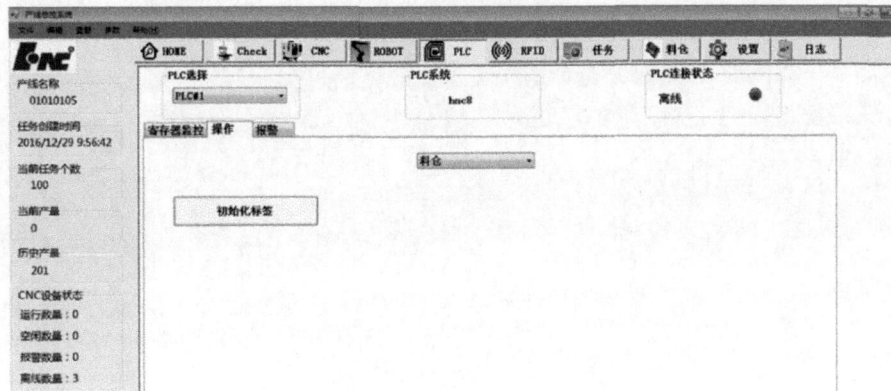

图 1-13   初始化叶轮毛坯标签、物料入库

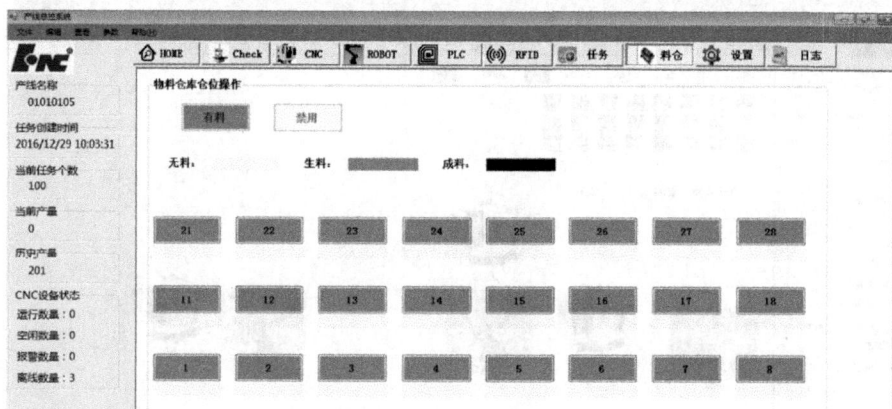

图 1-14　WMS 物料入库

七、思考题

(1)简述叶轮智能产线四层级架构体系及功能。

(2)简述叶轮智能生产过程与工艺流程。

(3)叶轮智能产线网络包含几个局域网,网络这么划分的好处有哪些?

项目二　虚实结合的数控机床的结构分析及操作

一、项目目标

(1)了解数控机床的特点与分类;

(2)了解数控加工机床的组成与结构;

(3)掌握数控加工机床的工作原理;

(4)掌握数控机床的操作步骤。

二、相关知识点

(1)机床回参考点的意义;

(2)利用分中法对刀的方法;

(3)机床结构和性能;

(4)三轴数控机床加工操作基本方法。

三、项目内容

(1)用右手定则判定 VMC850 数控加工中心的坐标轴及方向,观察返回参考点的过程,明确返回参考点的原理;

(2)借助数控虚拟仿真软件的学习,熟练掌握 VMC850 数控加工中心的返回参考点、点动、手轮进给控制、MDI 运行及自动执行程序功能的操作;

(3)利用分中法,小组合作完成零点在圆心的毛坯对刀方法。

四、项目设备

(1)硬件:VMC850 数控加工中心、数控车床;

(2)软件:斯沃数控仿真软件。

五、项目原理

(一)数控机床及其组成

现代数控机床基本都是 CNC 机床,一般由数控操作系统和机床本体组成,主要由以下几部分组成。

1. CNC 装置

计算机数控装置(即 CNC 装置)是 CNC 系统的核心,由微处理器(CPU)、存储器、各 I/O 接口及外围逻辑电路等构成。数控装置如图 2-1 所示。

图 2-1　数控系统

2. 数控面板与机床操作面板

数控面板是数控系统的控制面板,主要由显示器和键盘组成。键盘也称 MDI 面板,通过 MDI 面板和显示器下面的按键可实现系统管理和对数控程序及有关数据进行输入、编辑和修改。

一般数控机床均布置一个机床操作面板(又称机床控制面板),用于选择操作方式,并对机床进行一些必要的操作,以及在自动方式下对机床运行进行必要的干预。面板上布置有各种所需的按钮和开关,有些面板还包括电源控制、主轴及伺服使能控制。数控面板与机床操作面板如图 2-2 所示。

图 2-2　数控面板与机床操作面板

3. PLC 及 I/O 接口装置

PLC 用于完成数控机床的各种逻辑运算和顺序控制,如主轴的启停、刀具的更换、冷却液的开关等辅助动作。专用数控系统通常将 PLC 功能集成到 CNC 装置中,再通过接口模块和机床交换信号。

4. 伺服系统

伺服系统分为进给伺服系统和主轴伺服系统。进给伺服系统主要由进给伺服单元和进给伺服电机组成,用于完成刀架和工作台的各项运动;主轴伺服系统用于数控机床的主轴驱动,一般有恒转矩调速和恒功率调速。为满足某些加工要求,还要求主轴和进给驱动能同步控制。

5. 机床本体

机床本体的设计与制造应满足数控加工的需要,即具有刚度大、精度高、能适应自动运行等特点。现在的伺服电机一般均采用无级调速技术,机床进给运动和主传动的变速机构被大大简化甚至取消。为满足高精度的传动要求,机床进给系统广泛采用滚珠丝杆、滚动导轨等高精度传动件。为了提高生产率和满足自动加工的要求,机床还配有自动刀架以及能自动更换工件的自动夹具等。机床的主体结构见图 2-3 和图 2-4 所示。

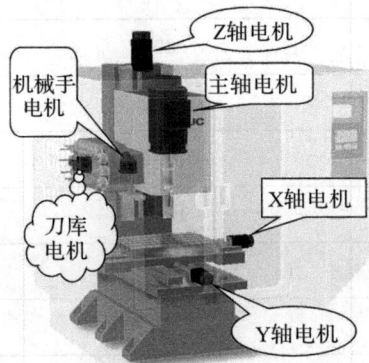

图 2-3　数控机床主体结构　　　　图 2-4　VDL-1000 立式机床主体结构

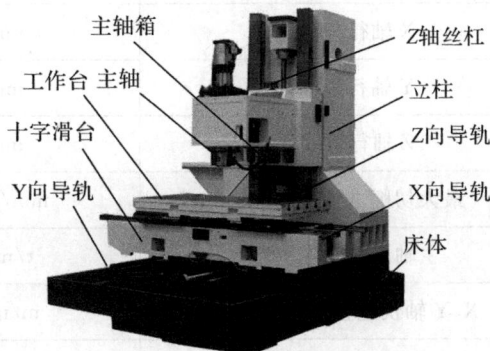

(二)实验用 VMC850 数控加工中心简介

VMC850 数控加工中心(见图 2-5)里配备三轴联动的经济型机床,该机床配备华中808 数控系统,既可实现钻、铣、镗、攻、扩等加工工序,特别适合加工形状复杂的二、三维凹凸模型及复杂的型腔和表面,又可用于中小批量多品种加工生产,还可以进入自动线进行批量生产。该机床规格及参数见表 2-1。

图 2－5　VMC850 数控加工中心

表 2－1　三轴联动经济型机床规格及技术参数

名称	单位	参数
工作台面（宽×长）	mm	500×1050
T 型槽（数量、尺寸×间距）	mm	5、18×90
允许负载	kg	600
主轴锥孔	/	BT40
X 轴行程	mm	800
Y 轴行程	mm	500
Z 轴行程	mm	550
最大切削进给速度	mm/min	10000
主轴最高转速	r/min	8000
X、Y 轴快速移动速度	m/min	20
Z 轴快速移动速度	m/min	20
主轴电机功率	kW	7.5
刀库容量	片	24
定位精度	mm	0.020/0.018/0.020
重复定位精度	mm	0.013/0.010/0.013
气源流量	L/min	250
机床外形尺寸	mm	2800×2300×3100
机床净重	kg	6000

六、项目实例

下面借助 VMC850 数控加工中心及数控仿真软件,学习数控机床的回参考点、手动控制、MDI 运行、程序自动运行等操作方法。

(一)VMC850 数控加工中心操作方法

1.机床回参考点操作

1)机床开关机及急停

首先检查机床状态是否正常,检查电源电压是否符合要求,接线是否正确。然后按下"急停"按钮,机床上电、数控系统上电,检查面板上的指示灯是否正常,此时工作方式为"急停"。右旋并拔起操作台右下角的"急停"按钮,再按"复位"按钮,使系统复位。机床关机过程与开机过程相反,先按下"急停"按钮,断开数控系统电源,再断开机床电源。

机床运行过程中,在危险或紧急情况下,按下"急停"按钮,数控系统即进入急停状态,伺服进给及主轴运转立即停止工作;解除急停前,应先确认故障原因是否已经排除。

2)机床回零点

对于机床各轴伺服电机带有增量编码器的,在每次接通电源后,必须先完成各轴的返回参考点操作,目的是建立机床坐标系。

通常应先使 Z 轴返回参考点。Z 轴回到参考点后,按键内的指示灯亮,然后让 X、Y 轴返回参考点。

3)超程解除

在伺服轴行程的两端各有一个极限开关,作用是防止伺服碰撞而损坏。每当伺服碰到行程极限开关时,就会出现超程。要解除超程状态可将工作方式设为"手动"或"手摇"方式,按压"超程解除"键,使该轴向相反方向运动到行程范围内。

2.机床手动控制操作

机床手动操作主要通过手持单元和机床控制面板实现。操作面板的各功能键如图 2-6 所示,主要包括开机键、关机键、急停键、方式选择键、单轴点动键、快进键、倍率切换键、程序运行及暂停键、主轴控制键等。

1)手动控制机床坐标轴

将机床运行方式切换为手动运行,在该方式下可以实现机床坐标轴的点动移动、快速移动等操作。

以移动 X 轴为例。按下"X+"或"X-"按键,X 轴将向正向或负向连续移动;松开按键,X 轴即减速停止。用同样的操作方法,可使 Y、Z 轴向正向或负向连续移动。快移倍率键可以控制快进的速率,当按下单轴点动方向键和快进的组合键时,可以改变单轴点动移动速度。

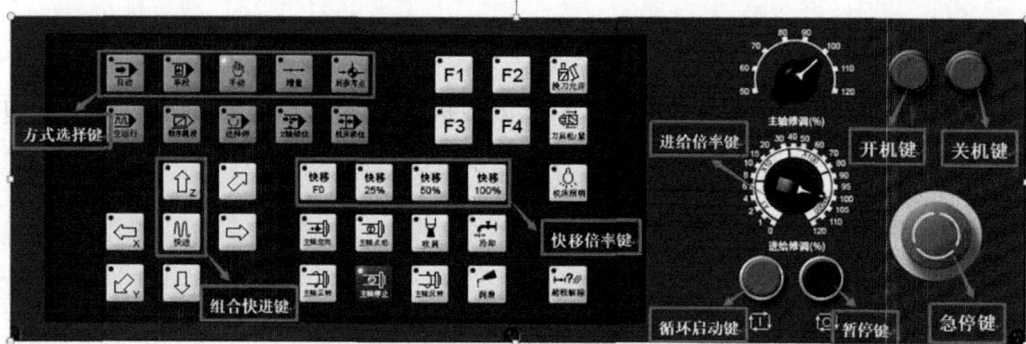

图 2 - 6 操作面板各功能键

切换到机床"增量"运行方式,系统处于手轮进给方式。通过选择手持单元的"X"、"Y"、"Z"挡,可以顺时针/逆时针旋转手摇脉冲发生器一格,可控制 X 轴向正向或负向移动一个增量值。

2)手动控制主轴

在手动方式下,按"主轴正转"按键(指示灯亮),主轴电机以机床参数设定的转速正转,直到按压"主轴停止"按键,主轴电机停止运转,反转同理。

3)机床锁住

在手动运行或增量运行方式下,按"机床锁住"键,此时再进行手动操作,显示屏上的坐标轴位置信息变化,但不输出伺服轴的移动指令,所以机床停止不动。"Z 轴锁住"功能用于禁止进刀,在只需要校验 XY 平面的机床运动轨迹时,可以使用"Z 轴锁住"功能。Z 轴坐标位置信息变化,但 Z 轴不进行实际运动。

4)进给速度修调

在自动方式或 MDI 运行方式下,当 F 代码编程的进给速度偏高或偏低时,可手动旋转进给倍率开关,修调程序中编制的进给速度,修调范围为 0~120%。

5)手动数据录入(MDI)运行

按 MDI 主菜单键进入 MDI 功能,用户可以从 NC 键盘输入并执行一行或多行指令段。例如:输入图 2-7 所示的指令段,然后按"输入"键,点击操作面板上的"循环启动"键,系统即开始运行所输入的 MDI 指令。MDI 方式输入的指令程序可以保存,如果不保存,程序执行完毕后,指令行被清除。

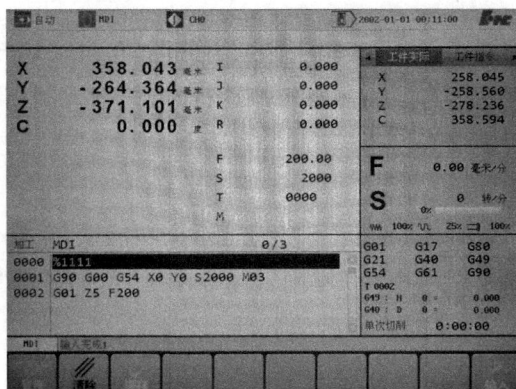

图 2 - 7　MDI 运行图

3. 程序编辑、管理及运行

在程序主菜单下可以对零件程序进行编辑、存储及运行等操作。

1) 程序选择

在程序主菜单下按"选择"对应功能键,出现如图 2 - 8 所示的界面。用"▲"和"▼"选择存储器类型(系统盘、U 盘、CF 卡),也可查看所选存储器的子目录。按"Enter"键即可加载程序。使用复制、粘贴功能,可以将某个文件拷贝到指定位置。

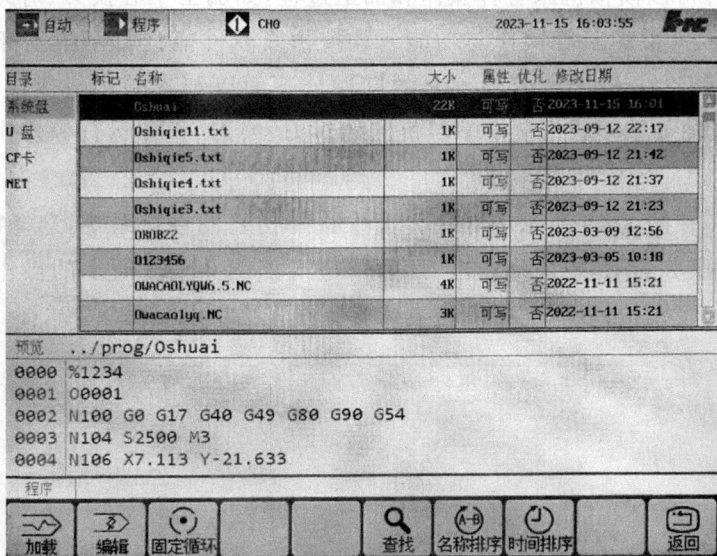

图 2 - 8　程序选择界面

2) 程序编辑

系统加工缓冲区已存在程序时,按"程序"→"编辑"对应功能键,即可编辑当前文件。按"程序"→"编辑"→"新建"对应功能键,输入文件名后,按"Enter"键可以编辑新文件。

3）程序运行与停止

（1）程序运行。程序加载后，第一行程序显示为蓝色，在自动运行方式下，按机床控制面板上"循环启动"键，程序开始运行。当需要暂停运行时，按下控制面板上红色"暂停"键。若再次按下"循环启动"键，程序继续运行。

（2）停止运行

在程序运行的过程中，如果按"程序"→"停止"对应功能键，系统提示"已暂停加工，取消当前运行程序（Y/N）?"，如果用户按"N"键则暂停程序运行，如果按"Y"键则停止程序运行。停止运行时，只有选择程序后，才能重新启动运行。

4）重运行

在中止当前加工程序后，如果希望程序重新开始运行，按"程序"→"重运行"对应功能键，则光标返回到程序开头，再按机床控制面板上的"循环启动"按键，程序从首行重新开始运行。

5）单段运行

按一下机床控制面板上的"单段"按键，系统处于单段自动运行方式：按一下"循环启动"键，运行一行程序段，机床运动停止；再按一下"循环启动"键，又执行下一程序段后，再次停止。

（二）数控仿真操作与加工

数控仿真软件可以模拟机床各种操作和加工过程，如加工中心换刀、对刀、毛坯设置、程序运行、MDI编程、模拟加工等操作与功能。数控仿真软件能让每个学生都有机会模拟操作机床，同时较好解决了机床台套数不足的问题。下面以与实验用机床同类型的 HNC-808 数控系统的三轴加工中心为例来学习机床的对刀、换刀、程序运行等操作。具体操作步骤如下：

（1）打开软件，在图 2-9 所示的登录界面中选择仿真的数控系统，选择"网络版"，并输入用户名、密码及服务器 IP 地址。点击"运行"，进入如图 2-10 所示的操作界面。操作界面的左侧为机床加工模拟显示区，右侧为模拟机床操作面板及显示区。

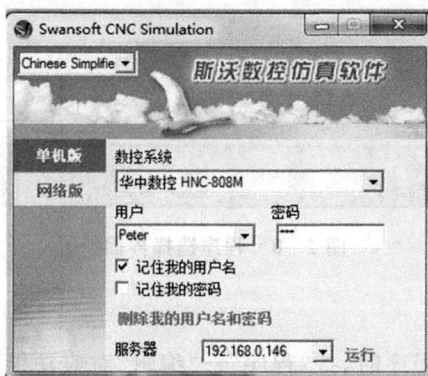

图 2-9 仿真软件登录界面

图 2-10　数控仿真软件操作界面

（2）机床开机，并将急停开关旋转并拔起。按复位键，机床恢复正常运行状态。

（3）机床回参考点。点击"回参考点"按键，分别按 Z、X、Y 轴的 ⇧z、⇦x、⇗ 方向键，让机床各轴回到参考点位置。

（4）加工中心对刀过程。

①设置毛坯。点击"工件设置"图标，选择"设置毛坯"功能，设定毛坯高度 10 mm，毛坯直径 75 mm，如图 2-11 所示。

②选择工件装夹方式。点击图标"工件装夹"，选择"工艺板装夹"方式，如图 2-12 所示。

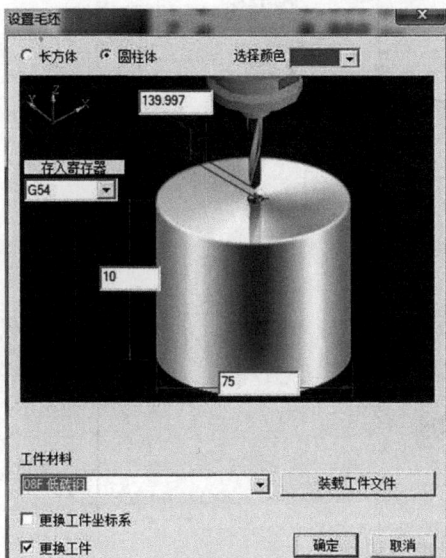

图 2-11　毛坯设置界面图

图 2-12　工件装夹方式选择

③安装寻边器。点击"工件设置"图标,点选"寻边器选择"功能(见图 2-13),选择光电式寻边器(见图 2-14),将寻边器安装到机床主轴。

图 2-13　寻边器功能选择

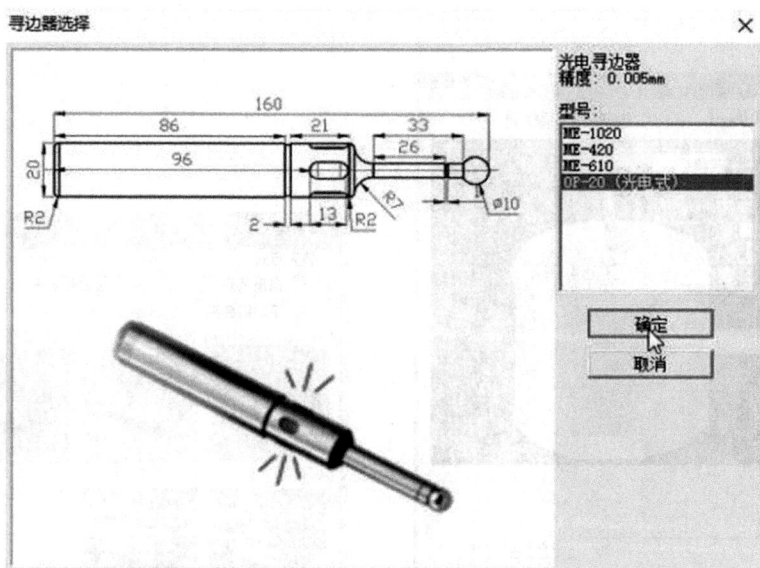

图 2-14　选择光电寻边器

④分中法设置 X、Y 轴工件坐标系零点。点击图 2-15 中的"设置"按钮,进入到工件坐标系设置界面。先设置 X、Y 轴工件坐标系零点,再设置 Z 轴零点。利用手轮控制机床 X、Y 轴移动,使光电寻边器触碰圆形毛坯两侧(见图 2-16)。当光电寻边器接触到工件边缘时,红色指示灯亮,点击"记录Ⅰ",然后向上移动 Z 轴,使刀具到安全高度。在 Y 轴不动的情况下,沿 X 方向移动机床,让寻边器触碰毛坯另一侧。当光电寻边器红色指示灯亮起时,点击"记录Ⅱ",然后点击"分中"软键,完成 X 轴工件坐标系零点设置。下移光标到 Y 轴,用同样的方法设置 Y 轴工件坐标系零点。

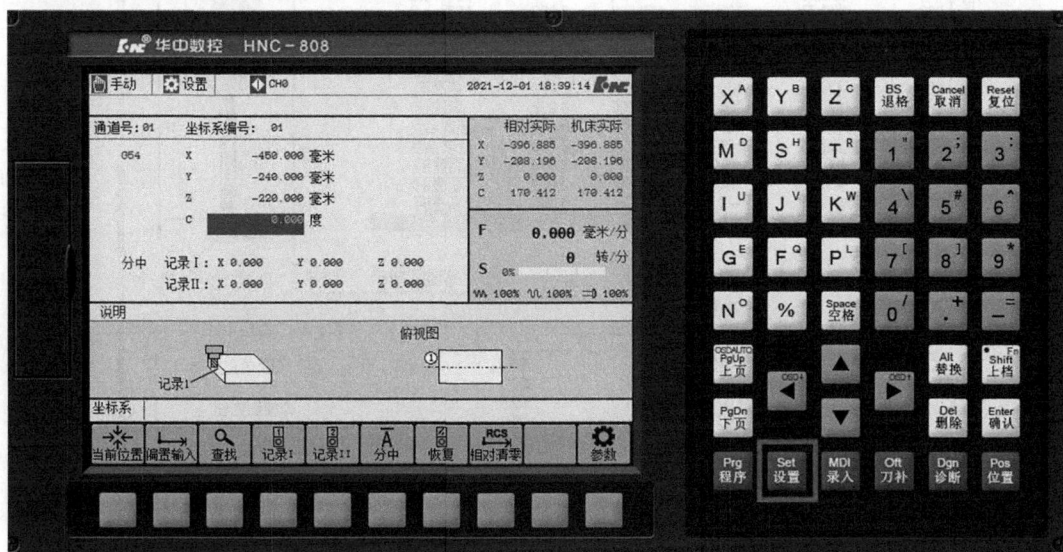

图 2-15　设置工件坐标系

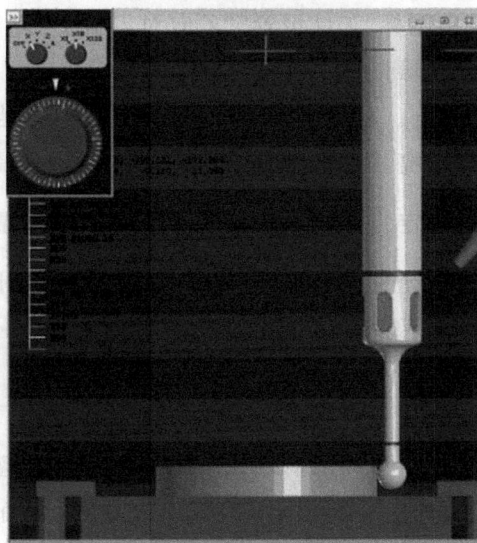

图 2-16　光电寻边器触碰圆形毛坯侧壁

⑤设置 Z 轴工件坐标系零点。

a. 安装刀具。首先卸下寻边器,点击图标"工件设置"及"卸下寻边器",完成寻边器卸载。点击图标"刀具管理"弹出如图 2-17 所示的刀具库管理对话框,选择直径为 2.000 的端铣刀,将其添加到刀库中的某一刀位,选中该刀具并将其添加到主轴。

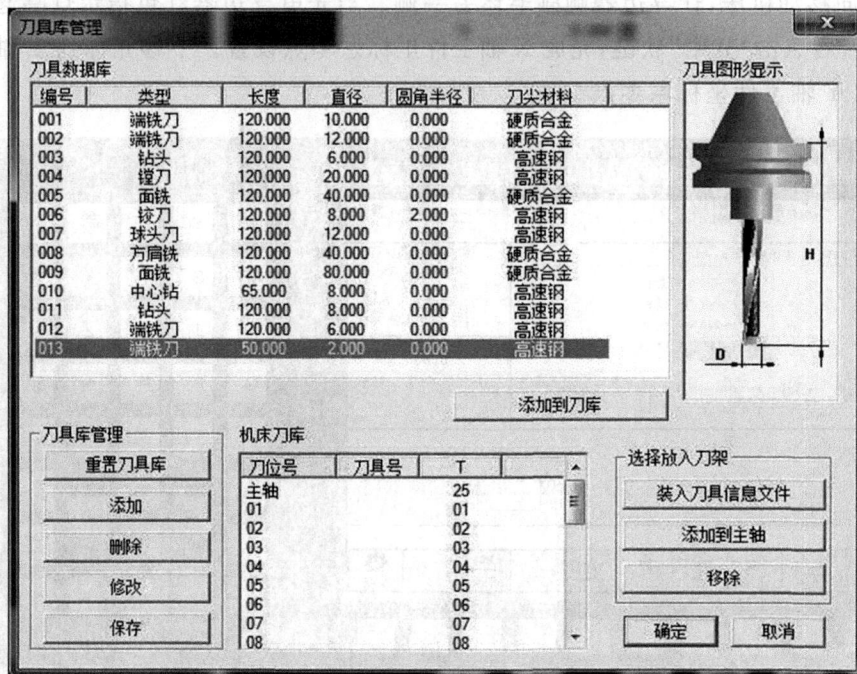

图 2-17 加工刀具选择

b. 安装 Z 向对刀仪。点击图标"工件设置""Z 向对刀仪选择(100 mm)"(见图 2-18),将高度为 100 mm 的对刀仪添加到工件上表面。

c. 设置 Z 轴工件坐标系零点。利用手轮控制刀具缓慢下降,当刀尖触碰到 Z 向对刀仪上表面时,对刀仪红色指示灯点亮。点击"当前位置",系统提示"是否将当前位置设置为工件坐标系零点?",选择 Y^B 键,确定当前位置为 105.034。点击"偏置输入"软键,设置偏置值为 100,点击"确定"键,Z 轴工件坐标系零点位置为 −205.034,如图 2-19 所示。

(5)验证工件坐标系设置是否正确。卸下 Z 向对刀仪,在 MDI 方式下输入如下指令:

G90 G00 G54 X0 Y0 S2000 M03

G01 Z5 F200

在"自动方式"下点击"程序运行"按键运行程序,观察刀尖停留位置。如果显示工件坐标系下的坐标(0,0,5)的位置,即工件圆形毛坯中心正上方 5mm 的位置,那么,该机床工件坐标系零点位置设置正确。

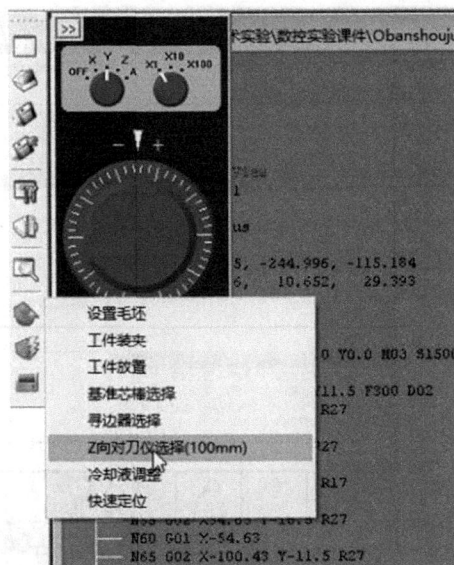

图 2-18 Z 向对刀仪功能选择

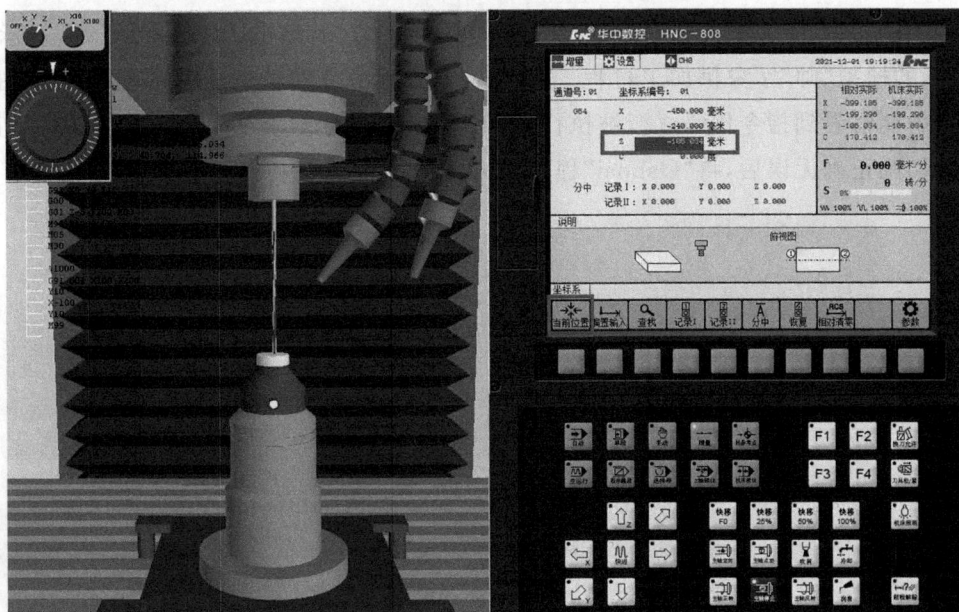

图 2-19 Z 轴工件坐标系零点设置

(6)程序导入与运行。

①程序导入。点击"编辑"软键,新建程序名为 OTEMP 的程序并打开。选择"文件"菜单下的"打开"命令,选择某一编制好的程序文件,如选择程序名为"Oshuai"的程序,导入OTEMP 中,如图 2-20 所示。

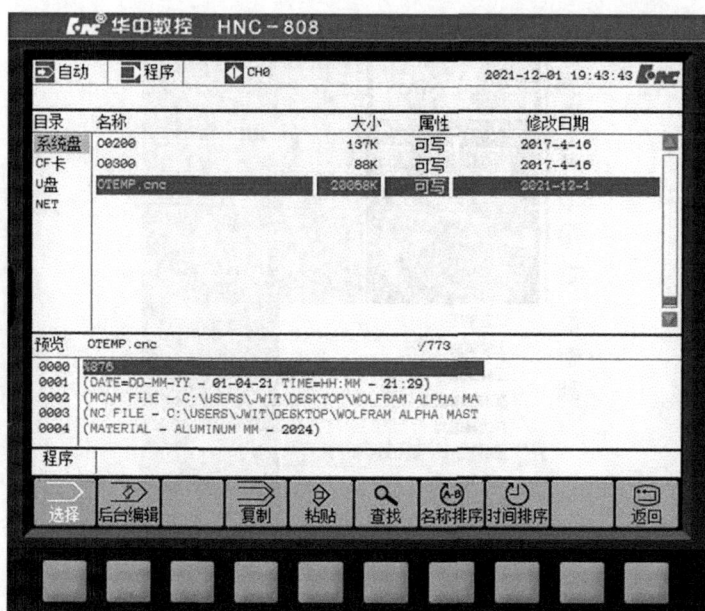

图 2-20 加工程序导入

②程序运行。在手动方式下关闭舱门,在"自动方式"下点击"程序运行"键,显示如图 2-21 所示的模拟"帅"字象棋加工过程。如图 2-22 所示是加工完成后的成品仿真图。在加工过程中能够看到指令代码逐行被执行,同时能够显示飞溅的切削屑,还可以模拟切削声音。模拟切削正确无误后,将"Oshuai"程序导入实验用的加工中心里,进行实际切削。

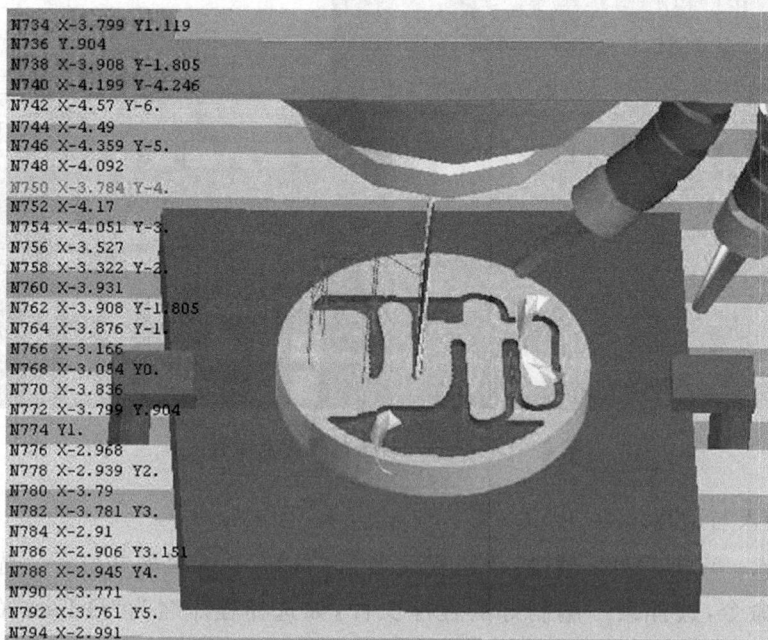

图 2-21 加工过程显示图

图 2-22 加工成品显示图

七、思考题

(1)回参考点的意义是什么？

(2)机床坐标系和工件坐标系的区别是什么？

(3)Z 轴电机和 X/Y 轴电机在功能上有什么区别？

(4)利用手轮可进行哪些操作？

(5)简述实验用数控铣床的开/关机及操作过程。

项目三 工业互联网技术应用

一、项目目标

(1)了解计算机网络五层协议的体系结构;

(2)掌握交换机和路由器在工业网络中的应用;

(3)利用交换机和路由器实现同网段及跨网段通信;

(4)熟练掌握环网 Turbo Ring、VRRP(网关冗余)功能与应用。

二、相关知识点

(1)计算机网络体系结构;

(2)虚拟局域网概念及应用;

(3)环网 Turbo Ring 技术;

(4)VRRP(网关冗余)技术。

三、项目内容

(1)学习交换机配置并实现环网功能;

(2)交换机 VLAN 划分,实现设备间同网段通信;

(3)学习路由器配置,实现设备间跨网段通信。

四、项目设备

(1)硬件:交换机、路由器、电源、网线;

(2)软件:MXview 网管软件。

五、项目原理

(一)计算机网络五层协议体系结构

国际标准化组织(ISO)提出了开放系统互连基本参考模型(open systems interconnection reference model,OSIRM),即七层协议的体系结构,包括应用层、表示层、会话层、运输层、网络层、数据链路层、物理层。后来 TCP/IP 体系结构得到了广泛应用,TCP/IP 是一个四层的体系结构,包括应用层、运输层、网际层和链路层。结合 OSIRM 和 TCP/IP 的优点,在分析计算机网络原理时往往采用五层协议的体系结构。计算机网络各体系结构如图 3-1 所示。

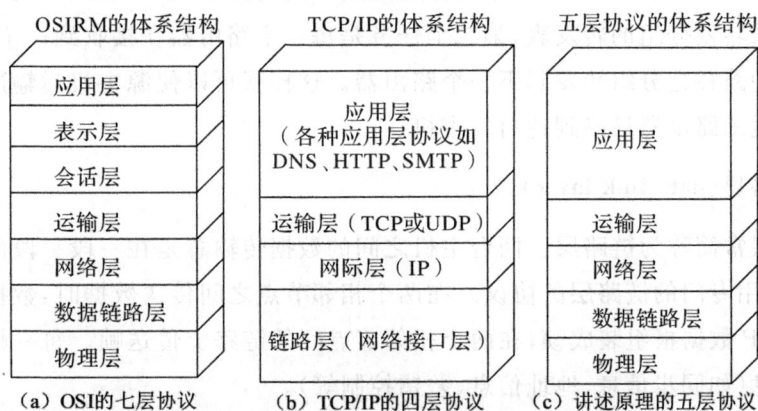

图 3-1　计算机网络各体系结构

1. 应用层(application layer)

应用层是体系结构中的最高层。应用层的任务是通过应用进程间的交互来完成特定网络应用。应用层协议定义的是应用进程间通信和交互的规则,这里的进程指主机中正在运行的程序。对于不同的网络应用需要有不同的应用层协议,互联网中的应用层协议很多,如域名系统 DNS、支持万维网应用的 HTTP 协议、支持电子邮件的 SMTP 协议等。我们把应用层交互的数据单元称为报文。

2. 运输层(transport layer)

运输层的任务是负责向两台主机中进程之间的通信提供通用的数据传输服务。应用进程利用该服务传送应用层报文。"通用的"是指并不针对某个特定网络应用,而是多种应用可以使用同一个运输层服务。由于一台主机可同时运行多个进程,因此运输层有复用和分用的功能。复用就是多个应用层进程可同时使用下面运输层的服务;分用和复用相反,是运输层把收到的信息分别交付上面应用层中的相应进程。运输层主要使用以下两种协议:

(1)传输控制协议(transmission control protocol,TCP)提供面向连接的、可靠的数据传输服务,其数据传输的单位是报文段(segment)。

(2)用户数据报协议(user datagram protocol,UDP)提供无连接的尽最大努力的数据传输服务(不保证数据传输的可靠性),其数据传输的单位是用户数据报。

3. 网络层（network layer）

网络层负责为分组交换网上的不同主机提供通信服务。在发送数据时,网络层把运输层产生的报文段或用户数据报封装成分组或包进行传送。在 TCP/IP 体系中,由于网络层使用 IP 协议,因此分组也叫 IP 数据报,或简称为数据报。

网络层的具体任务有两个:第一个任务是通过一定的算法,在互联网中的每一个路由器上生成一个用来转发分组的转发表;第二个任务是每一个路由器在接收到一个分组时,依据转发表中指明的路径把分组转发到下一个路由器。这样就可以使源主机运输层传下来的分组能够通过合适的路由器最终到达目的主机。

4. 数据链路层（data link layer）

数据链路层常简称为链路层。两台主机之间的数据传输总是在一段一段的链路上传送的,这就需要使用专门的链路层的协议。在两个相邻节点之间传送数据时,数据链路层将网络层交下来的 IP 数据报组装成帧,在两个相邻节点间的链路上传送帧。每一帧包括数据和必要的控制信息（如同步信息、地址信息、差错控制等）。

在接收数据时,控制信息使接收端能够知道一个帧从哪个比特开始和到哪个比特结束。这样,数据链路层在收到一个帧后,就可从中提取出数据部分,上交给网络层。

控制信息还能使接收端检测到所收到的帧中有无差错。如发现有差错,数据链路层就简单地丢弃这个出了差错的帧,以免继续在网络中传送下去白白浪费网络资源。

改正数据在数据链路层传输时出现的差错（数据链路层不仅要检错,而且要纠错）需要采用可靠传输协议,这种方法会使数据链路层的协议复杂些。

5. 物理层（physical layer）

在物理层上所传数据的单位是比特。发送方发送 1（或 0）时,接收方应当收到 1（或 0）,而不是 0（或 1）。因此物理层要考虑用多大的电压代表"1"或"0",以及接收方如何识别出发送方所发送的比特。物理层还要确定连接电缆的插头应当有多少根引脚以及各引脚应如何连接。传递信息所利用的一些物理传输媒体（如双绞线、同轴电缆、光缆、无线信道等）并不在物理层协议之内,而是在物理层协议的下面,因此也有人把物理层下面的物理传输媒体当作第 0 层。

在互联网所使用的各种协议中,最重要的和最著名的就是 TCP 和 IP 两个协议。现在人们经常提到的 TCP/IP 并不一定单指 TCP 和 IP 这两个具体的协议,而往往表示互联网所使用的整个 TCP/IP 协议族。

如图 3-2 所示为应用进程的数据在各层之间的传递过程中经历的变化。这里为简单起见,假定两台主机通过一台路由器连接起来。

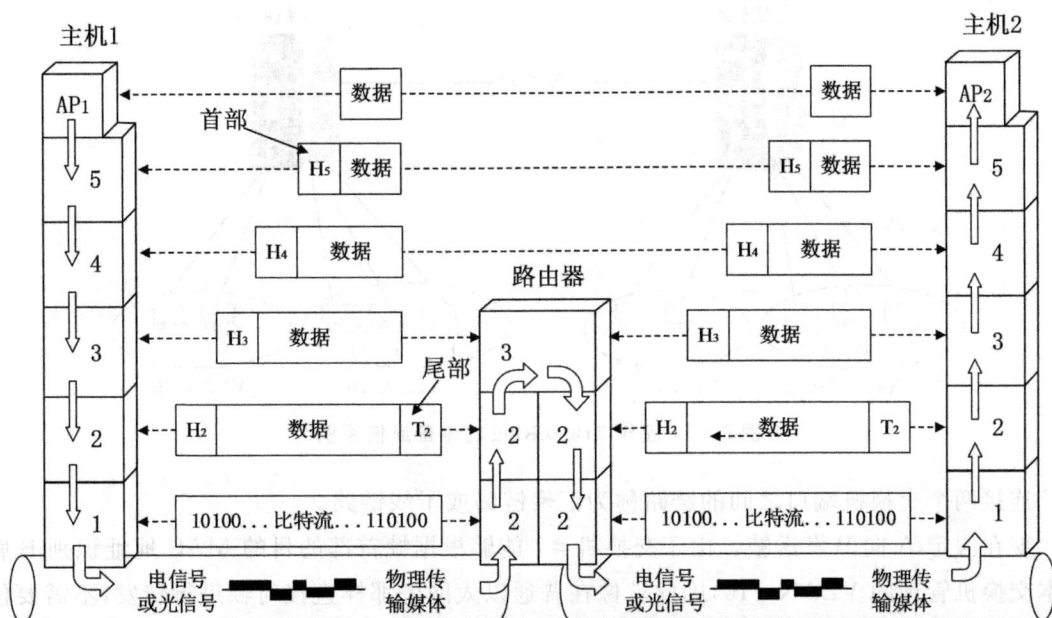

图 3 - 2　数据在各层之间的传递过程

(二)虚拟局域网

首先,在交换机的交换表的建立过程中要使用许多广播帧。在一个主机数量很大的以太网上传播广播帧必然会消耗很多的网络资源。如果网络的配置出了些差错,就有可能发生广播帧在网络中无限制地兜圈子,形成了"广播风暴",使整个网络瘫痪。其次,一个单位的以太网往往为好几个下属部门所共享,但有些部门的信息是需要保密的(如财务部门或人事部门),许多部门共享一个局域网对信息安全不利。

如果使每一个小部门都拥有自己的较小的局域网,那么这不但可使局域网的广播域范围缩小,也提高了局域网的安全性。以太网交换机出现后,我们可以很灵活地建立虚拟局域网(virtual local area network,VLAN),这样就把一个较大的局域网分割成为一些较小的局域网,而每一个局域网是一个较小的广播域。

在 IEEE 802.1Q 标准中,对 VLAN 是这样定义的:VLAN 是由一些局域网网段构成的与物理位置无关的逻辑组,而这些网段具有某些共同的需求。每一个 VLAN 的帧都有一个明确的标识符,指明发送这个帧的计算机属于哪一个 VLAN。VLAN 其实只是局域网给用户提供的一种服务,而并不是一种新型局域网。

如图 3 - 3 所示,交换机♯1 连接 5 台设备,组成了一个局域网(一个广播域)。现在把局域网划分为两个虚拟局域网 VLAN - 10 和 VLAN - 20,即有两个较小的广播域。每台计算机都是通过接入链路连接到以太网交换机的。

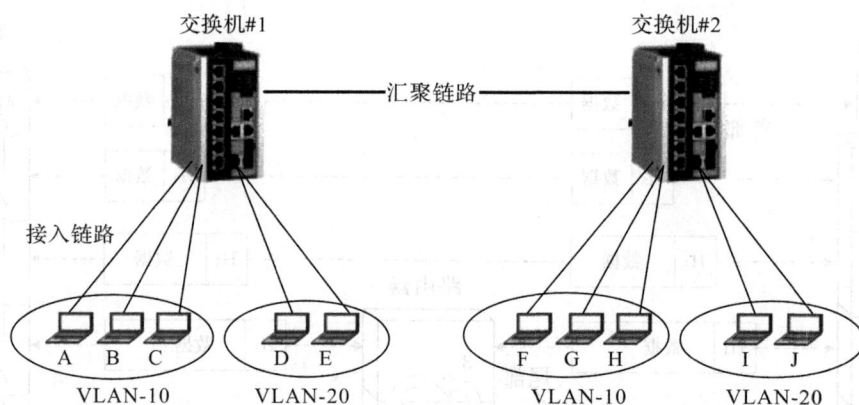

图 3-3 基于 Trubo Ring 的设备通信案例

连接两个交换机端口之间的链路称为汇聚链路或干线链路。

现在假定 A 向 B 发送帧。由于交换机♯1能够根据帧首部的目的 MAC 地址识别 B 属于本交换机管理的 VLAN-10,因此就像在普通以太网中那样直接对帧进行转发,不需要使用 VLAN 标签。

现在假定 A 向 F 发送帧。交换机♯1查到 F 并没有连接到本交换机,因此必须从汇聚链路把帧转发到交换机♯2。但在转发前要插入 VLAN 标签,若不插入 VLAN 标签,交换机♯2就不知道应把帧转发给哪一个 VLAN,因此在汇聚链路传送的帧是 802.1Q 帧。交换机♯2在向 F 转发帧之前要拿走已插入的 VLAN 标签,因此 F 收到的帧就是 A 发送的标准以太网帧,而不是 802.1Q 帧。

如果 A 向 D 发送帧,A 位于 VLAN-10 局域网,D 位于 VLAN-20 局域网,虽然 A 和 D 都连接到同一个交换机,但这是在不同网络之间的通信,仅通过交换机,A 和 D 是不能通信的,这要由网络层中的路由器来解决。

(三)环网冗余技术

传统的工业以太网往往依据生成树协议构建的网络拓扑来应对网络结构变化,但是由于生成树协议的故障脆性会导致网络结构的重构/恢复慢,难以适应高可靠性工业应用的要求。

一般的以太网交换机不能作环形的网络,因为一旦形成环形,会形成广播风暴。但是环网结构有自身的冗余性、可靠性等优点,环网上的某一路链路断开不会影响网络上数据的转发,因此在很多工业通信领域引入了环网交换机,这种交换机可以组建环形网络。每台环网交换机上有两个用于组环的端口,交换机之间通过手拉手形式构成了环形的网络拓扑。环网交换机采用了某些特殊技术,避免了广播风暴的产生,同时又实现了环形网络的可靠性。主流的环网交换机均为工业交换机,如德国的赫思曼公司、我国的 MOXA 公司等均有支持环网的工业交换机。

另外有一些交换机厂家也有私有环网协议,比如 MOXA 的 Turbo Ring 与 Turbo RingV2 协议。

每个环都会分配两个 VLAN,分别是控制 VLAN(传输命令)和保护 VLAN(传输数据)。每个环都会有一个主节点,主节点接入环网的两个网口分别称为主端口和副端口。环网功能正常的情况下,主节点的副端口会阻塞保护 VLAN 的业务数据,从而不会形成网络风暴,但不会阻塞控制 VLAN 的信令数据。主节点会定时(默认 1 秒)从主端口向控制 VLAN 上发送 HELLO 信令,如果在超时(默认 3 秒)时间内,主节点的副端口收到了 HELLO 信令,则表示环网功能正常,否则表示环网中某个线路断掉了,此时主节点会解除副端口的阻塞,从而达到修复网络的目的。

(四)VRRP 技术

VRRP 是虚拟路由冗余协议(virtual router redundancy protocol)的简称,VRRP 由一个主路由器和一个或多个备份路由器组成,通过把几台路由设备联合组成一台虚拟的路由设备,将虚拟路由设备的 IP 地址作为用户的默认网关实现与外部网络通信。主路由器承担响应 ARP 报文和转发 IP 数据包的业务,而备份路由器不参与数据转发,只负责实时监听主路由器的运行状态,以便在主路由器故障时快速响应并升级为新的主路由器来保证数据转发。VRRP 无需用户干预也无需对网络上的任何设备进行额外配置即可提供这种冗余。

VRRP 能够在无需修改动态路由协议和主机默认网关配置的前提下,有效避免单一链路发生故障造成的网络中断问题。由于协议只定义了 VRRP 通告一种报文,冗余备份造成的额外网络开销很小,因而大大降低了管理维护成本。除此之外,VRRP 还能通过简单的配置实现简易的网络负载分担,是一个兼顾可靠性、易用性和兼容性的网络冗余备份协议。

六、网络系统设计案例

(一)利用交换机搭建环网

使用 3 台交换机,利用 Turbo Ring 协议构建环网。

1. 交换机配置

如果交换机是新产品,没有做过配置或交换机进行了初始化操作,在使用交换机之前要对其进行配置。

1)设置电脑网卡 IP 与交换机 IP 同网段

将电脑与交换机用网线连接,将电脑 IP 地址设置为与交换机同网段的 IP 地址,交换机默认 IP 地址:192.168.127.253,将电脑 IP 地址修改为 192.168.127.xxx,子网掩码设为 255.255.255.0,默认网关可以不设置。

2)以初始 IP 地址登录

打开浏览器,访问交换机的 IP 地址,初始 IP 地址为 192.168.127.253,登录账号,用户名为 admin,密码为 moxa。

3)设置交换机的 IP 地址

在 Basic Setting 下的 Network 目录中打开 IP Settings 界面设置 IP 地址,将交换机 IP 地址设为 192.168.127.252,子网掩码设为 255.255.255.0,如图 3-4 所示。如果需要多台交换机,可以修改多台交换机的 IP 地址。

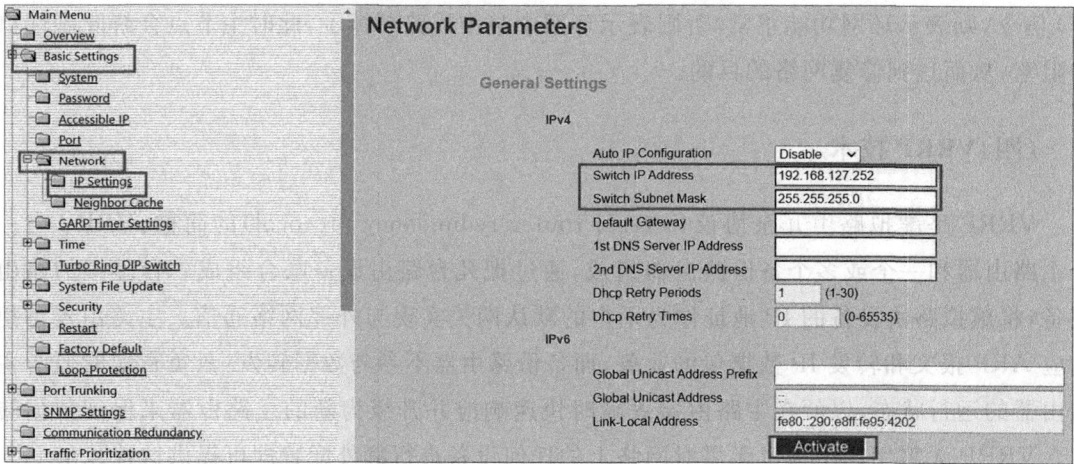

图 3-4　交换机 IP 设置页面

4)搜索交换机

将所有交换机进行级联(如电脑连接第一台交换机,第一台交换机的 7 口连接第二台交换机的 8 口,第二台交换机的 7 口连接第三台交换机的 8 口)。打开 edscfgui 软件,点击 Search 进行搜索,可以搜索到三台交换机,如图 3-5 所示。注意,此时不要将交换机连成环网。

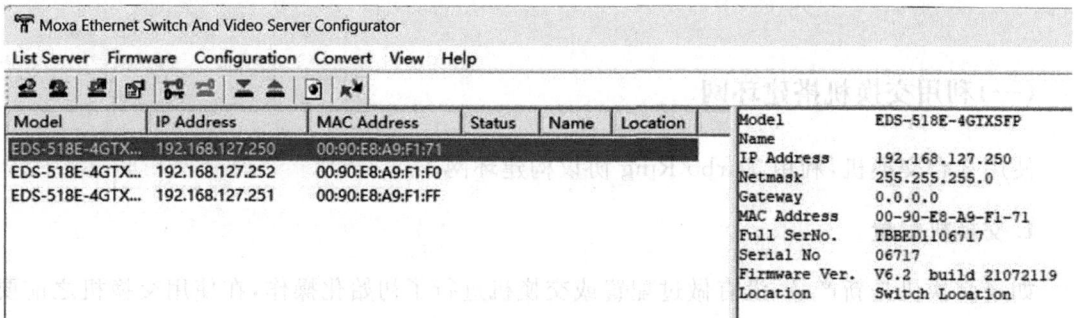

图 3-5　搜索三台交换机

5)登陆交换机

以新的 IP 地址登录交换机,由于是级联,电脑的网线接入任何一台交换机都可以进行访问。

2. 环网 Turbo Ring 设置

环网 Turbo Ring 设置有两种方法。

1）开关设置

交换机顶部有四个开关，将三个交换机的第四个开关（Turbo Ring）打开，将其中一个交换机的第二个开关（Master）打开并将其设置为主机。在 Communication Redundancy 中使用 Turbo Ring 的端口 G2 和 G3，将三个交换机的 G2 和 G3 端口依次连接成环。交换机顶部开关如图 3-6 所示。

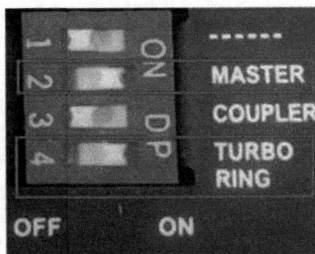

图 3-6　交换机顶部开关

2）软件设置

在级联状态或单台设备设置情况下，分别以设置后的 IP 地址登录，如三台交换机的 IP 地址分别为 192.168.127.250、192.168.127.251、192.168.127.252。在 Communication Redundancy 界面中将 Redundancy Protocol 设置为 Turbo Ring V2，选其中一台交换机为主机（勾选 Set as Master）。设置并启用 Turbo Ring 的两个端口（如 G2、G3），设置界面如图 3-7 和图 3-8 所示。

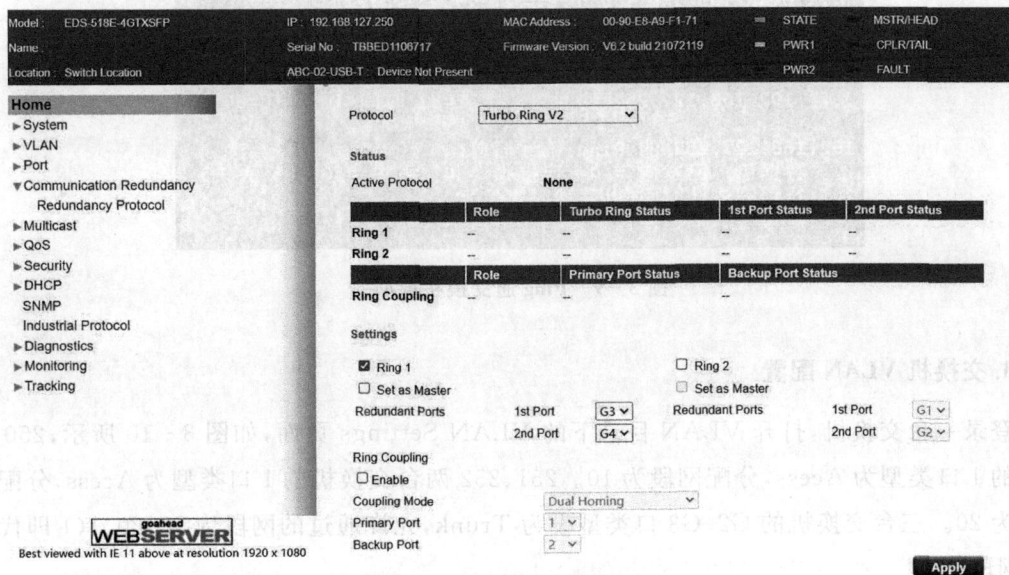

图 3-7　Turbo Ring 协议设置

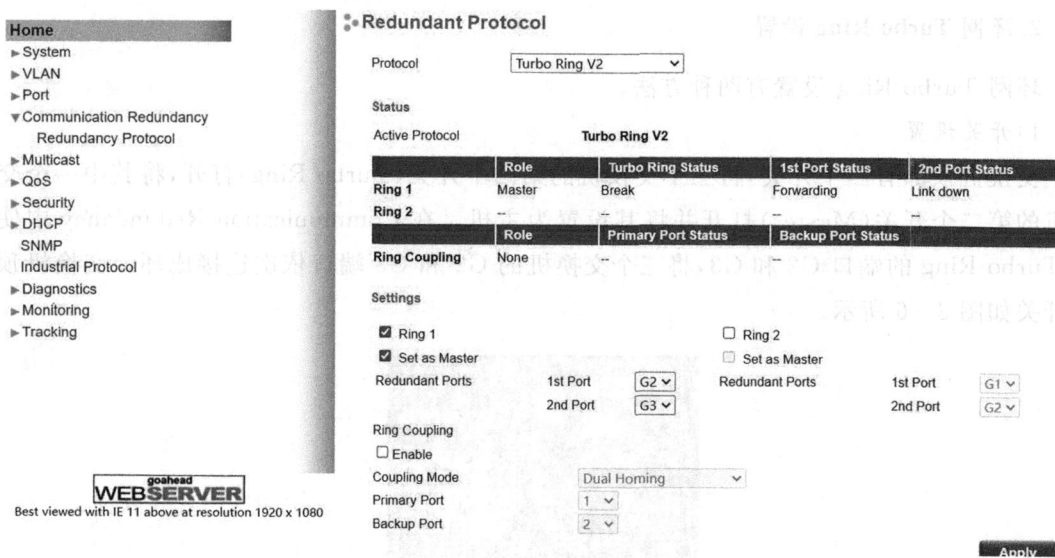

图 3-8　主机 Turbo Ring 协议设置

3）Trubo Ring 测试

将三台交换机连接成环网（注意断掉级联线），如 250 的 G2 口连接 251 的 G3 口，251 的 G2 口连接 252 的 G3 口，252 的 G2 口连接 250 的 G3 口。电脑连接任一台交换机的任一端口，Ping 三台交换机的 IP 地址，可以分别 Ping 通，证明环网设置成功，其界面如图 3-9 所示。

图 3-9　Ping 通交换机界面

3. 交换机 VLAN 配置

登录一台交换机，打开 VLAN 目录下的 VLAN Settings 页面，如图 3-10 所示，250 交换机的 1 口类型为 Acess，分配网段为 10。251、252 两台交换机的 1 口类型为 Acess，分配网段都为 20。三台交换机的 G2、G3 口类型设为 Trunk，允许通过的网段为 10、20、1（1 即代表 127 网段）。

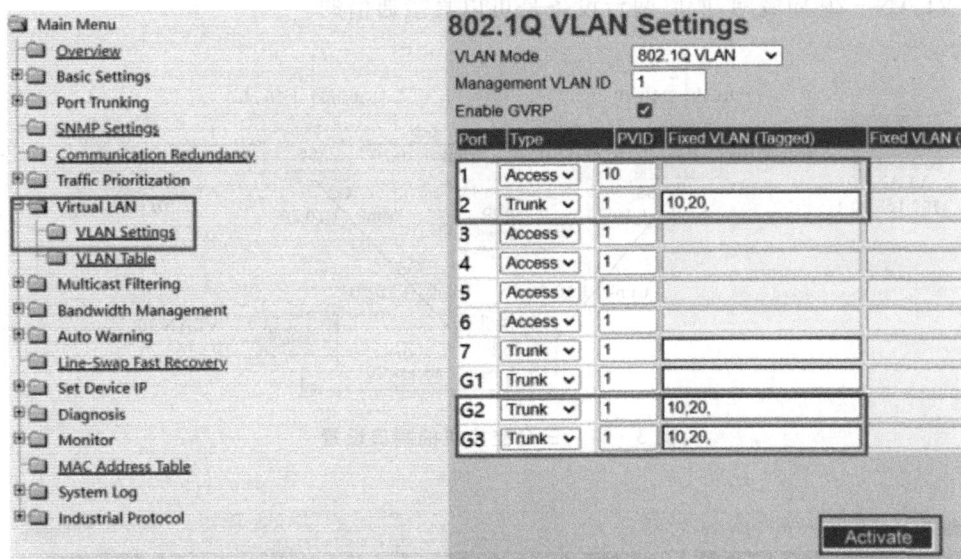

（a）交换机250 VLAN Settings页面

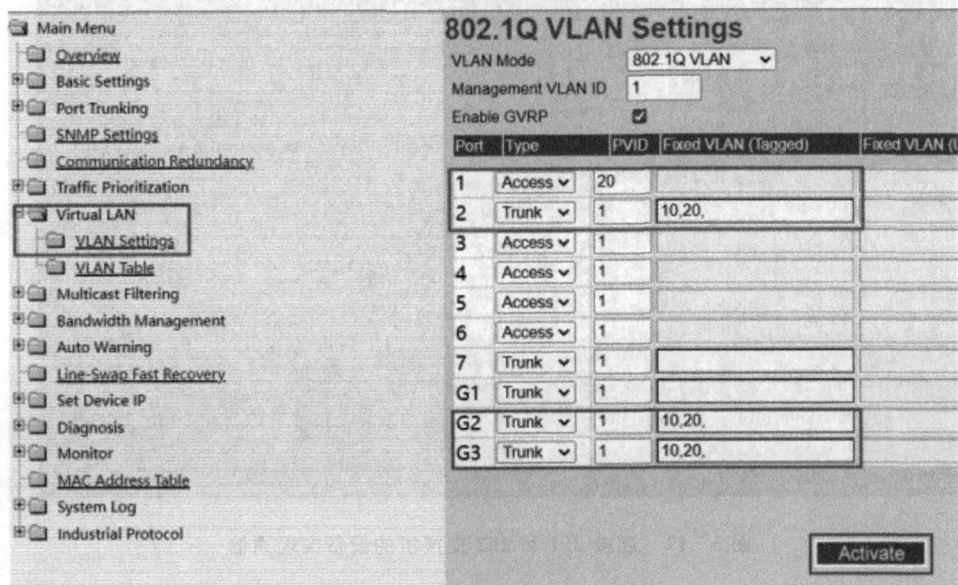

（b）交换机251、252 VLAN Settings页面

图 3-10　VLAN Settings 页面

1)设备 4 同设备 5 通信

如图 3-11 所示,251 交换机和 252 交换机的 1 口分配网段都为 20。251 交换机 1 口分配的 IP 地址为 192.168.20.1,连接设备 4;252 交换机 1 口分配的 IP 地址为 192.168.20.2,连接设备 5。利用 Ping 功能,测试设备 4 与设备 5 是否可以访问。如图 3-12 所示,连接251 交换机和 252 交换机的设备是可以通信的。因为设备 4 位于 VLAN-20 局域网,设备 5

也位于 VLAN - 20 局域网,所以两台设备是可以直接通信的。

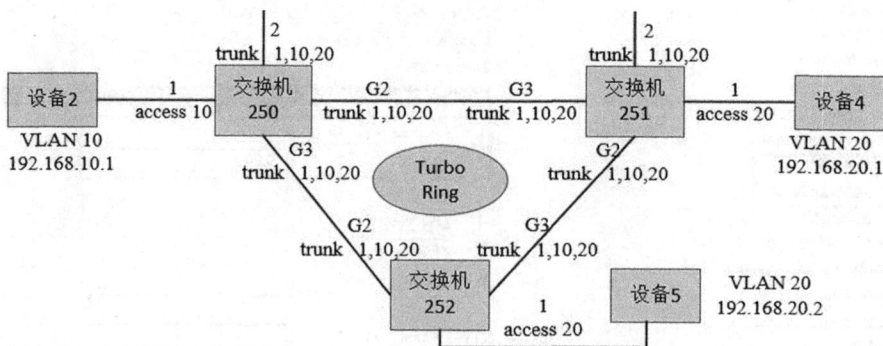

图 3 - 11　三台交换机的端口设置

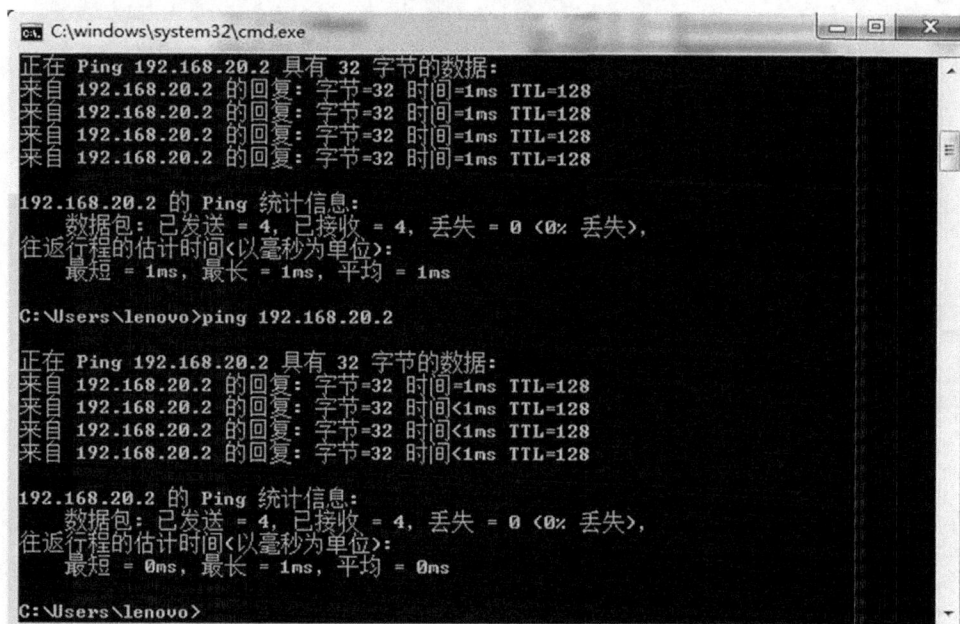

图 3 - 12　连接 251 和 252 交换机的设备实现通信

2)设备 2 与设备 4 通信

250 交换机的 1 口分配网段为 10,连接设备 2,分配 IP 地址为 192.168.10.1;251 交换机的 1 口连接设备 4,分配 IP 地址为 192.168.20.1。利用 Ping 功能,测试两台设备是否可以通信。如图 3 - 13 所示,设备 2 与设备 4 通信不成功。

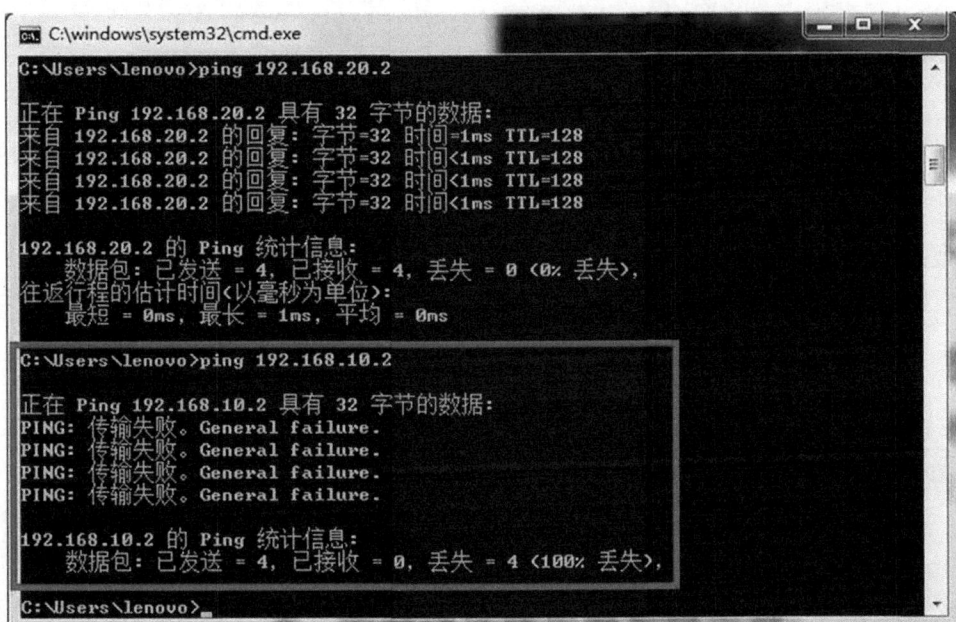

图 3 - 13 设备 2 与设备 4 通信不成功

(二)利用路由器进行跨网段通信

设备 2 与设备 3 不在同网段,设备 2 位于 VLAN - 50 局域网,设备 3 位于 VLAN - 40 局域网,仅仅利用交换机功能无法实现通信,需要借助路由器搭建如图 3 - 14 所示的网络架构。

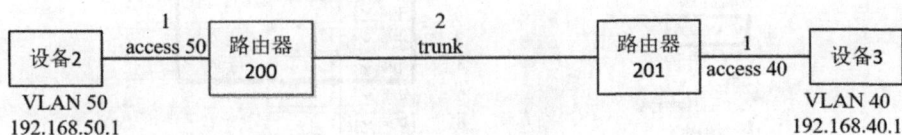

图 3 - 14 设备 2 和设备 4 跨网段通信

1. 路由器配置

如果路由器从来没有做过配置或路由器进行了初始化,那么路由器的初始 IP 地址为 192.168.127.254,登录用户名为 admin,密码为 moxa。

路由器 200 重新分配 IP 地址为 192.168.127.200,路由器 201 重新分配 IP 地址为 192.168.127.201。打开 WAN 配置界面,如图 3 - 15 所示,启用连接,设置为静态 IP,IP 地址为 192.168.127.200。将电脑连接到路由器,通过 edscfgui 软件可以搜索到该台路由器。同理设置路由器 201 的 WAN 配置。

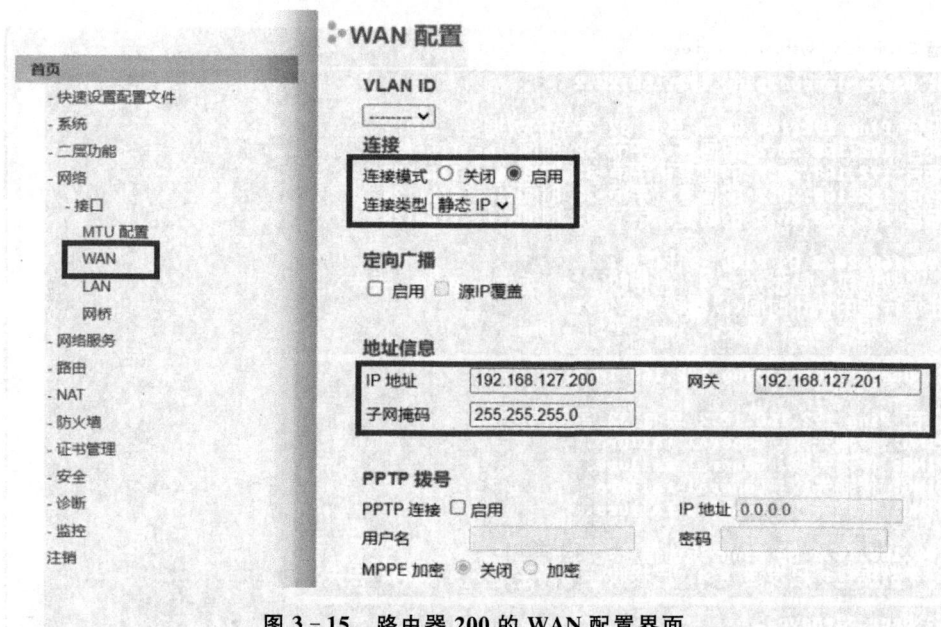

图 3-15　路由器 200 的 WAN 配置界面

2. 路由器 VLAN ID 配置

打开 VLAN 设置页面,设置路由器 200 的 VLAN ID 配置表,如图 3-16 所示。

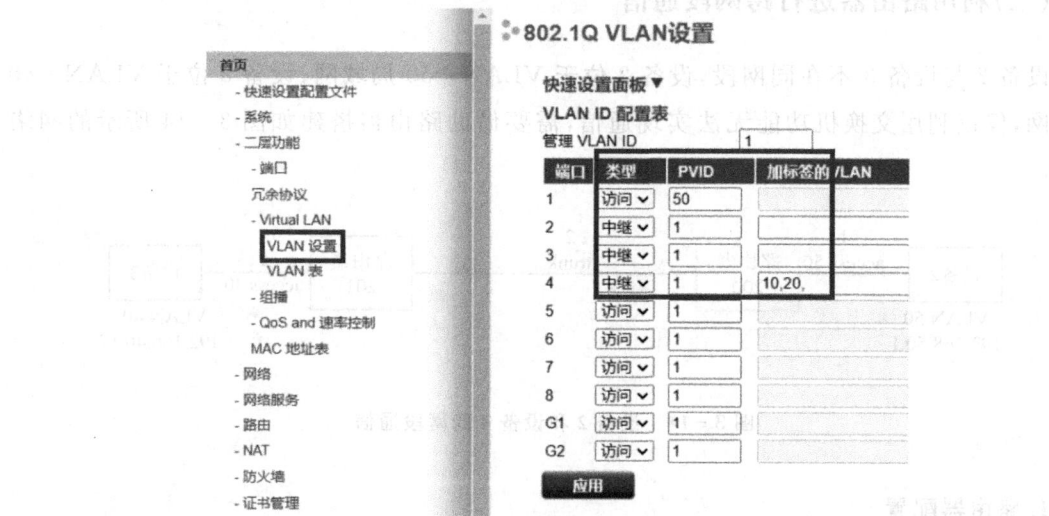

图 3-16　路由器 200 VLAN ID 配置表

3. 路由器 LAN 设置

打开 LAN 页面,设置路由器 LAN 配置,如图 3-17 所示,在 VLAN 接口列表中添加允许通过的网段的 IP 地址。

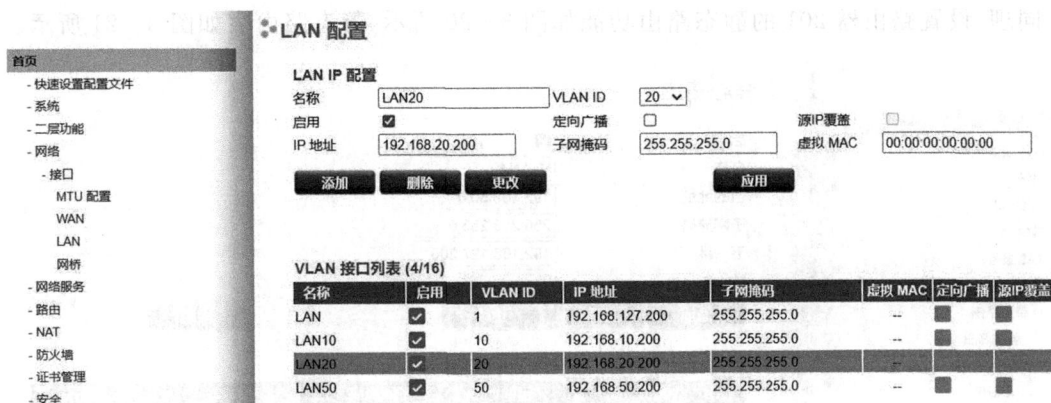

图 3 - 17 路由器 200 的 LAN 配置

4.静态路由设置

打开静态路由页面,设置路由器 200 的静态路由。设备 2 的 IP 地址为 192.168.50.1,与路由器 200 的端口 1 相连。设备 4 的 IP 地址为 192.168.40.1,与路由器 201 的端口 1 相连。设备 2 要访问设备 4,"目的地址"为 192.168.40.1。由当前路由器进行"下一跳"的路由器 201 的 IP 地址为 192.168.127.201。静态路由参数设置如图 3 - 18 所示。查看路由器 200 的静态路由表,如图 3 - 19 所示。

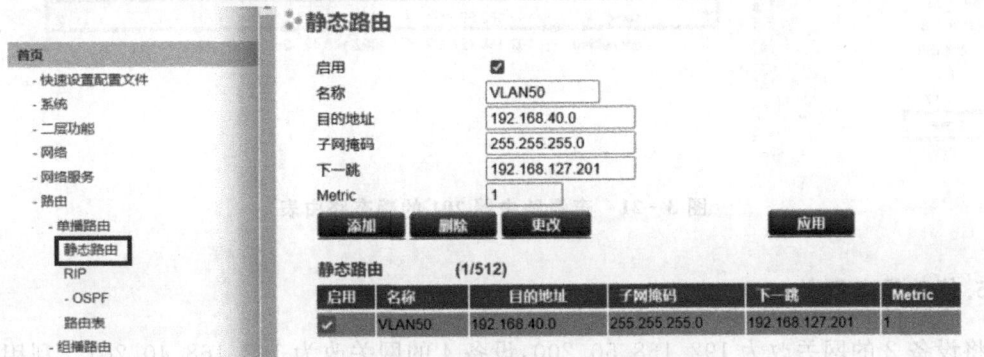

图 3 - 18 路由器 200 的静态路由功能设置

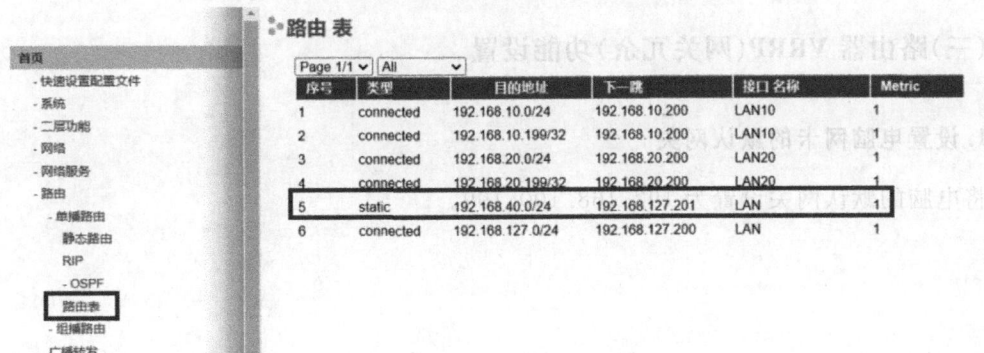

图 3 - 19 查看路由器 200 的静态路由表

同理,设置路由器 201 的静态路由功能如图 3 - 20 所示,静态路由表如图 3 - 21 所示。

图 3 - 20　路由器 201 的静态路由功能设置

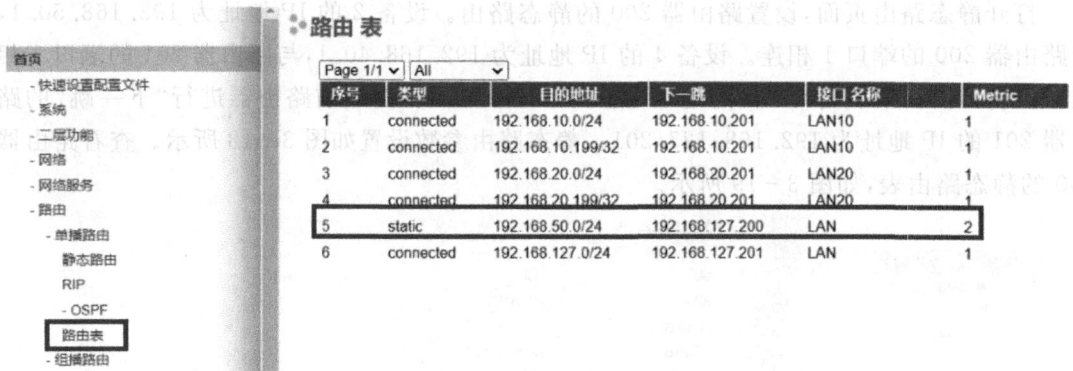

图 3 - 21　查看路由器 201 的静态路由表

5. 修改设备网关

将设备 2 的网关改为 192. 168. 50. 200,设备 4 的网关改为 192. 168. 40. 201。利用 Ping 功能检验设备 2 与设备 4 成功实现通信。

(三)路由器 VRRP(网关冗余)功能设置

1. 设置电脑网卡的默认网关

将电脑的默认网关设置为 192. 168. 100. 199。

2. 路由器 VLAN ID 配置

打开 VLAN 设置页面,设置路由器 200 和路由器 201 的 VLAN ID 配置表,如图 3 - 22 所示。

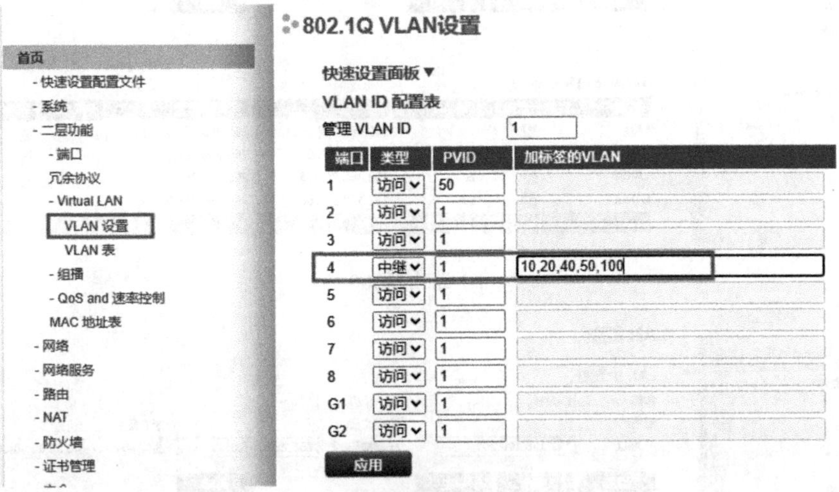

（a）路由器200

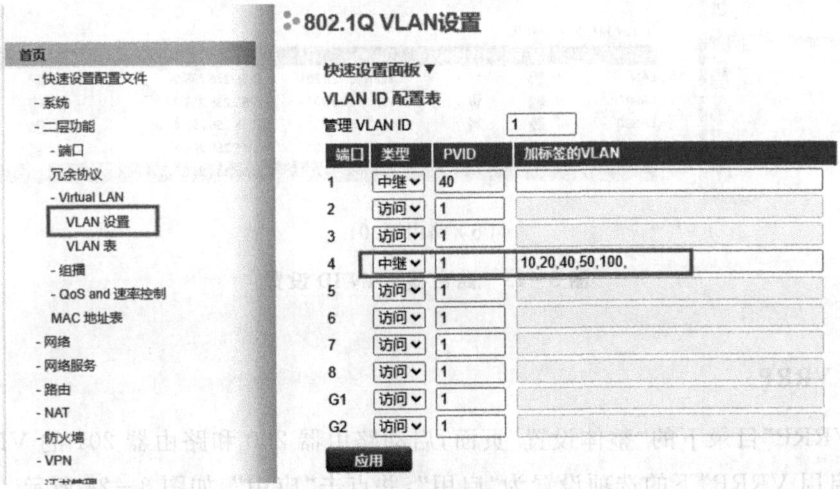

（b）路由器201

图 3 - 22　路由器 VLAN ID 配置表

3. 路由器 LAN 设置

打开 LAN 页面设置路由器 LAN 配置,在 VLAN 接口列表中添加 100 网段的 IP 地址, 如图 3 - 23 所示。

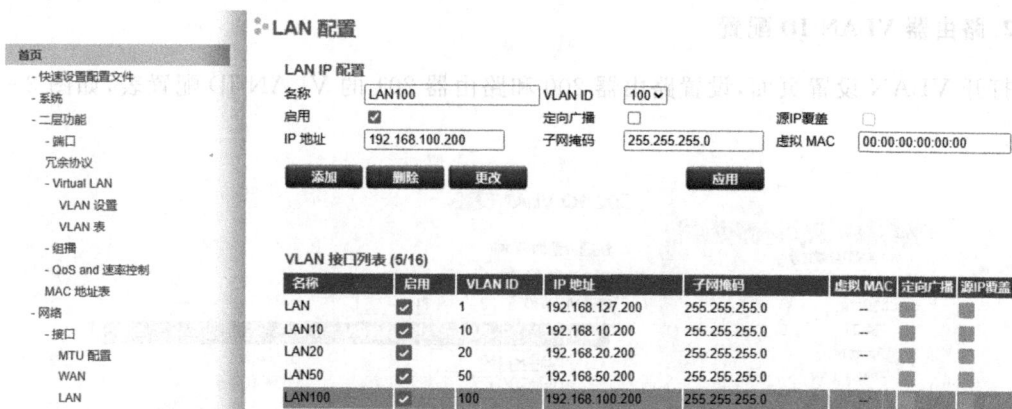

（a）路由器200

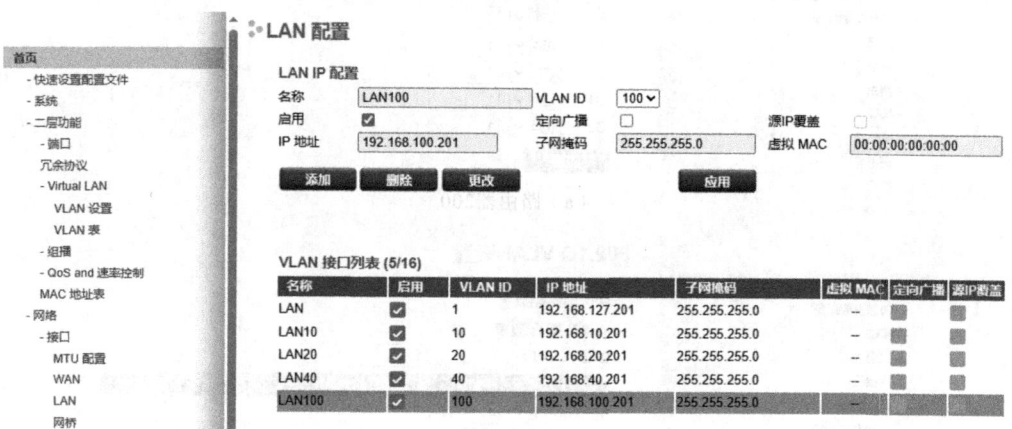

（b）路由器201

图 3 - 23　路由器 LAN ID 设置

4. 启用 VRRP

打开"VRRP"目录下的"整体设置"页面，启动路由器 200 和路由器 201 的 VRRP 功能。将页面中"启用 VRRP"下的选项设置为"启用"，并点击"应用"，如图 3 - 24 所示。

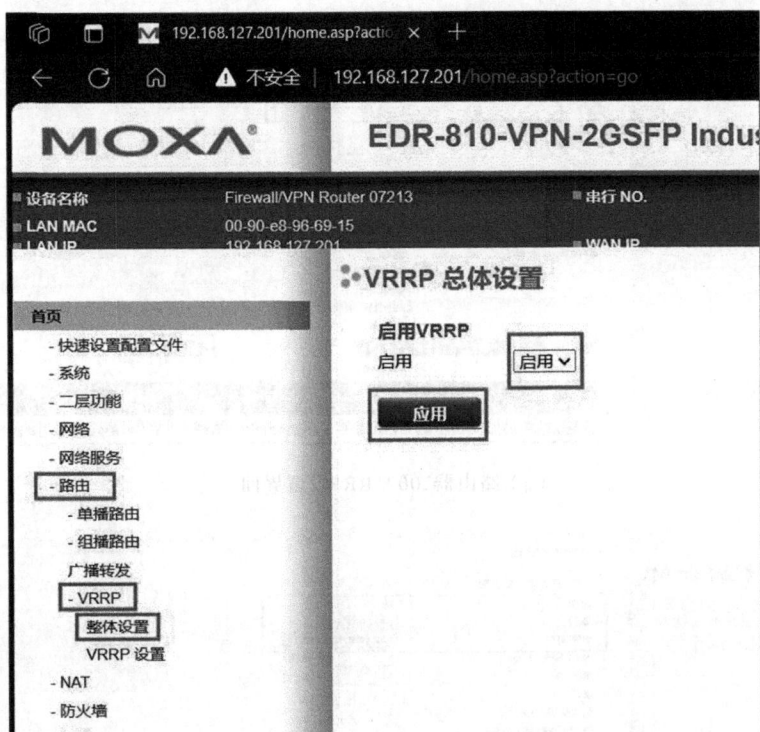

图 3 - 24　启用 VRRP

5. 设置 VRRP

打开"VRRP"目录下的"VRRP 设置"页面,设置 VRRP 的接口,VRRP 部分的网络拓扑图如图 3 - 25 所示。勾选启动选项,接口选择"LAN100"选项,虚拟 IP 设置为 192.168.100. 199,点击"添加"并点击"应用",设置界面如图 3 - 26 所示。

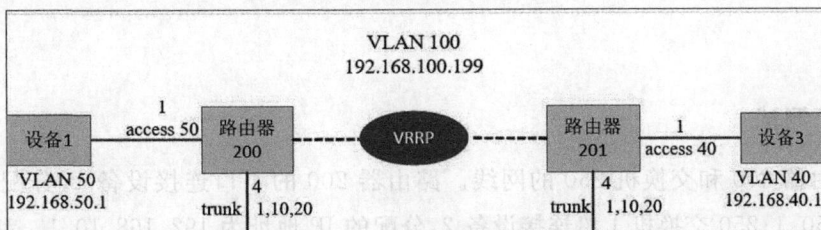

图 3 - 25　VRRP 网络拓扑图

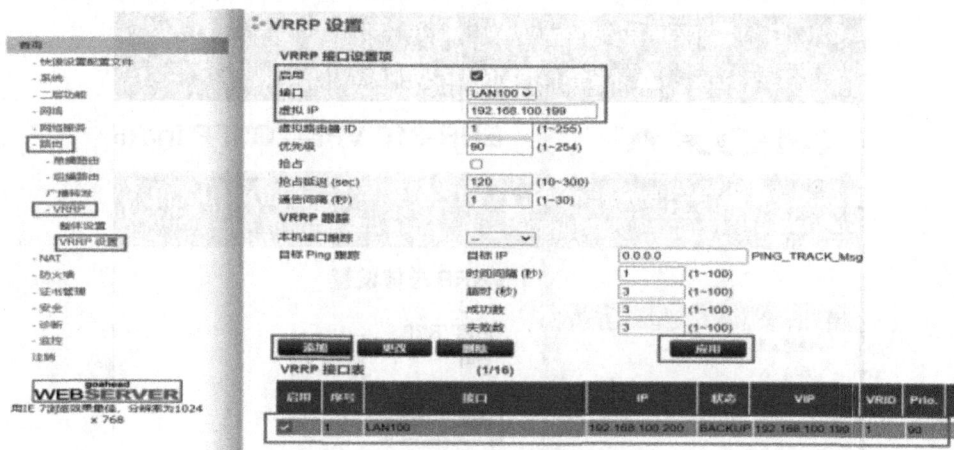

（a）路由器200 VRRP设置界面

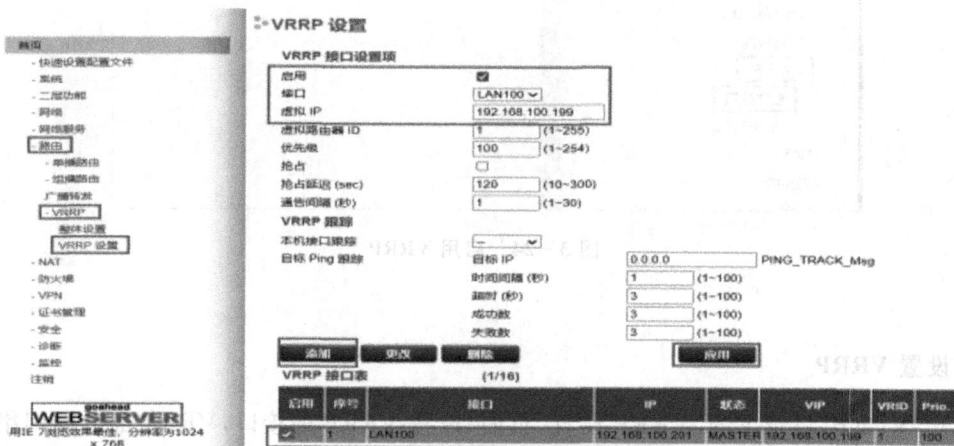

（b）路由器201 VRRP设置界面

图 3 - 26 VRRP 设置界面

6. VRRP 测试

断掉路由器 200 和交换机 250 的网线。路由器 200 的 1 口连接设备 1，分配的 IP 地址为 192.168.50.1；250 交换机 1 口连接设备 2，分配的 IP 地址为 192.168.10.1。利用 Ping 功能测试设备 1 与设备 2 是否可以访问，若可以 Ping 通，则证明 VRRP 设置成功，如图 3 - 27 所示。

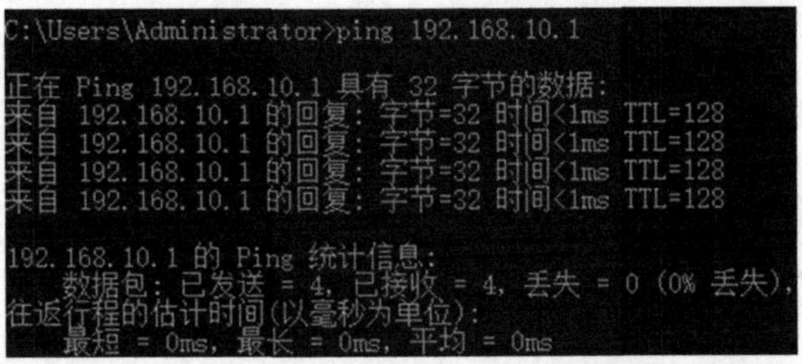

图 3 - 27 设备 1 Ping 通设备 2 界面

七、思考题

(1)试述具有五层协议的网络体系结构的要点,包括各层的主要功能。

(2)以太网交换机有什么特点? 用它怎样组成虚拟局域网?

(3)试说明 MAC 地址和 IP 地址的区别,为什么要使用这两种不同的地址?

(4)IP 地址如何表示? 有哪些特点?

(5)作为中间设备,路由器和交换机有什么区别? 它们各自的作用是什么?

项目四　机器人操作与编程

一、项目目标

(1)了解工业机器人的组成、性能参数和工作原理；

(2)了解智能装配工站的硬件设备构成、功能和工作原理；

(3)掌握吸盘的工作原理并编程实现物料块的抓取和释放；

(4)掌握 KUKA 机器人示教编程方法，完成机器人物料块搬运的示教编程。

二、相关知识点

(1)工业机器人工作原理和关键参数；

(2)智能装配工站的硬件设备构成、功能和工作原理；

(3)吸盘的工作原理与控制方法；

(4)KUKA 机器人物料块搬运的路径规划，SmartPAD 示教编程与调试。

三、项目内容

(1)机器人基本示教操作；

(2)机器人物料块搬运路径规划，KUKA SmartPAD 示教编程与调试。

四、项目设备

(1)硬件：智能装配工站，主要包括：KUKA KR C4 工业机器人(型号为 KR3 540)，工作半径 541 mm、负载 3 kg、重复精度±0.02 mm；西门子 PLC 及配套 I/O 设备，PLC 型号为 S7‑1516；图尔克 RFID，型号为 TBEN‑S2‑2RFID‑4DXP；原料盘、成品盘、物料块。

(2)示教器：KUKA SmartPAD。

五、项目原理

(一)智能装配工站系统组成

本项目使用的智能装配工站由 KUKA 机器人、PLC 控制器、HMI、RFID 以及 2 套工装夹具组成,工站局部图如图 4－1 所示。工作过程如下:

(1)成品盘与原料盘依次到达智能装配工站,通过 RFID 识别装配信息,由输送带依次送至对应工装夹具;

(2)成品盘定位:成品盘到位后由成品盘夹具夹紧并抬升;

(3)原料盘定位:原料盘到位后,原料盘夹具底部气缸驱动四根短销完成托盘定位与固定;

(4)物料块装配:托盘固定后,六轴机器人按装配信息进行装配;

(5)物料盘离开:装配结束,原料盘与成品盘解除固定,由输送带依次送离智能装配工站。

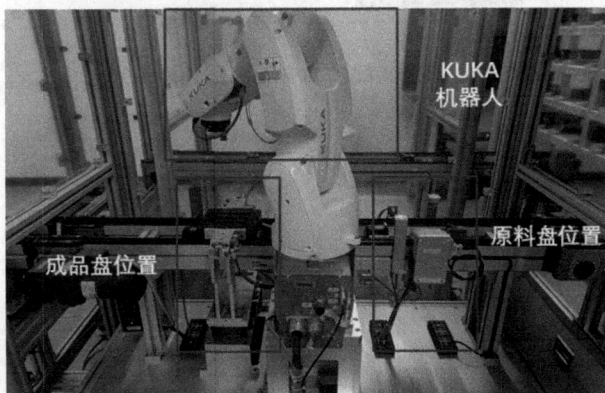

图 4－1　智能装配工站局部图

智能装配工站控制系统由 KUKA KR C4 紧凑型机器人控制柜、PLC 和 HMI 控制组件组成,各控制组件之间通过 PROFINET 协议实现信息交互,连接方式如图 4－2 所示。

本次项目实例是在智能装配工站上通过对 KUKA 机器人的示教编程完成将物料块从原料盘搬运至成品盘。成品盘、原料盘及物料块如图 4－3 所示。

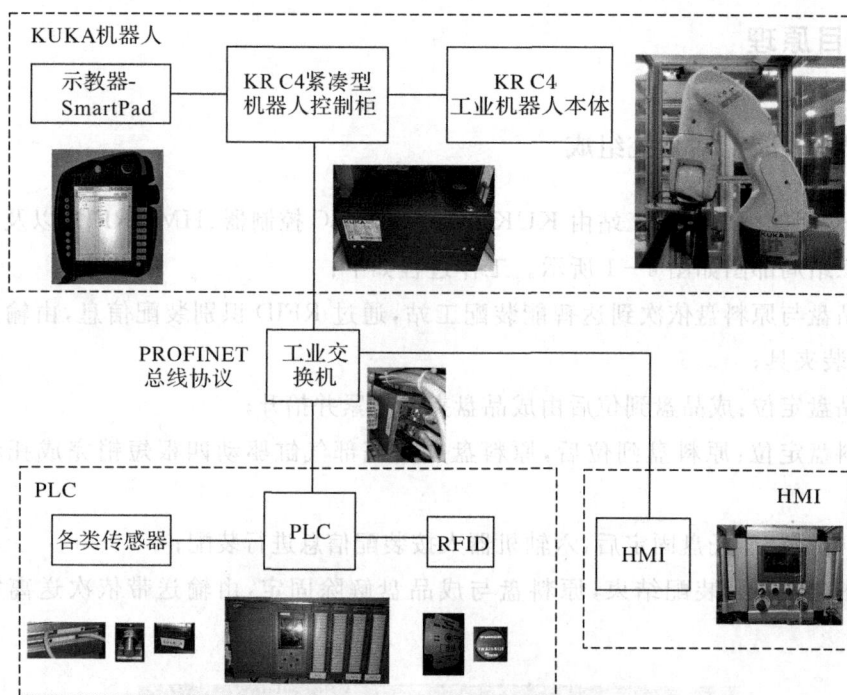

图4-2 智能装配工站各智能部件连接方式

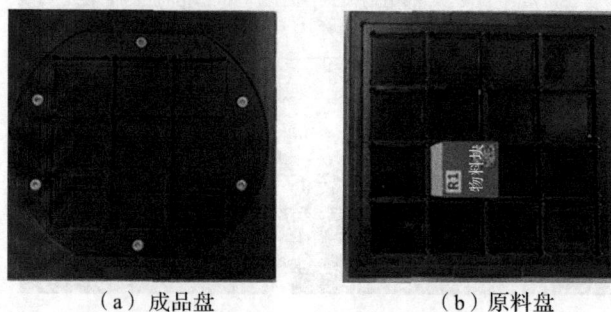

（a）成品盘　　　　　　（b）原料盘

图4-3 成品盘、原料盘及物料块

（二）工业机器人的基本概念

1. 工业机器人的组成

工业机器人通常由执行系统、驱动系统、控制系统、传感系统和输入/输出系统组成。

2. 工业机器人的性能参数

1）自由度

自由度是指机器人具有的独立坐标轴运动的数目，不包括末端执行器的开合自由度。一般情况下机器人的一个自由度对应一个关节，所以自由度数目等于其关节数。本次项目实例我们使用的 KUKA KR3 540 机器人是六自由度的机器人。

2）分辨率

分辨率是指机器人每个关节所能实现的最小移动距离或最小转动角度。工业机器人的分辨率分编程分辨率和控制分辨率两种。编程分辨率是指控制程序中可以设定的最小距离,又称基准分辨率。当机器人某关节电机转动 0.1°,机器人关节端点移动直线距离为 0.01 mm 时,其基准分辨率即为 0.01 mm。控制分辨率是系统位置反馈回路所能检测到的最小位移,即与机器人关节电机同轴安装的编码盘发出单个脉冲电机转过的角度。

3）定位精度

定位精度是指机器人末端执行器的实际位置集群中心与目标位置之间的偏差,由机械误差、控制算法与系统分辨率等部分组成。

4）重复定位精度

重复定位精度是指在同一环境、同一条件、同一目标动作、同一命令下,机器人连续重复运动若干次时,其位置的分散情况。重复定位精度是关于精度的统计数据,是衡量示教再现型工业机器人性能的核心指标之一,它直接反映了机器人在多次执行同一指令时的稳定性和精确性。

5）工作空间

工作空间也称工作范围、工作行程,是机器人运动时手臂末端或手腕中心所能到达的位置点的集合,常用几何图形表示。工作范围的大小不仅与机器人各连杆的尺寸有关,而且与机器人的总体结构形式有关。

6）最大承载能力

最大承载能力指机器人处于工作空间内任何位置和姿态所能承受的最大质量。承载能力不仅取决于负载的质量,而且与机器人运行的速度、加速度的大小和方向有关。

7）速度

速度会影响机器人的工作效率和运动周期,它与机器人提取的重力和位置精度均有密切的关系,直线运动速度用"毫米/秒"表示,回转速度用"度/秒"表示。运动速度高,机器人所承受的动载荷增大,必将承受着加减速时较大的惯性力,影响机器人的工作平稳性和位置精度。

3. 工业机器人的坐标系

工业机器人的运动是在一系列坐标系中的运动,其位置和姿态描述都是基于某个坐标系。工业机器人的坐标系包括世界坐标系、基坐标系、工具坐标系、工件坐标系,如图 4-4 所示。较常用的是基坐标系、工具坐标系、工件坐标系。

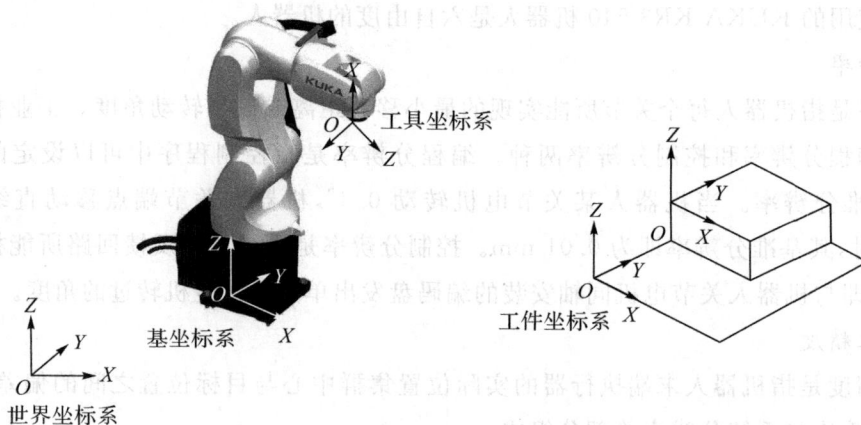

图 4 - 4　机器人坐标系

(三)KUKA 机器人

1. 机器人硬件系统

如图 4 - 5 所示,本项目用的 KUKA KR C4 工业机器人由机器人本体、KR C4 紧凑型机器人控制柜和 SmartPad 示教器组成。

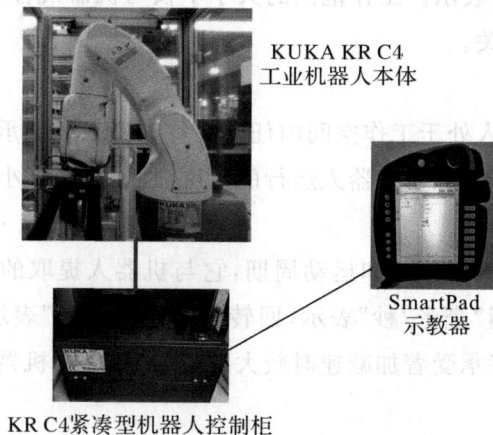

图 4 - 5　KUKA 机器人组成

2. SmartPad 示教器

示教器是操作者与机器人交互的设备,能示教和再现机器人运动轨迹,也能编写机器人程序。本项目实例使用的示教器是 KUKA SmartPad,其按钮及功能如图 4 - 6 和表 4 - 1 所示。

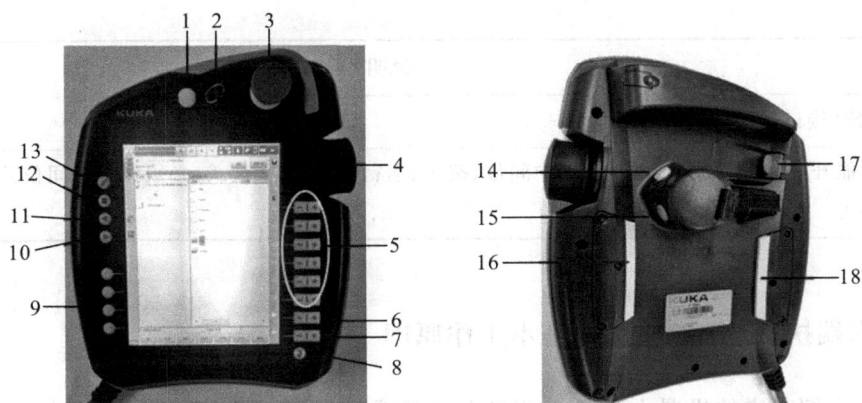

图 4 - 6 SmartPad 示教器

表 4 - 1 SmartPad 示教器按钮功能表

序号	说明
1	用于拔下 SmartPad 的按钮
2	用于调出连接管理器的钥匙开关,转动开关可切换运行模式
3	紧急停止键:用于出现危险情况时关停机器人,按下时带自锁
4	6D 鼠标:用于手动模式下移动机器人
5	移动键:用于手动模式下移动机器人
6	用于设定自动运行速度倍率按键
7	用于设定手动运行速度倍率按键
8	主菜单按键:用来在 SmartPad 显示区将菜单项显示出来
9	工艺键
10	启动键:通过启动键可启动一个程序
11	逆向启动键:按下此键,程序将逐步向上运行
12	停止键:暂停正在运行的程序
13	键盘按键:调出键盘
14	使能开关,有三个状态:未按下、中间位、按下;运行在 T1、T2 模式,必须保持中间位才能启动机器人
15	程序启动键
16	使能开关,有三个状态:未按下、中间位、按下;运行在 T1、T2 模式,必须保持中间位才能启动机器人

序号	说明
17	USB接口：用于项目存档/还原
18	使能开关，有三个状态：未按下、中间位、按下；运行在 T1、T2 模式，必须保持中间位才能启动机器人

（四）末端执行器——吸盘的基本工作原理

本项目实例对应的机器人吸盘采用的是电磁阀控制真空发生器产生吸力。KUKA 机器人控制柜控制吸盘的信号是 OUT[300]，KUKA 机器人与吸盘相关的外部输出电压有 24 V 和 0 V 两种。当 OUT[300]置为 TURE 时，输出电压为 24 V，外部电磁阀接通，压缩空气通过气管进入真空发生器，真空发生器内部气压小于外界大气压从而产生吸力，机器人的吸盘吸取物料；反之，当 OUT[300]置为 FALSE 时，则释放物料。

六、项目实例

本次项目实例具体内容是完成机器人示教程序编写，从而完成基本的物料块搬运动作。

（一）示教操作

1. 安全上电

（1）接通电源前，检查工作区域机器人、控制器是否正常，检查所有的安全设备是否正常；

（2）按下控制柜上电源开关，启动主机电源；

（3）顺时针旋转 SmartPad 上的急停按钮至弹起状态。

2. 示教操作

本次项目实例用到的运动指令有点到点运动 PTP 和直线运动 LIN，还有吸盘的抓取和释放。正式编写物料搬运程序前我们先熟悉示教器的基本操作，在示教器上编写简单的指令：

（1）示教确定 P1 点的位置。按住示教器使能，手动移动机器人至初始点 P1 点。单击"指令"→"运动"→"PTP"，然后点击指令"OK"，P1 点记录完成，形成如下代码：

PTP P1 Vel＝100 ％ PDAT1 Tool[1] Base[0]

（2）机器人从 P1 点直线运动到 P2 点。按住示教器使能，手动移动机器人至初始点 P2 点；单击"指令"→"运动"→"LIN"，然后点击"指令 OK"，形成如下代码：

LIN P2 Vel＝0.002m/s CPDAT1 Tool [1] Base [0]

(3)吸盘抓取、释放(OUT)。单击"指令"→"逻辑"→"OUT"→"OUT",配置输出信号OUT[300]的输出为 TRUE;"指令"→"逻辑"→"WAIT"延时 1 s,保证吸盘可靠抓取。

抓取指令:

OUT 300.. State ＝TURE

WAIT Times ＝1 sec

释放指令:

OUT 300.. State ＝FALSE

WAIT Times ＝1 sec

(二)项目实例

示教编程,使机器人完成物料块搬运的连贯动作:从初始位置出发,将物料块从 A 位置移动到 B 位置,然后回到初始位置。

1.路径规划

路径规划如图 4-7 所示,初始点 P0→物料块拾起辅助点 A1→物料块拾起点 A→物料块拾起辅助点 A1→物料块放下辅助点 B1→料块放下点 B→物料块放下辅助点 B1→P0位置。

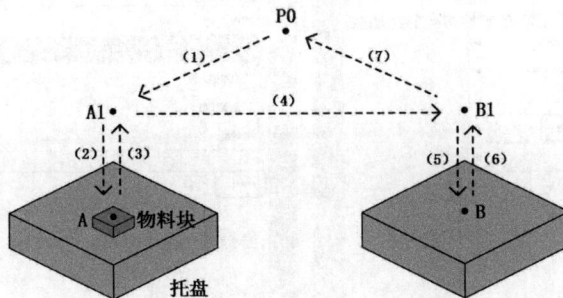

图 4-7　物料搬运路径规划图

2.示教编程

1)新建机器人示教编程文件

(1)开机,进入 SmartPad 目录界面,注意点击左边是展开文件夹,点击右边是在选中的文件夹下操作(见图 4-8)。

(2)旋转机器人示教器钥匙开关选择 T1 模式(见图 4-9)。

(3)登录专家组模式:"主菜单"键→配置→用户组→专家,输入登录密码,默认密码是KUKA(见图 4-10)。

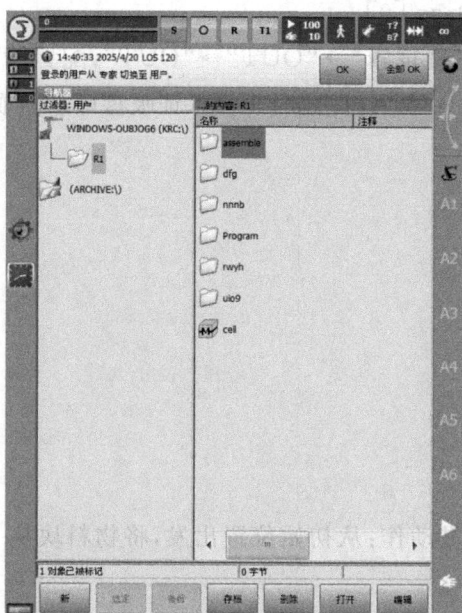

图 4 - 8　SmartPad 目录

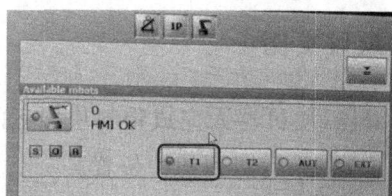

图 4 - 9　选择 T1 模式

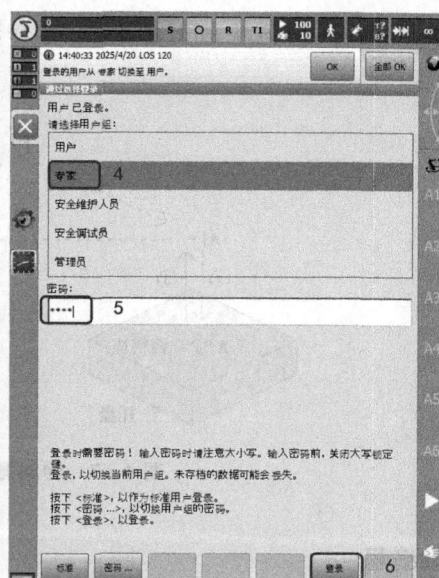

图 4 - 10　设置"专家"模式

（4）按"主菜单"键，显示存储数据的磁盘。

（5）选择"新"，选择"Modul　模块"创建程序，然后点击"OK"按钮（见图 4 - 11）。

（6）将程序命名为"AtoB"，单击回车键，程序文件创建完成（见图 4 - 12）。

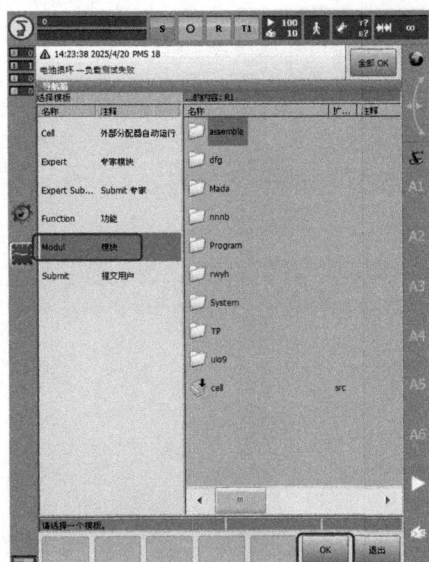

图 4-11　创建程序

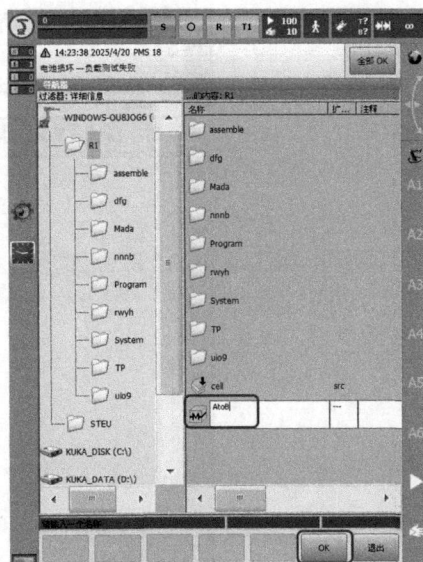

图 4-12　命名程序

(7)选中程序名称下方的"打开",进入程序编辑界面,删除多余的代码(第 4 行和第 6 行 HOME 点位置),光标置于 INT 行,开始编辑程序(见图 4-13)。

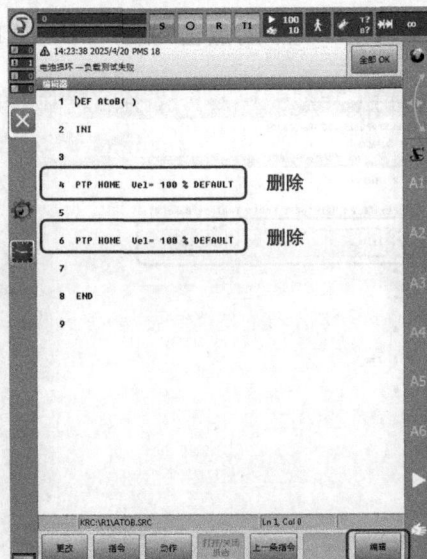

图 4-13　程序编辑界面

2)示教编程

(1)按住示教器使能,手动模式下移动机器人至初始点(P0 点)。

(2)单击"指令"→"运动"→"PTP",然后点击"指令 OK",P0 点记录完成(见图 4-14)。

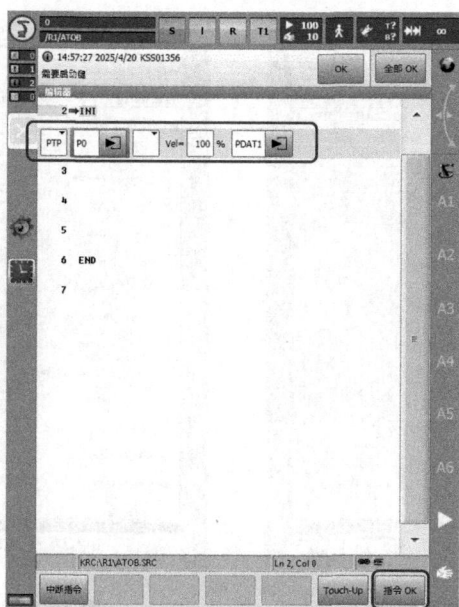

图 4 - 14　记录 P0 点

（3）按住示教器使能，移动机器人到物料块拾起辅助点 A1（A1 点可以是非精确点，位于物料块拾起点 A 上方约 10 cm 处）。

（4）单击"指令"→"运动"→"PTP"，然后点击"指令 OK"，A1 点记录完成（见图 4 - 15）。

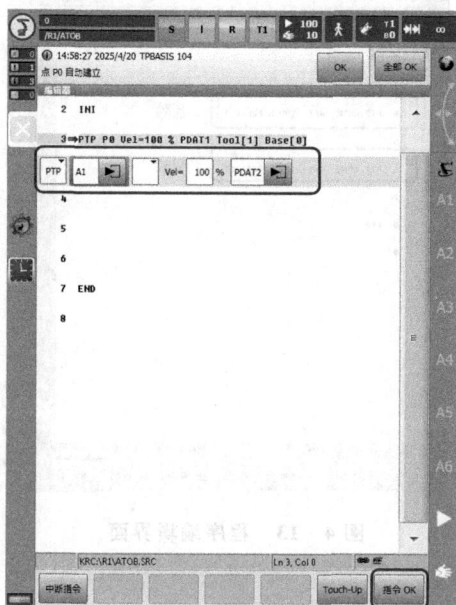

图 4 - 15　记录 A1 点

(5)按住示教器使能,移动机器人到物料块拾起点 A。

(6)单击"指令"→"运动"→"LIN",然后点击"指令 OK",A 点记录完成(见图 4-16)。

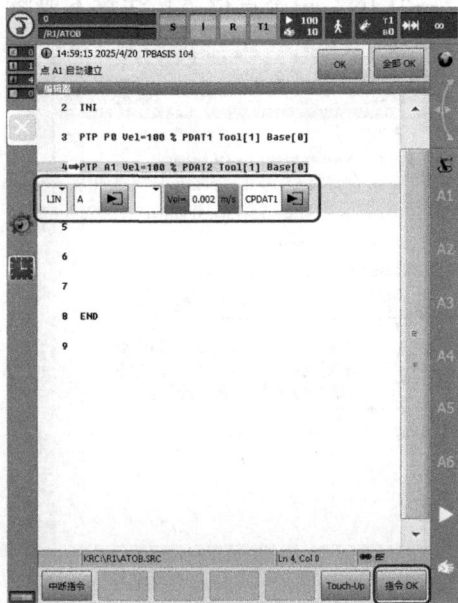

图 4-16 记录 A 点

(7)单击"指令"→"逻辑"→"OUT"→"OUT",配置输出信号 OUT300 的输出为 TRUE;"指令"→"逻辑"→"WAIT"延时 1 s,保证吸盘可靠抓取(见图 4-17)。注意,信号输出可能会提前打开,需要将 OUT 指令中的 CONT 换成空白,即停止预进功能。

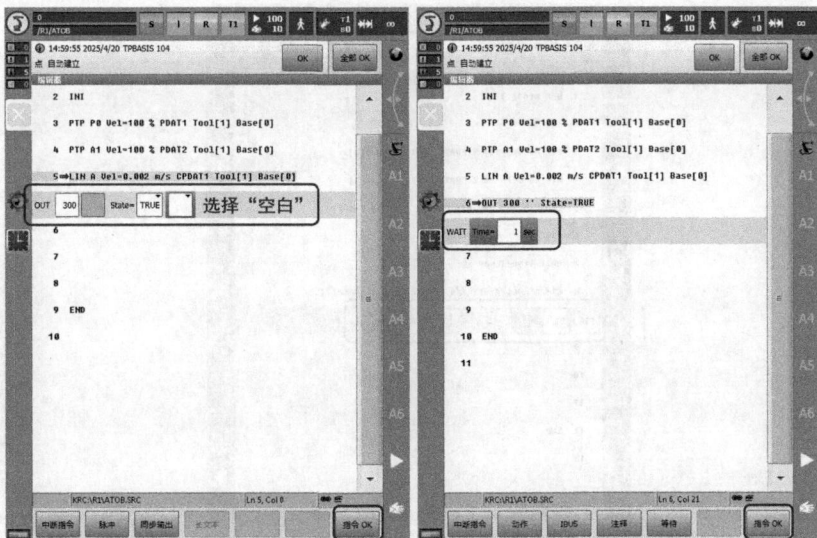

图 4-17 吸盘抓取物料块

(8)按住示教器使能，移动机器人到物料块拾起辅助点 A1（见图 4-18，手动示教不要求精确到达，尽可能回到 A1 点即可）。

(9)单击"指令"→"运动"→"LIN"，记录点位 A1，注意不要将其原点位数据覆盖。

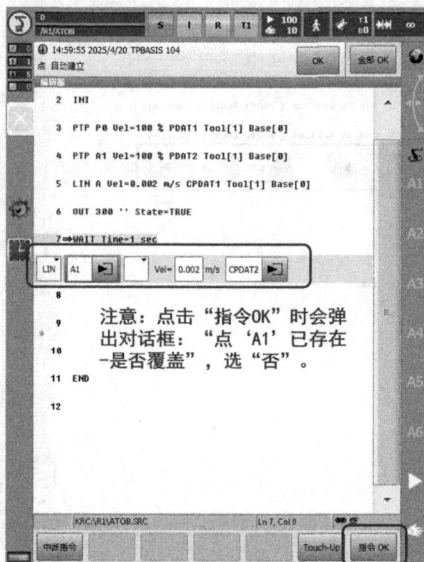

图 4-18 回到 A1 点

(10)按住示教器使能，手动移动机器人到物料块放下辅助点 B1（B1 点可以是非精确点，位于物料块拾起点 B 上方约 10 cm 处）。

(11)单击"指令"→"运动"→"PTP"，然后点击"指令 OK"，B1 点记录完成（见图 4-19）。

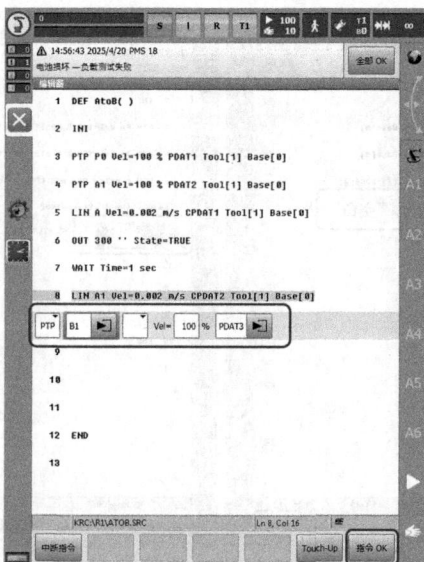

图 4-19 记录 B1 点

（12）按住示教器使能，手动移动机器人到物料块拾起点 B。

（13）单击"指令"→"运动"→"LIN"，然后点击"指令 OK"，B 点记录完成（见图 4 - 20）。

LIN B Vel=0.002 m/s CPDAT3 Tool[1] Base[0]

图 4 - 20　记录 B 点

（14）单击"指令"→"逻辑"→"OUT"→"OUT"，配置输出信号 OUT300 的输出为
FALSE；"指令"→"逻辑"→"WAIT"延时 1 s（见图 4 - 21）。同样要注意信号输出可能会提
前打开，需要将 OUT 指令中的 CONT 换成空白，即停止预进。

OUT 300 '' State=FALSE

WAIT Time=1 sec

图 4 - 21　释放物料块

（15）按住示教器使能，手动移动机器人到物料块拾起辅助点 B1（手动示教不要求精确
到达，尽可能回到 B1 点即可）。

（16）单击"指令"→"运动"→"LIN"，记录为点位 B1（见图 4 - 22），注意不要将其原点位
数据覆盖。

LIN B1 Vel=0.002 m/s CPDAT4 Tool[1] Base[0]

图 4 - 22　回到 B1 点

（17）单击"指令"→"运动"→"PTP"，记录为点位 P0（见图 4 - 23），注意不要将其原点位
数据覆盖。

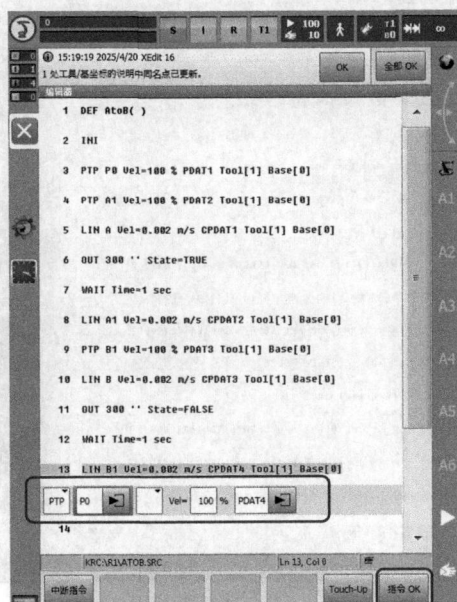

图 4 - 23　回到 P0 点

至此，物料块搬运示教编程结束。

3)机器人示教程序调试

(1)程序选定与速度设置。选定编写好的示教程序（见图 4-24），设置手动运行速度（图 4-25 中两种速度调节方式均可使用），首次运行建议低速（10％～20％），确认轨迹无误后再逐步调高速度。

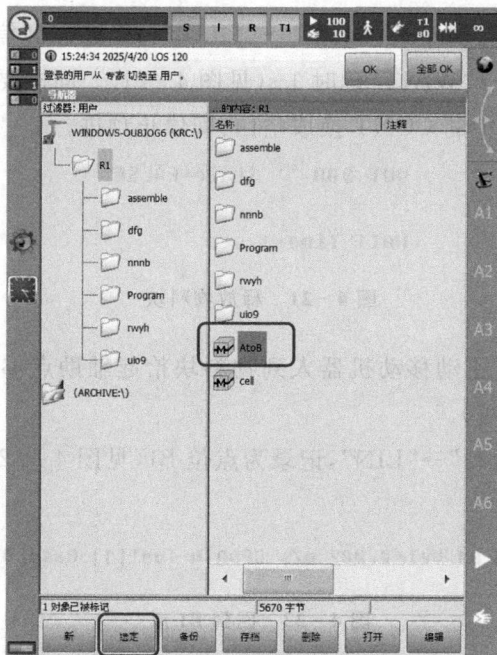

(a)

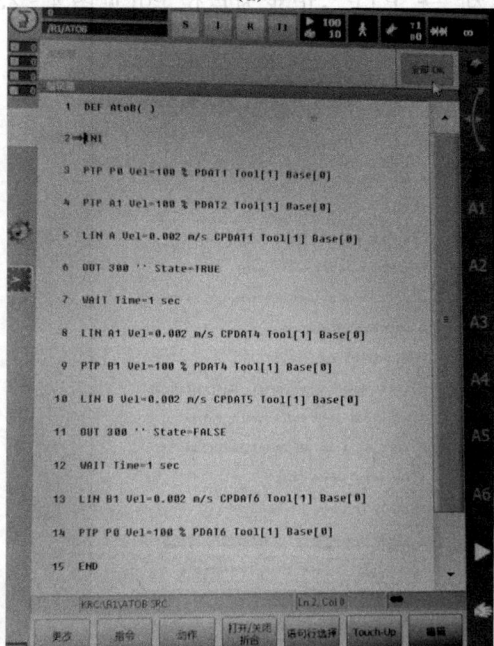

(b)

图 4-24 选定示教程序并打开

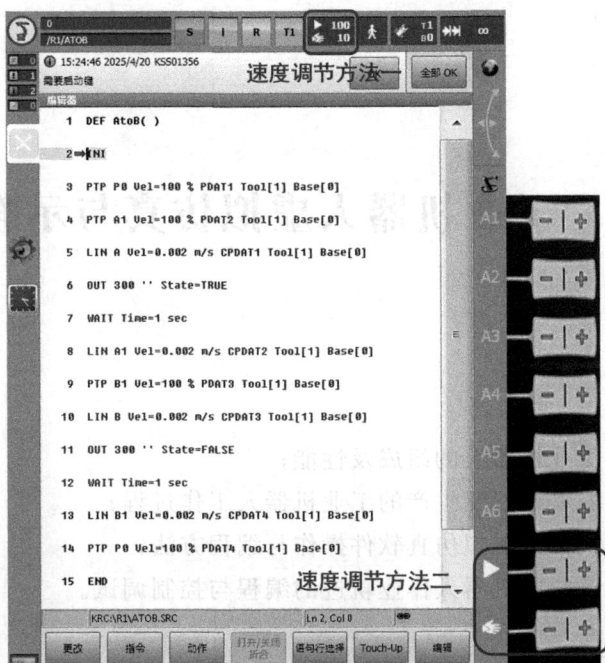

图 4-25　调整机器人运行速度

（2）程序启动。长按使能按钮（确保机器人进入可运行状态）的同时按下运行键启动程序。

（3）轨迹调试与验证。观察机器人实际运动轨迹是否与规划一致，若需调整，暂停程序，修改参数后重新运行。

（4）程序结束后续操作。程序完成后，状态标识"R"变为灰色。若重新运行，点击"R"→选择"程序复位"；若退出程序，点击"R"→选择"取消程序选择"。

（5）关键提示。低速调试可避免因程序错误导致的碰撞风险；使能按钮是安全机制，必须持续按压才能运行，松开即暂停。

七、思考题

（1）简述机器人的基本组成和工作原理。

（2）简述机器人示教编程的基本步骤，同时在托盘上自定义取、放料位置 C 和 D，完成自动取放料的路径规划和示教编程。

（3）结合示例程序，思考机器人运动中什么情况下使用 PTP 指令？什么情况下使用 LIN 指令？哪几段机器人运动轨迹可以用"轨迹逼近"方式代替？OUT 指令为什么后边要接 WAIT 指令？

（4）感兴趣的同学可以查阅资料，思考如何配置机器人，如何编写 PLC、HMI、机器人程序，实现智能装配工站的装配流程。

项目五 工业机器人虚拟仿真与示教编程

一、项目目标

(1)了解六自由度工业机器人的组成及性能；

(2)了解基于微涡发动机智能生产的工业机器人工作过程；

(3)熟练掌握工业机器人虚拟仿真软件操作与编程方法；

(4)完成基于智能产线的机器人作业轨迹的编程与控制调试。

二、相关知识点

(1)工业机器人的结构与组成；

(2)工业机器人的坐标系；

(3)工业机器人示教编程方法。

三、项目内容

(1)通过基于微涡发动机核心零件叶轮的智能生产的现场视频及工艺流程，设计机器人无干涉作业轨迹方案；

(2)利用虚拟仿真软件编制基于微涡发动机叶轮智能生产的某一作业轨迹示教程序；

(3)学习操作华数 HSR612 与 HSR620 实体机器人，将仿真软件编制好的示教程序传输到 HSR612 与 HSR620 机器人中,验证仿真效果。

四、项目设备

(1)硬件：HSR612 工业机器人、HSR620 工业机器人；

(2)软件：工业机器人仿真软件 V2.0。

五、项目原理

(一)工业机器人的组成

一般来讲,第一代工业机器人由操作机、控制器、示教盒以及连接线缆组成,第二代、第三代工业机器人还包括环境感知系统和分析决策系统,分别由传感器及配套软件实现。因此,工业机器人主要由控制系统、驱动系统、执行系统、传感系统等组成(见图5-1)。

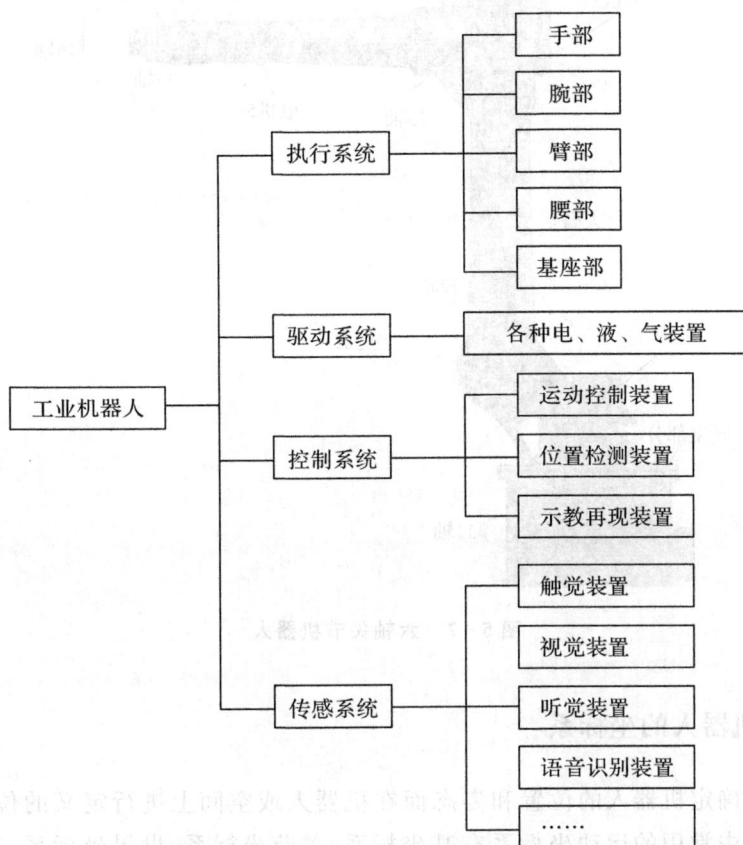

图5-1 工业机器人的组成

工业机器人的自由度指描述机器人本体(不含末端执行器)相对于基坐标系(机器人坐标系)进行独立运动的数目,一般以轴的直线移动、摆动或旋转动作的数目来表示。在三维空间中描述一个物体的位姿(位置和姿态)需要六个自由度。在机器人机构中,两相邻连杆绕着公共轴线相对移动或绕轴线相对转动构成一个运动副,称为关节,关节类似于人类的手臂,是当今工业领域中最常见的工业机器人形态之一。常见的有移动关节、转动关节、球铰关节等,关节机器人也称关节手臂机器人或关节机械手臂。如图5-2所示为六轴关节机器人,六轴关节机器人的机身与底座处的腰关节、大臂与机身处的肩关节、大小臂间的肘关节以及小臂、腕部和手部三者间的三个腕关节都是转动关节。因此,该机器人具有六个自由度,动作灵活、结构紧凑,适用于工业领域内的诸多机械化、自动化的复杂作业,如焊接、涂装、搬运、装配、堆垛、打磨等工作。

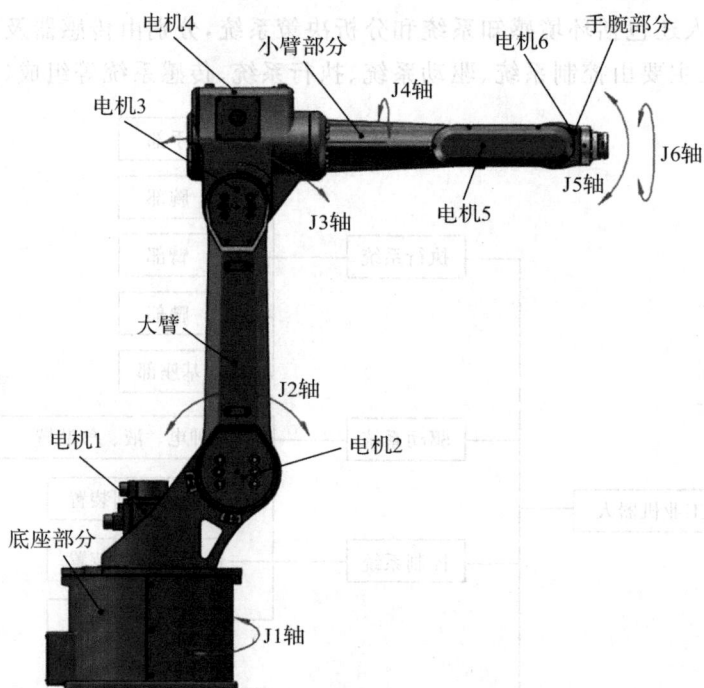

图 5-2　六轴关节机器人

(二)工业机器人的坐标系

坐标系是为确定机器人的位置和姿态而在机器人或空间上进行定义的位置指标系统。工业机器人系统中常用的运动坐标系有基坐标系、关节坐标系、世界坐标系、工具坐标系和工件坐标系,部分运动坐标系如图 5-3 所示。

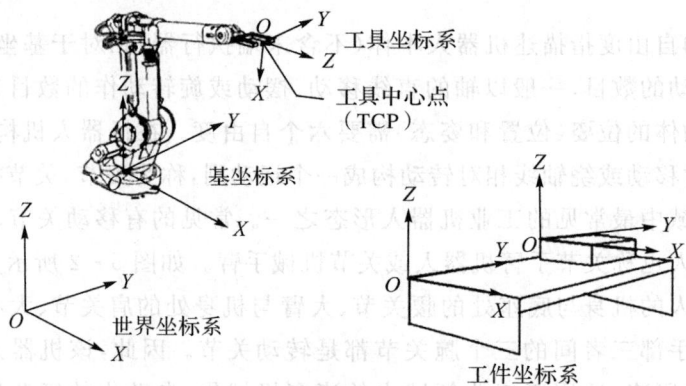

图 5-3　工业机器人中部分运动坐标系

(1)基坐标系:基坐标系是机器人工具和工件坐标系参照基础,是工业机器人示教与编程时经常使用的坐标系之一。工业机器人出厂前,其基坐标已由生产厂商设定好,用户不能更改,一般定义在机器人安装面与第一转动轴的交点处。

（2）关节坐标系：关节坐标系的原点设定在机器人关节中心点处，反映了该关节处每个轴相对该关节坐标系原点位置的绝对角度，各轴均可实现单独正向或反向运动。

（3）世界坐标系：世界坐标系是机器人系统的绝对坐标系，是建立在工作单元或工作站中的固定坐标系，它用于确定机器人与周边设备之间或者若干个机器人之间的位置。所有其他坐标系均与世界坐标系直接或间接相关。对于单个机器人而言，在默认情况下，世界坐标系与基坐标系是重合的。

（4）工件坐标系：工件坐标系也称为用户坐标系，是用户对每个工作空间进行定义的直角坐标系。该坐标系以基坐标为参考，通常设置在工件或工作台上，当机器人配置多个工件或工作台时，选用工件坐标系操作更为简单。当机器人运行轨迹相同，工件位置不同时，只需要更新工件坐标系即可，无须重新编程。

（5）工具坐标系：工具坐标系的原点设置在机器人末端的工具中心点（tool center point，TCP）处。未定义时，工具坐标系默认在连接法兰中心处，而安装工具且重新定义后，工具坐标系的位置会发生变化。工具坐标系的方向随腕部的移动而发生变化，与机器人的位姿无关。在进行相对于工件不改变工具姿态的平移操作时，选用该坐标系最为合适。

机器人在关节坐标系下的动作是单轴运动，而在其他坐标系下则是多轴联动。

（三）工作空间

工作空间是机器人正常运行时，末端执行器工具中心点能在空间活动的范围，又称可达空间或总工作空间。工作空间的大小和形状不仅与机器人各连杆的尺寸有关，还与机器人的总体结构有关。机器人在作业时可能会因存在手部不能到达的作业死区而不能完成规定任务。由于末端执行器的形状和尺寸是多种多样的，因此生产厂家给出的工作空间一般是不安装末端执行器时可以达到的区域。如图 5-4 所示为 HSR-JR612 工业机器人的工作空间。

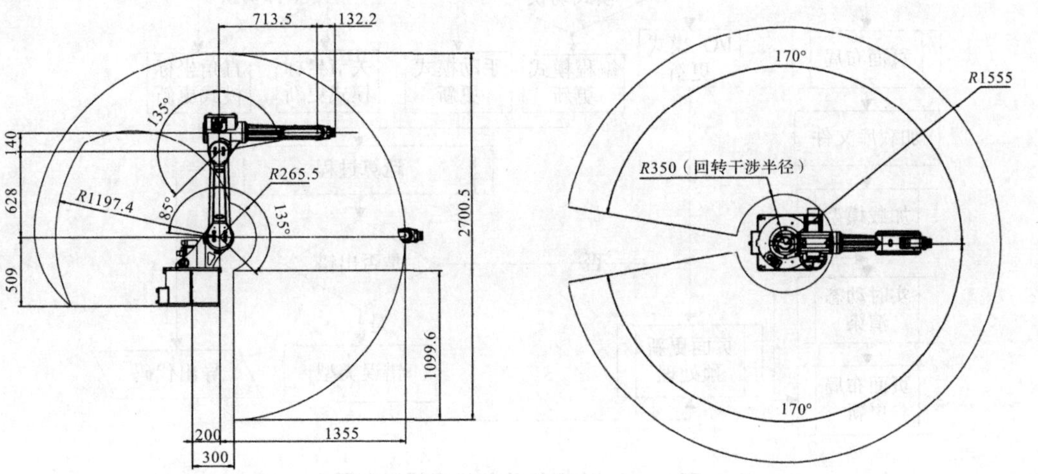

（a）主视图　　　　　　　　（b）俯视图

图 5-4　HSR-JR612 工业机器人的工作空间

（四）工业机器人仿真软件功能及操作

1. 工业机器人仿真软件简介

本项目工业机器人仿真软件是基于智能制造学科交叉平台的实体产线开发的，软件模型除了 2 台工业机器人外还包括数控车床、数控三轴加工中心、数控五轴加工中心、料仓、AGV、物料中转台等设备。如图 5-5 和图 5-6 所示为智能制造实体产线和虚拟仿真模型与环境。

图 5-5　智能制造实体产线

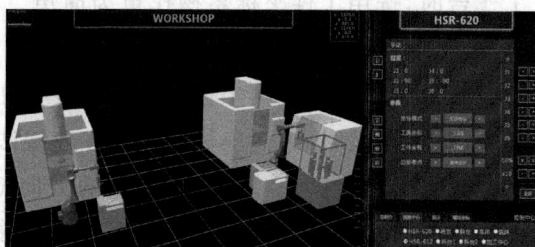

图 5-6　工业机器人虚拟仿真模型与环境

仿真软件以 Web 开发语言进行编程，可运行于多种操作系统，如 Windows、Linux、IOS、Android 等，如图 5-7 所示为仿真软件开发的整体逻辑流程图。仿真软件主要围绕机器人的可视化仿真、运动学、坐标系标定、轨迹规划、示教编程等功能进行研究与开发，包括系统显示、运动控制、示教编程三大功能模块（见图 5-8）。

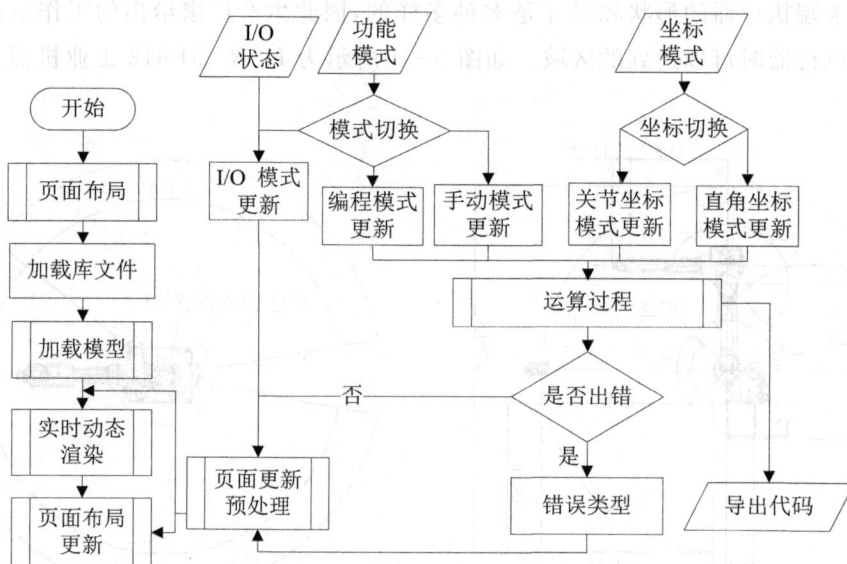

图 5-7　仿真软件整体逻辑流程图

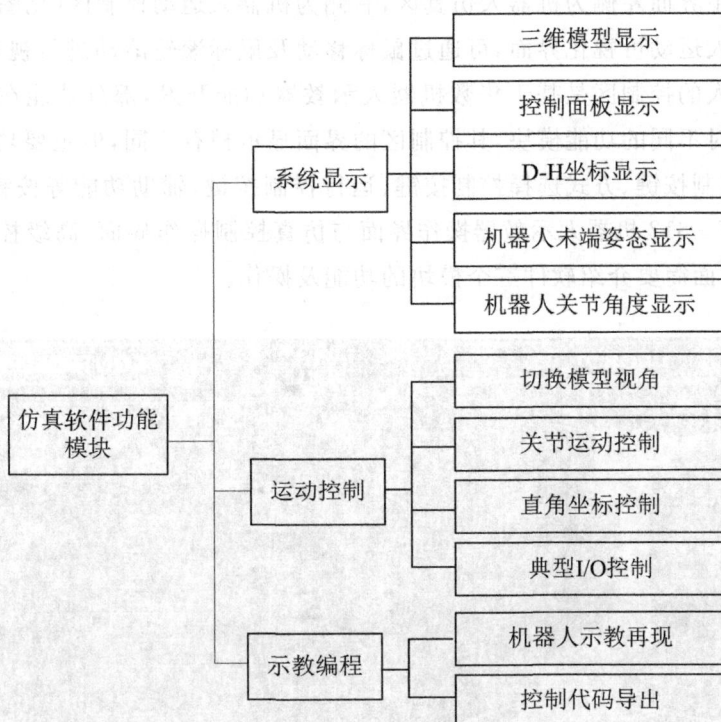

图 5-8　仿真软件功能模块

　　软件中的工业机器人模型以华数 HRT-6 工业机器人为原型,仿真过程包括工业机器人运动过程的可视化仿真,轴关节、直角坐标、典型 I/O 控制仿真,工业机器人离线编程等过程。机器人与智能产线中的数控机床、料仓、AGV 等设备配合,真实再现机器人搬运物料的作业过程轨迹。

2. 仿真软件操作模块

　　仿真软件主要包括基本操作、高级控制、项目实践三个操作模块(见图 5-9)。

图 5-9　工业机器人仿真软件操作模块

软件的操作主界面左侧为机器人仿真区，右侧为机器人运动控制区（见图5-10）。机器人仿真区为机器人运动可视化界面，可通过鼠标移动及鼠标滚轮滚动进行视角转换、视图缩放等功能。机器人的控制区是基于华数机器人示教器功能开发，部分功能在仿真平台中做了适当简化。针对不同的功能模块，其控制区的界面显示稍有不同，但主要功能都包括区域标题、位置姿态控制按键、方式选择控制按键、运行控制按键、辅助功能等按键。如图5-11所示为华数 HRT-612 机器人示教器操作界面与仿真控制操作界面（高级控制模块下的控制界面）对比。下面简要介绍软件三个模块的功能及操作。

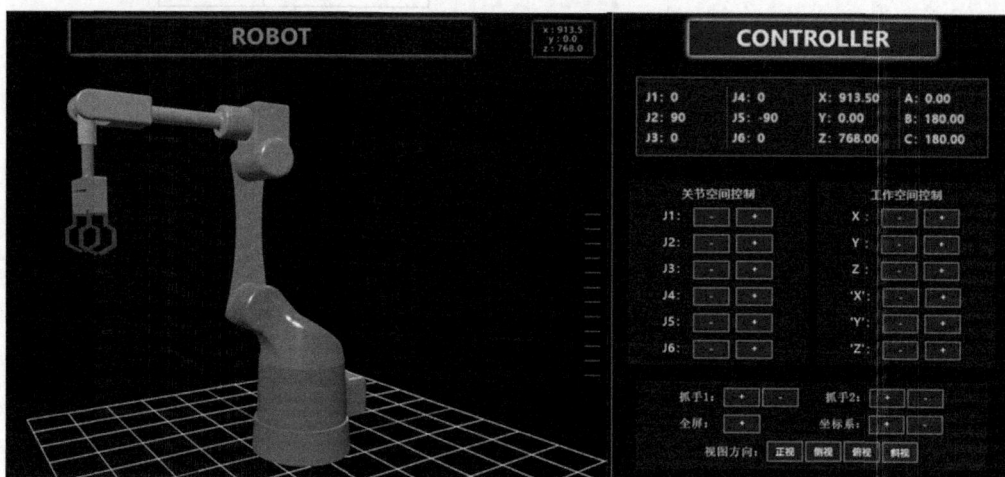

图 5-10　机器人软件操作主界面

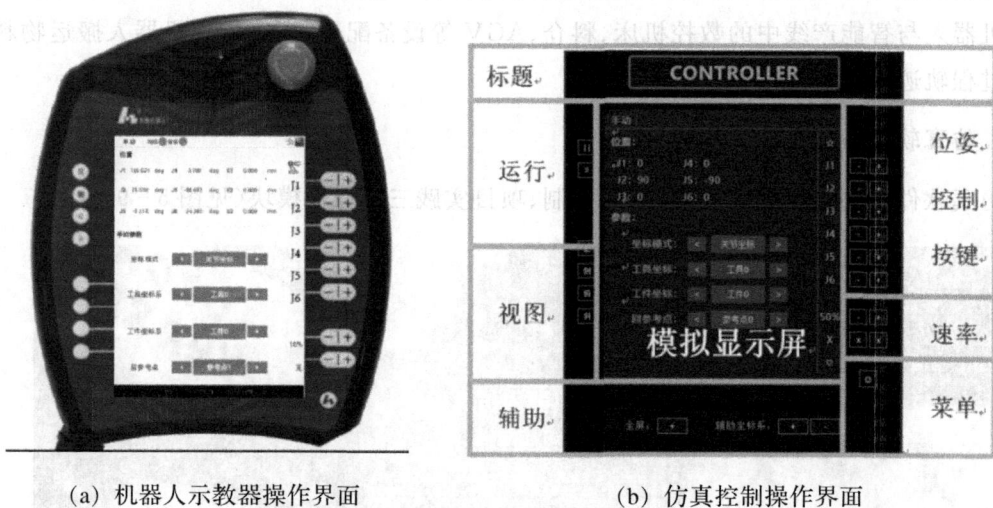

（a）机器人示教器操作界面　　　　　　　（b）仿真控制操作界面

图 5-11　机器示教器操作界面与仿真操作界面对比

1)基本操作模块

如上图 5-10 所示,软件基本操作模块的机器人控制区主要为 J1、J2、J3、J4、J5、J6 各关节位姿控制、坐标控制、视图切换、气爪开合、坐标系显示等功能的基本操作。按 J1、J2、J3、J4、J5、J6"关节空间控制"键中的"+""-"可以控制各关节轴运动方向;按"工作空间控制"的中"+""-"可以进行直角坐标系位置控制;抓手的"+""-"分别表示末端执行器(气动抓手)的开、合状态;坐标系"+""-"表示 7 个(包括基坐标系)D-H 坐标系的显示与隐藏;"视图方向"功能可以选择机器人的"正视图""侧视图""俯视图"以及"斜二测视图",可配合鼠标滚轮操作以获得最佳显示视角。

2)高级控制模块

高级控制模块除了具有基本操作模块的功能外,还包括坐标模式切换功能、回参考点功能、示教编程功能等。示教编程功能是高级控制模块的核心功能。

仿真机器人的示教编程方法与实体机器人编程方法相似。示教编程首先控制机器人移动到指定位置,然后记录机器人此时的作业程序点,最后通过示教功能再现机器人的运行轨迹。仿真软件示教编程过程如下:点击"新建"按键,进入示教编程状态,通过点击"END"键逐条添加关节运动、直角运动、气爪开、气爪关等指令,生成多条程序代码,控制各关节、各轴运动到指定位置。编程完毕,点击"运行"键,机器人模型将逐条执行上述指令动作,再现机器人运行轨迹。如图 5-12 所示为示教编程界面及导出程序,该程序可以传输到智能产线中的华数 HRT-6 工业机器人中并控制机器人运动。

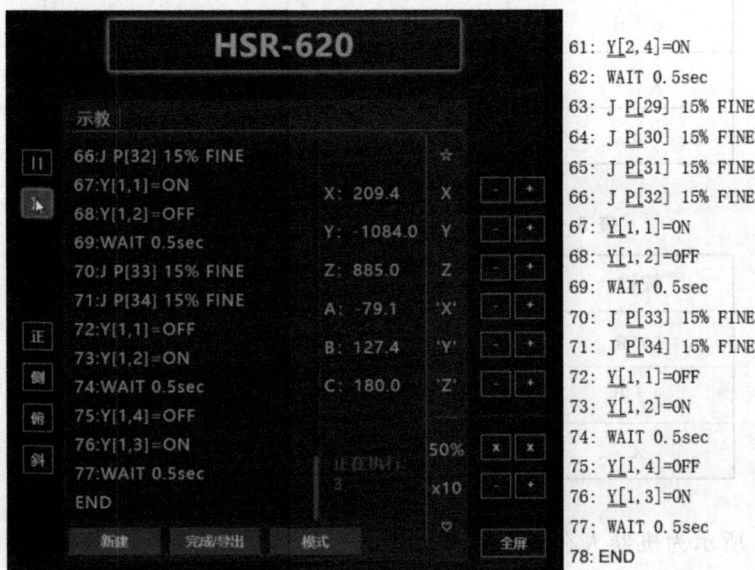

图 5-12　示教编程界面及导出程序

(五)项目实践模块

在项目实践模块中,选择"控制台"的"任务选项"(见图5-13)可以进行机床上下料作业轨迹、车铣工站作业轨迹、五轴加工中心作业轨迹等编程实验。"示例"选项卡提供了机器人任务运行示例,为我们用机器人作业轨迹编程提供参考。

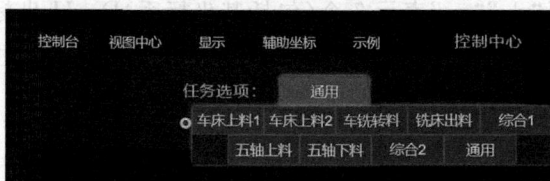

图5-13 控制台任务选项卡

为方便取放料时气爪与物料、机床卡盘中心的对齐,该机器人设置了快速对准功能键,各按键功能见表5-1和表5-2。

表5-1 HSR620机器人的快速对准功能键

按键	HSR620机器人功能
q / a	HSR620气爪1 / 2对齐料仓
w / s	HSR620气爪1 / 2对齐车床
e / d	HSR620气爪1 / 2对齐铣床
r / f	HSR620气爪1 / 2对齐AGV
z	HSR620回零

表5-2 HSR621机器人的快速对准功能键

按键	HSR620机器人功能
t / g	HSR612气爪1 / 2对齐AGV
y / h	HSR612气爪1 / 2对齐铣床
x	HSR612回零

如图5-14所示为机器人在车铣工站作业轨迹的仿真分解图。

（a）料仓取料动作仿真　　　　　　（b）车床上下料动作仿真

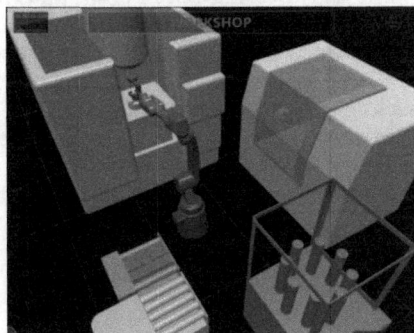

（c）加工中心上下动作仿真　　　　　（d）托盘放料动作仿真

图 5-14　机器人在车铣工作站作业轨迹仿真分解

六、项目实例

下面通过国家虚拟仿真实验教学项目共享平台的实验空间（http://www.ilab-x.com）访问该实验系统，完成基于智能制造的工业机器人作业轨迹与过程仿真实验项目。

以注册的用户名登录实验空间，搜索"基于智能制造的工业机器人作业轨迹与过程仿真实验"，如图 5-15 所示。点击"我要做实验"，进入实验网站，如图 5-16 所示，具体实验项目实施过程如下（见图 5-17）。

图 5-15　国家实验空间虚拟仿真实验项目

基于智能制造的工业机器人作业轨迹与过程仿真

| 实验任务书 | 软件学习 | 做实验 | 资料下载 | 评价体系 | 退出系统 |

—— 项目简介视频 ——
Project introduction video

项目简介

随着"中国制造2025"计划的提出,工业机器人的发展和应用成为中国制造业走向高端化和智能化的重中之重。西安交通大学面向社会需求,主动布局工业机器人专业人才培养,积极探索智能制造新工科专业的研究与实践。2015年本科培养方案将"工业机器人"增设为机械工程专业课,成立陕西省智能机器人重点实验室,2017年筹建了具有智能制造初步形态和功能的大学版工业4.0智能制造学科交叉平台。

围绕智能制造学科交叉实验平台,西安交通大学机械基础国家级实验教学中心开发了一款跨平台六自由度工业机器人仿真软件。该仿真软件以华数HRT-6六自由度工业机器人为建模、开发原型,应用Web开发语言,可以实现六自由度工业机器人运动仿真的可视化,实现工业机器人轴关节控制、直角坐标控制,典型IO控制以及示教的仿真,示教仿真导出的程序可以直接控制华数HRT-6六自由度实体工业机器

图5-16 西安交通大学仿真实验网站

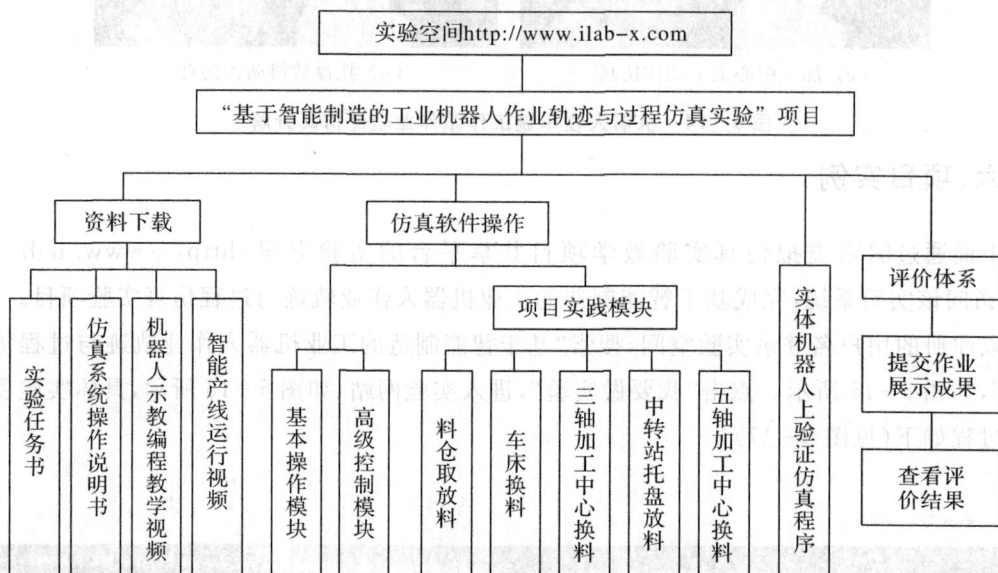

图5-17 实验项目实施过程

(1)从网站下载实验任务书,了解项目内容与要求。

(2)下载关于智能制造学科交叉创新实践平台的相关资料,如"智能生产线运行动画视频""智能产线叶轮加工与运转过程和工艺流程"等,以便更好地了解物理产线设备组成、项目应用环境、工业机器人运转物料工艺过程。

(3)选择"做实验"菜单下的"实验系统",进入实验系统。按照"软件学习"菜单下的"操

作手册""教学视频"学习软件的基本操作和高级控制模块内容,掌握虚拟仿真软件的基本操作和示教编程方法。

(4)在项目实践模块完成基于微涡发动机叶片智能生产过程中工业机器人作业轨迹的示教编程实验。

①设计机器人某一作业轨迹的方案,这些轨迹包括:料仓取放料、车床上下料、三轴加工中心上下料、五轴加工中心上下料、中转站与 AGV 换料等。

②在项目实践模块的"任务选项"模块中选择实训内容并完成示教编程。

③示教编程结束后,按软件系统左侧的"开始"按键,演示机器人作业轨迹仿真效果。仿真无误之后,点击"完成/导出"按键,程序代码导出,同时提交至国家虚拟仿真实验网数据中心。在演示机器人作业轨迹仿真效果时可以录屏,在网站的"做实验"或"评价体系"菜单下的"视频提交"中上传视频(视频不要超过 50 Mb)。

④将示教编程导出的程序代码适当修改后传输到智能产线的实体机器人中,验证仿真效果。

⑤教师登录后台系统,评阅学生上传的程序代码和视频程序。程序代码及视频审核通过后,学生可在"评价体系"菜单中的"实验项目展示"中查看本人及其他同学的作业,可以进行自评和互评。

七、思考题

(1)工业机器人常用的坐标系有哪些?

(2)机器人关节运动与直线运动有什么区别?

(3)简述叶片加工过程中,工业机器人在车铣工站的示教编程方法。

(4)编写叶片智能加工过程中工业机器人示教程序。

项目六 基于 PLC 的系统集成与调试

一、项目目标

(1)了解可编程控制器的基本组成；

(2)掌握基于 TIA 博途的设备组态；

(3)掌握 PLC 的系统设计与调试方法；

(4)掌握虚拟 PLC 控制与调试方法。

二、相关知识点

(1)PLC 的基本组成；

(2)PLC 编程基本指令；

(3)PLC 系统设计与调试方法；

(4)PLC 的通信方式；

(5)虚拟 PLC 技术。

三、项目内容

(1)利用博途软件完成硬件系统的设备组态；

(2)完成三种报警输入系统设计与调试；

(3)基于虚拟调试技术完成三种报警系统虚拟调试。

四、项目设备

(1)硬件：S7-1500PLC、输入输出设备、电源、HMI、指示灯、按钮、蜂鸣器；

(2)软件：TIA 博途 V16.0。

五、项目原理

(一)可编程逻辑控制器的组成

可编程逻辑控制器(programmable logic controller,PLC)是一种专为在工业环境下应用而设计的数字运算操作的电子系统。它采用可编程的存储器,在其内部存储、执行逻辑运算、顺序控制、定时、计数和算数运算等操作指令,并通过数字或模拟的输入/输出(I/O)控制各种类型的机械或生产过程。

PLC 以其结构紧凑、易扩展、功能强大、可靠性高、运行速度快等特点取代了传统继电器控制系统。近年来,PLC 的发展迅猛,几乎每年都推出了不少新系列产品,功能更强大,广泛应用于钢铁、汽车、机械制造、化工、石油等领域。

PLC 包含 CPU、存储器、电源、I/O 模块、外部接口等。如图 6-1 所示为西门子及三菱 PLC 某型号产品,如图 6-2 所示为 PLC 基本组成框图。

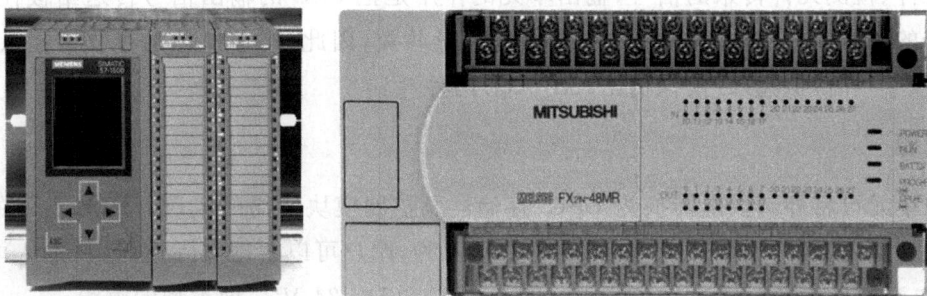

图 6-1　PLC 产品

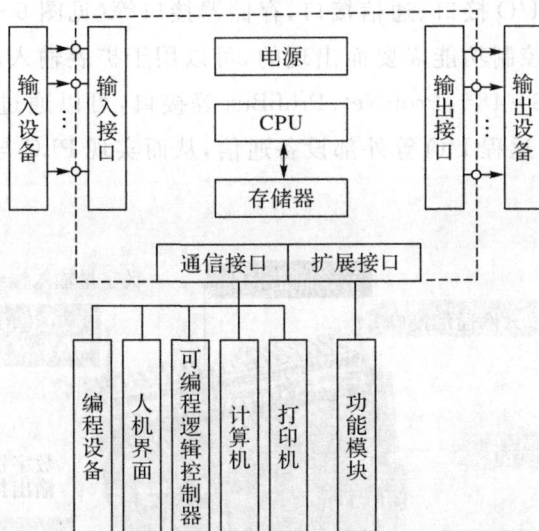

图 6-2　PLC 基本组成框图

1. 中央处理器(CPU)

CPU 是可编程逻辑控制器的控制中枢,也是 PLC 的核心部件。CPU 通过固化在 PLC 系统存储器中的专用系统程序完成对 PLC 内部端口、器件的配置和控制,并按照存储器中用户编写的程序完成逻辑运算、算术运算、数据处理、时序控制、通信等工作。

2. 存储器

存储器主要是存储系统程序、用户程序和工作数据等。系统程序是由 PLC 制造厂家编写的和 PLC 的硬件组成密切相关的程序,在 PLC 的使用过程中不会改变,用户不能修改和访问。用户程序是根据 PLC 的控制对象的生产工艺和控制要求编写的。

3. 输入/输出单元

输入/输出单元也称 I/O 单元,是连接 PLC 与工业现场的桥梁。输入单元的作用是接收主令元件、检测元件传来的信号;输出单元的作用是把 PLC 的输出信号传送给被控设备。工业现场的输入和输出信号包括数字量和模拟量两类,因此,I/O 单元也有数字输入/数字输出(DI/DO)和模拟输入/模拟输出(AI/AO)两种。

4. 电源

电源单元可将外部供电转换为 CPU、存储器及扩展模块所需的电压。PLC 电源的输入电压一般有 AC 220 V、AC 110 V 和 DC 24 V 三种,用户可以根据实际情况,将输入电压经过 PLC 电源模块变换后,输出 DC 5 V、DC±12 V 和 DC 24 V 三种类型的电源。

5. 接口单元

接口单元一般包括 I/O 接口、通信接口,存储器接口等(见图 6-3)。I/O 接口是为了适应和满足更加复杂的控制功能需要而出现的,可以用于扩展输入/输出点数。通信模块上集成了 RS-232C、RS-485、ProfiNet、ProfiBus 等接口,可以通过各种通信协议实现与 PLC、计算机、编程设备、远程 I/O 等外部设备通信,从而实现 PLC 与上述设备之间的数据及信息的交换。

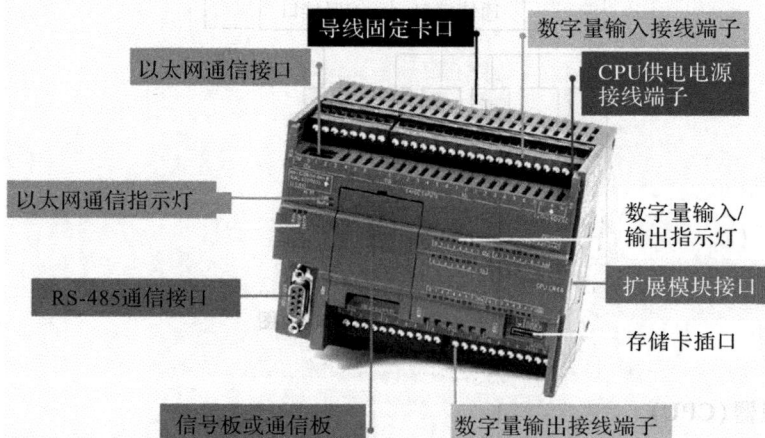

图 6-3 PLC 接口单元

（二）可编程逻辑控制器编程语言

1994 年国际电工委员会公布了 IEC61131 - 3《PLC 编程语言标准》，该标准阐述了五种编程语言：梯形图（ladder diagram，LD）、功能模块图（function block diagram，FBD）、顺序功能流程图（sequential function chart，SFC）、结构化文本化（structured text，ST）、指令表（instruction list，IL）。本实验中用到的编程语言为西门子编程语言，下面以西门子编程语言为例，简要介绍几种语言的使用方法。

1. 梯形图（LD）

梯形图是使用最广的 PLC 编程语言，它是基于图形表示的继电器逻辑，直观易懂，主要由触点、线圈和功能框组成。

梯形图中，为分析各个元器件的输入/输出关系，引入一种假想的电流，称为能流。能流的流向是从左到右，不能倒流。梯形图两侧垂直的公共线称为母线，右母线可以省略。触点代表系统的逻辑输入，触点闭合能流可以流过，触点断开能流无法流过。常用的有常开触点、常闭触点。线圈表示系统的逻辑输出结果，若有能流流过线圈，则线圈闭合，否则线圈断开。功能框代表特殊的指令，可实现多种功能，如数据运算、数据传输、定时、计数等标准功能或者用户自定义的功能块功能。如图 6 - 4 所示为电机正转控制梯形图。

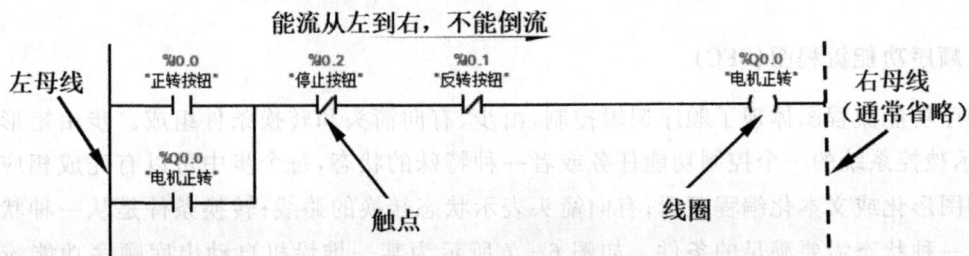

图 6 - 4　电机正转控制梯形图

2. 功能模块图（FBD）

功能模块图是和数字逻辑电路类似的一种 PLC 语言，用矩形框表示。每个功能块左侧有不少于一个的输入端，右侧有不少于一个的输出端，信号经过功能块左端流入，经过功能块的逻辑运算后从功能块右侧流出结果。电机正转功能也可用功能模块图编程（见图 6 - 5）。

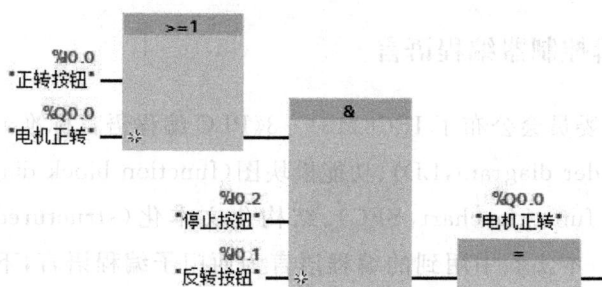

图 6-5　电机正转功能模块图

3. 结构化文本(ST)

结构化文本是用文本来表述控制系统中各变量的关系,主要用于其他编程语言难以实现的程序的编制。如图 6-6 所示为电机正转的结构化文本示意图。

图 6-6　电机正转结构化文本示意图

4. 顺序功能流程图(SFC)

顺序功能流程图体现了顺序逻辑控制,由步、有向箭头和转换条件组成。步由矩形框组成,表示被控系统的一个控制功能任务或者一种特殊的状态,每个步中可以有完成相应控制任务的图形化或文本化编程逻辑;有向箭头表示状态转换的路线;转换条件是从一种状态转换到另一种状态需要满足的条件。如图 6-7 所示为某一堆垛机自动出库顺序功能流程图部分截图。

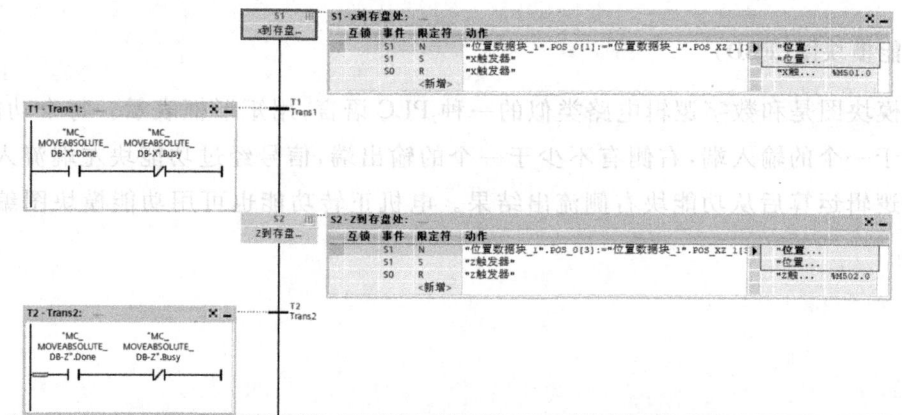

图 6-7　堆垛机自动出库顺序功能流程图部分截图

5. 指令表(IL)

指令表是和汇编语言类似的注记符编程语言,由操作码和操作数组成,适合在无计算机的情况下采用 PLC 手持编辑器完成对用户程序的编写。

需要说明的是,这五种编程语言允许在同一 PLC 程序中同时出现。可以针对不同的任务选择最适合的语言,也允许同一控制程序中不同程序模块使用不同的编程语言。

(三)PLC 控制系统设计

以 PLC 为核心组成的自动控制系统称为 PLC 控制系统。PLC 控制系统设计包括硬件电路设计和软件程序设计,其中软件程序质量的好坏直接影响整个控制系统的性能。

PLC 控制系统设计的一般步骤如图 6-8 所示。首先详细了解被控对象的生产工艺过程,分析控制要求,选择 PLC 机型,确定所需输入元件、输出执行元件。然后分配 PLC 的 I/O 点,设计主电路,设计 PLC 软件程序,同时设计控制柜及现场施工。最后进行系统调试、运行考验,编制技术文件,交付使用。

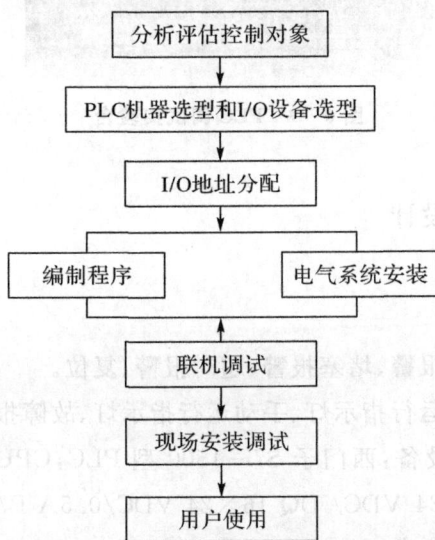

图 6-8　PLC 控制系统设计步骤

六、项目实例

下面通过模拟三种报警的控制系统设计与调试,掌握 PLC 控制系统设计与调试方法。

(一)控制需求

(1)利用如图 6-9 所示的硬件系统模拟输入系统的三种报警:跳闸报警、堵塞报警、超时报警。

（2）在自动状态下 A 灯亮；手动状态下 B 灯亮；故障状态时 A、B 灯状态不变，报警灯 C 亮，同时蜂鸣器闪烁、啸叫，直到按下复位按钮后报警取消，即 C 灯熄灭，蜂鸣器停止闪烁啸叫。

图 6-9　PLC 调试实验台

（二）控制系统分析与设计

1. 分析控制要求

（1）输入信号 4 个：跳闸报警、堵塞报警、超时报警、复位。

（2）输出信号 4 个：自动运行指示灯、手动运行指示灯、故障报警指示灯、蜂鸣器。

（3）分析实验给定硬件设备：西门子 S7-1500 型 PLC，CPU 型号为 1511T-1 PN，输入/输出模块型号为 DI 16×24 VDC/ DQ 16×24 VDC/0.5A BA，输入/输出点数各 16 个。硬件设备完全满足控制系统要求。

2. I/O 硬件设计

根据故障报警的控制系统要求设计表 6-1 所示的 I/O 分配表，其 I/O 接线图如图 6-10所示。其中 I0.0、I0.1、I0.2、I0.3 分别为跳闸报警、堵塞报警、超时报警、复位四种输入，Q0.0、Q0.1、Q0.2、Q0.3 分别为自动运行指示灯、手动运行指示灯、故障报警指示灯、蜂鸣器四种输出。

表 6 - 1　I/O 分配表及注释

输入	注释		输出	注释	
I0.0	SB1	跳闸报警	Q0.0	L1	A 灯(自动)
I0.1	SB2	堵塞按钮	Q0.1	L2	B 灯(手动)
I0.2	SB3	超时按钮	Q0.2	L3	C 灯(报警)
I0.3	SB4	复位按钮	Q0.3	H1	蜂鸣器

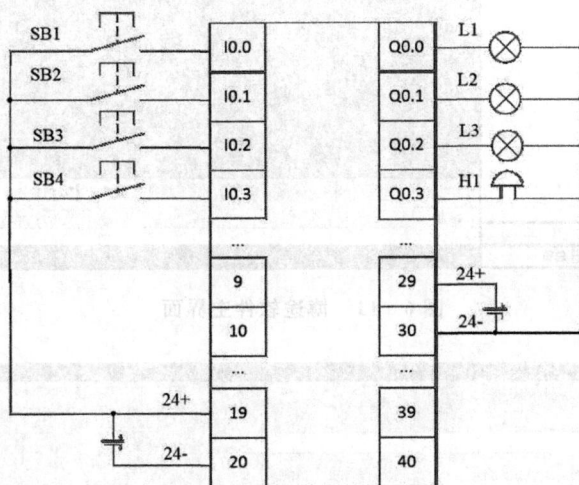

图 6 - 10　I/O 接线图

3. 程序设计

1)硬件组态

硬件组态就是将系统需要的 PLC 模块(包括电源、CPU、输入/输出模块、通信模块等)进行配置,并给每个模块分配物理地址。实验用编程软件为 TIA 博途 V16.0。

(1)创建新项目。打开 TIA 博途,点击"创建新项目",新项目名称设为"模拟报警系统控制",在文件中点击"项目视图",进入软件主界面。

(2)添加硬件设备。在图 6 - 11 左侧的项目树中双击"添加新设备"对话框,然后打开分级菜单,选择型号为 1511T - 1 PN,订货号为 6ES7 511 - 1 TK01 - 0AB0,固件版本为 2.8 的CPU(见图 6 - 12),然后添加型号为 DI 16×24VDC/DQ 16×24VDC/0.5A BA,订货号为6ES7 523 - 1BL00 - 0AA0,固件版本为 V1.1 的输入/输出模块,再添加型号为 PM 190W120/230VAC,订货号为 6EP1333 - 4BA00 的电源到中央机架,如图 6 - 13 所示。

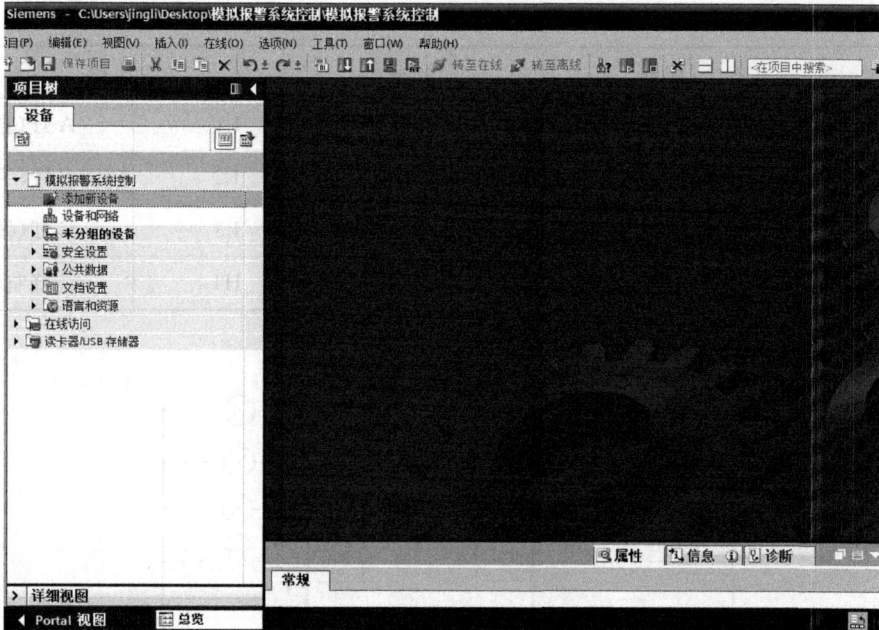

图 6 – 11　博途软件主界面

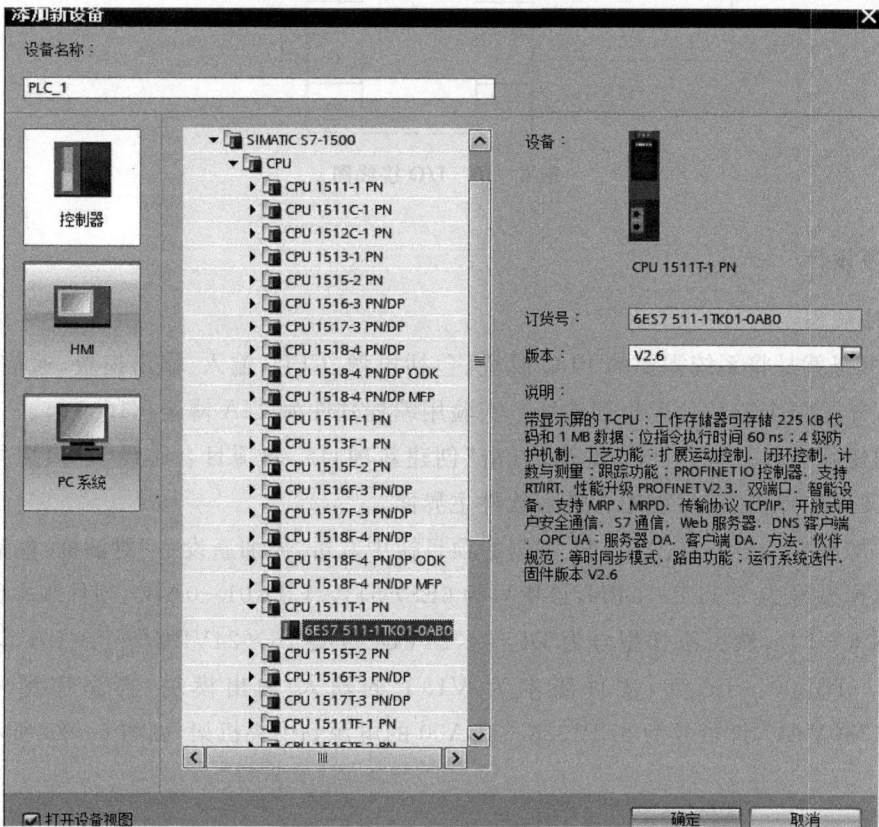

图 6 – 12　添加 CPU 模块

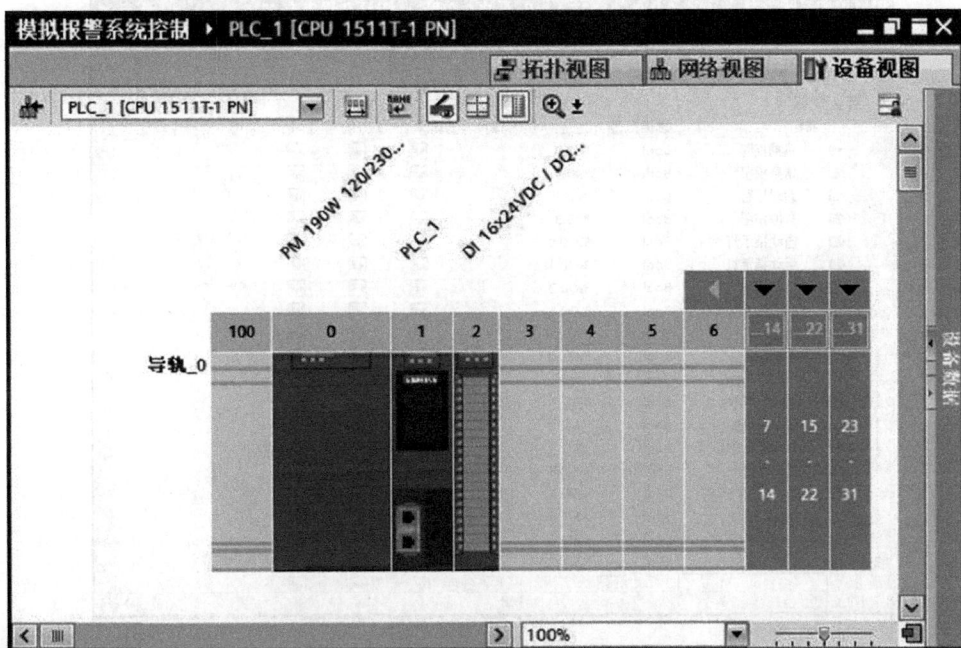

图 6-13　报警系统组态设备视图

（3）分配物理地址。在设备视图中,选择 CPU 模块的"属性"标签栏,设定 IP 地址为 192.168.0.100（见图 6-14）。

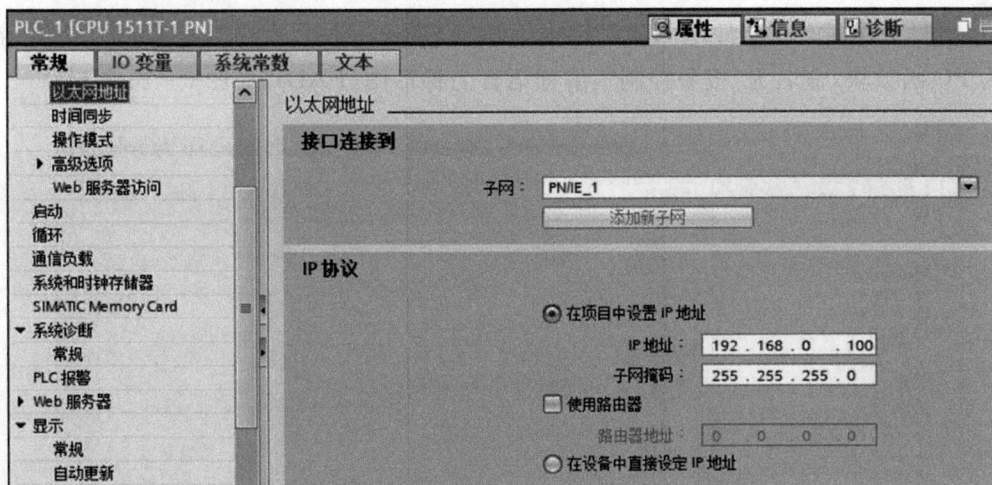

图 6-14　设置 CPU 模块 IP 地址

2)建立变量表

根据控制需求,建立如图 6-15 所示的变量表。

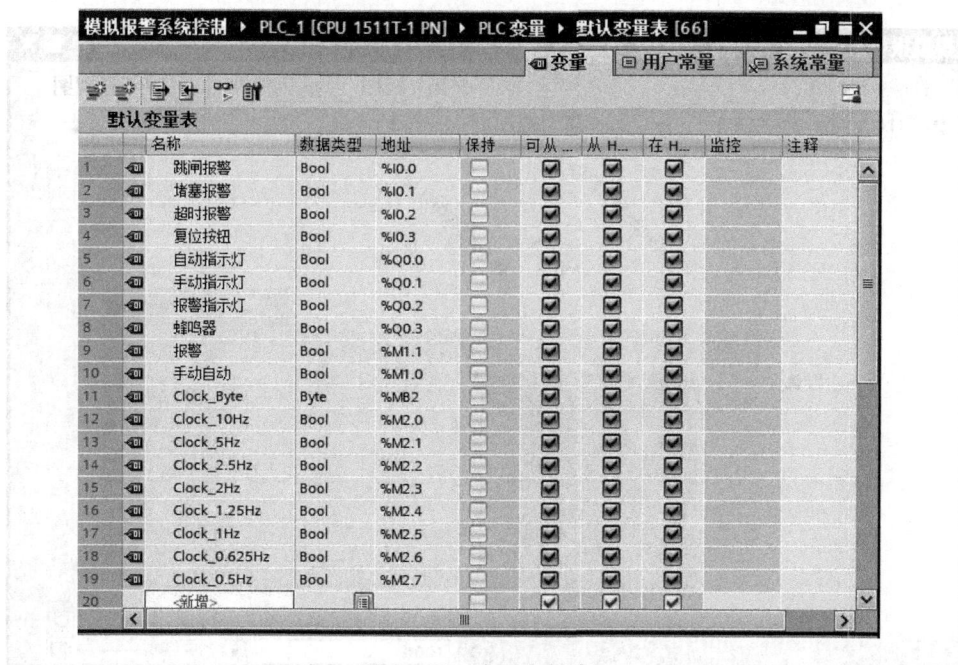

图 6-15　建立变量表

3）编写控制程序

PLC 控制程序包括主程序及子程序。先编写子程序，然后运行主程序，并在主程序中调用这些子程序。

（1）编写子程序。在软件左侧项目树中下拉"程序块"菜单，点击"添加新块"功能，新块类型为 FC 函数块，命名为"报警控制"，编程语言为梯形图（LAD），如图 6-16 所示。

图 6-16　添加"报警控制"FC 函数块

分别编写如图 6 - 17 所示的手自动状态梯形图、如图 6 - 18 所示的报警状态梯形图、如图 6 - 19 所示的报警指示灯闪烁梯形图。

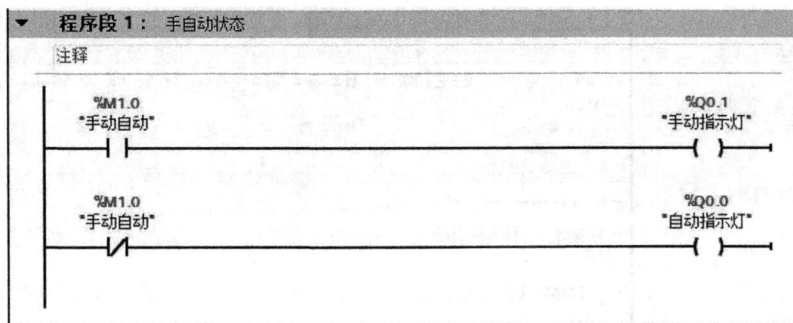

图 6 - 17 手自动状态梯形图

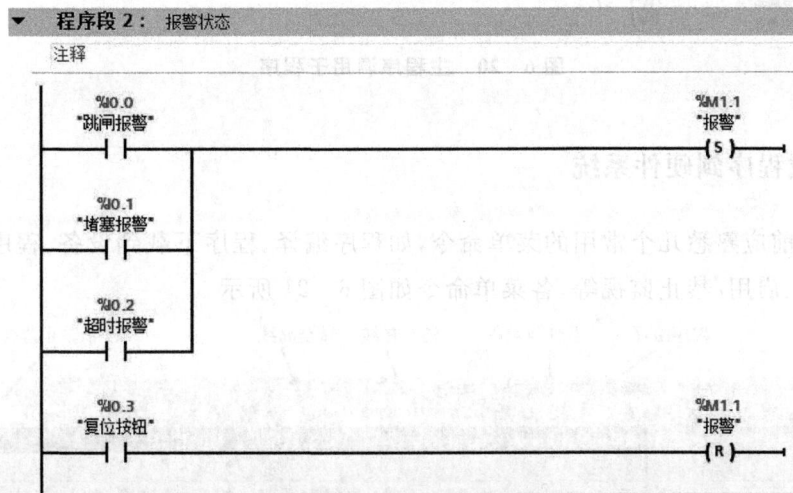

图 6 - 18 报警状态梯形图

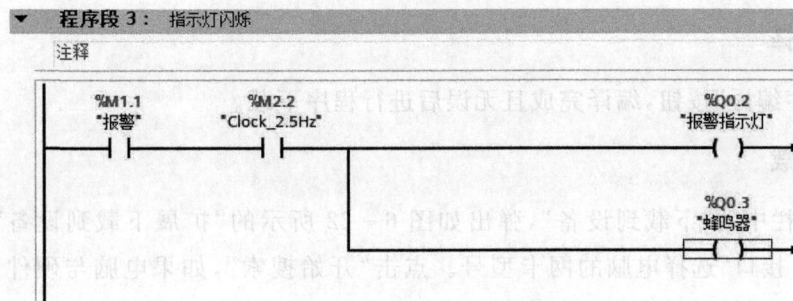

图 6 - 19 报警指示灯闪烁梯形图

（2）Main 主函数调用子程序。将报警控制子程序拖到 Main 主程序中，如图 6－20 所示。

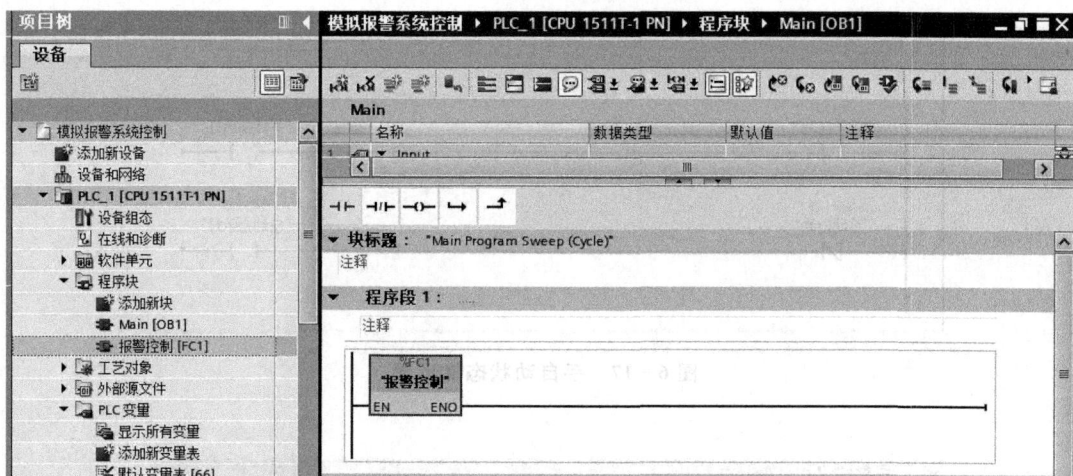

图 6－20　主程序调用子程序

（三）下载程序到硬件系统

程序下载前应熟悉几个常用的菜单命令，如程序编译、程序下载到设备、程序转至在线、程序转至离线、启用/禁止监视等，各菜单命令如图 6－21 所示。

图 6－21　组态下载与调试的常用命令

1. 程序编译

点击"程序编译"按钮，编译完成且无误后进行程序下载。

2. 程序下载

选择菜单栏中的"下载到设备"，弹出如图 6－22 所示的"扩展下载到设备"的对话框。其中，"PG/PC 接口"选择电脑的网卡型号。点击"开始搜索"，如果电脑与硬件设备成功建立网络通信，将如图 6－23 所示。然后"装载"组态，下载到设备，如图 6－24 所示。

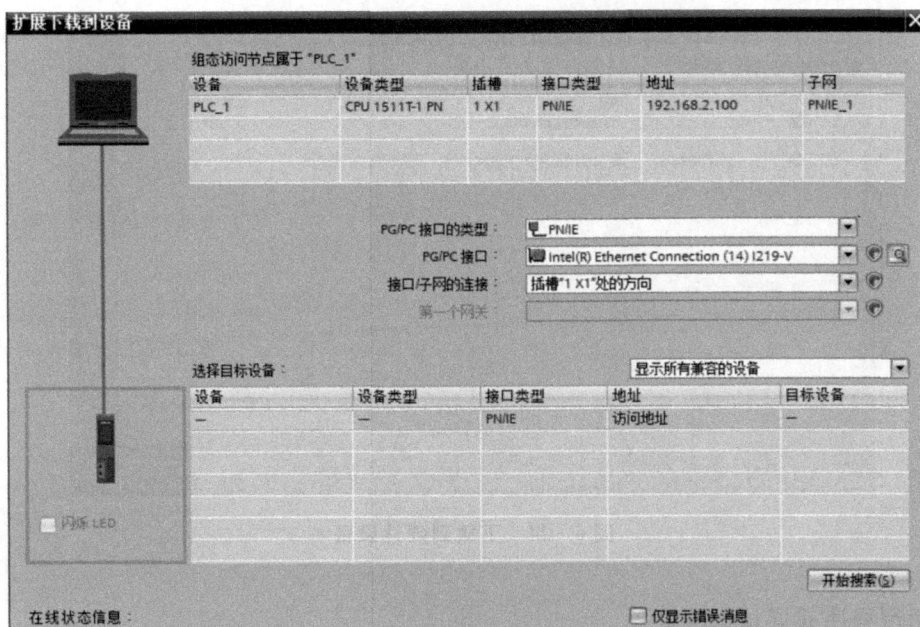

图 6 – 22　设置 PG/PC 接口

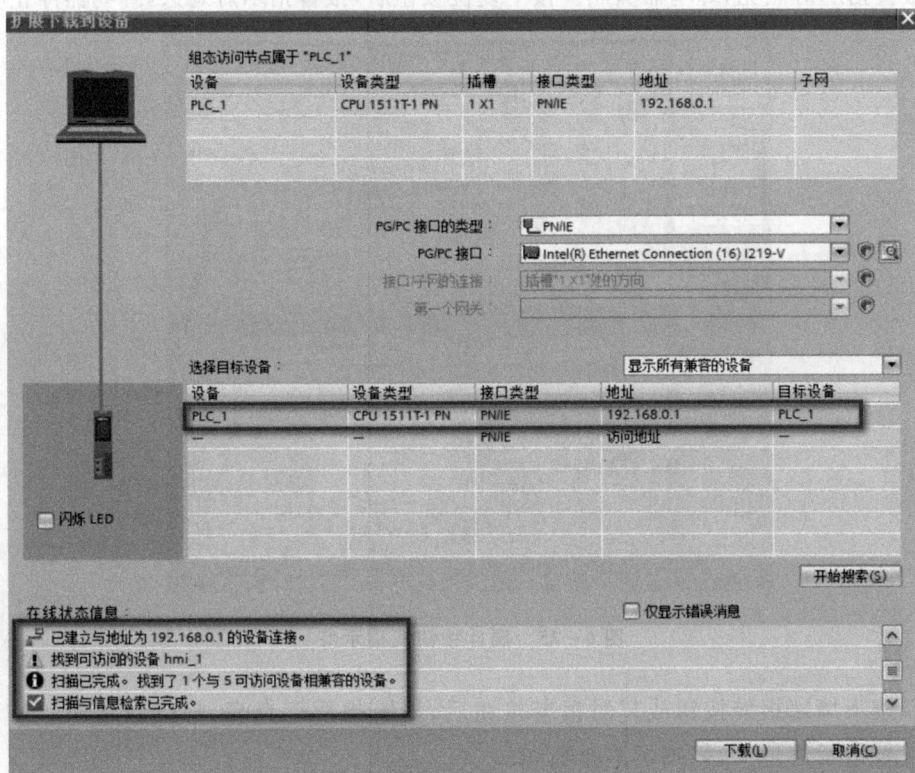

图 6 – 23　电脑与硬件建立网络通信

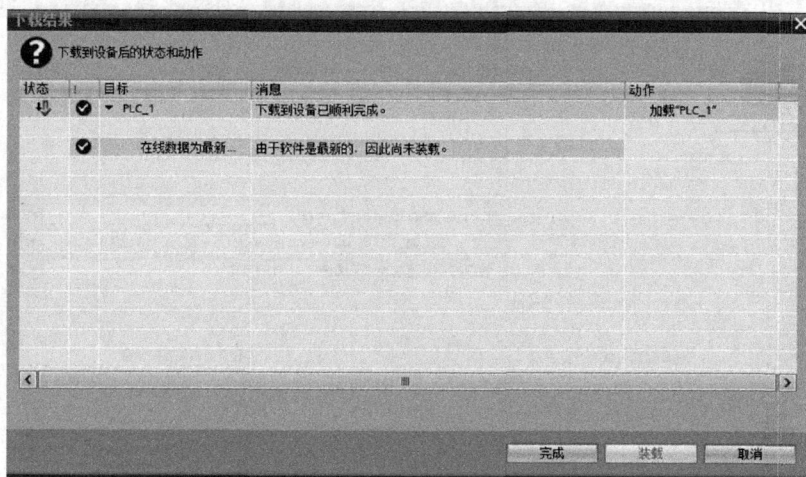

图 6 - 24　下载到硬件设备

3. 运行程序并调试物理设备

各硬件按钮和指示灯如图 6 - 25 所示。按下跳闸报警按钮后，"跳闸报警"程序段梯形图被执行，报警指示灯点亮，蜂鸣器啸叫。按下复位按钮后，报警指示灯熄灭，蜂鸣器停止啸叫。

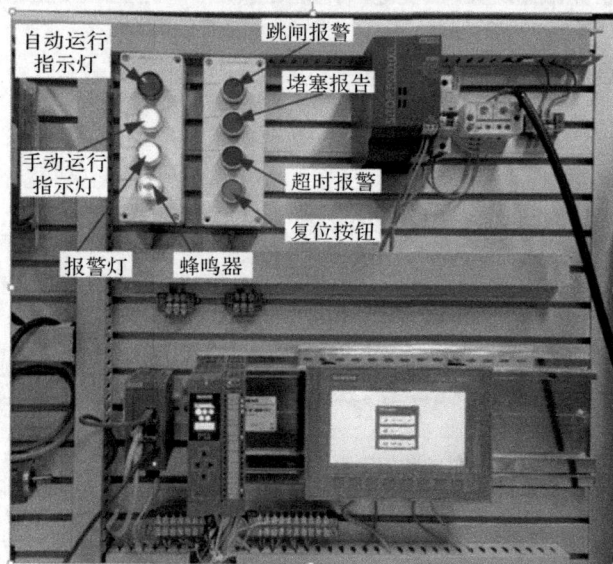

图 6 - 25　硬件按钮及指示灯

同理，按下堵塞报警按钮或超时报警按钮后，报警指示灯点亮，蜂鸣器啸叫。按下复位按钮后，报警指示灯熄灭，蜂鸣器停止啸叫。

如果程序下载到物理设备后，调试过程出现错误，可以借助"转至在线"及"启用监视"功能进行查错。

4.转至在线功能

点击"转至在线"按钮,各功能模块及程序指示灯显示绿色,表示程序已实现在线,如图 6-26 所示。

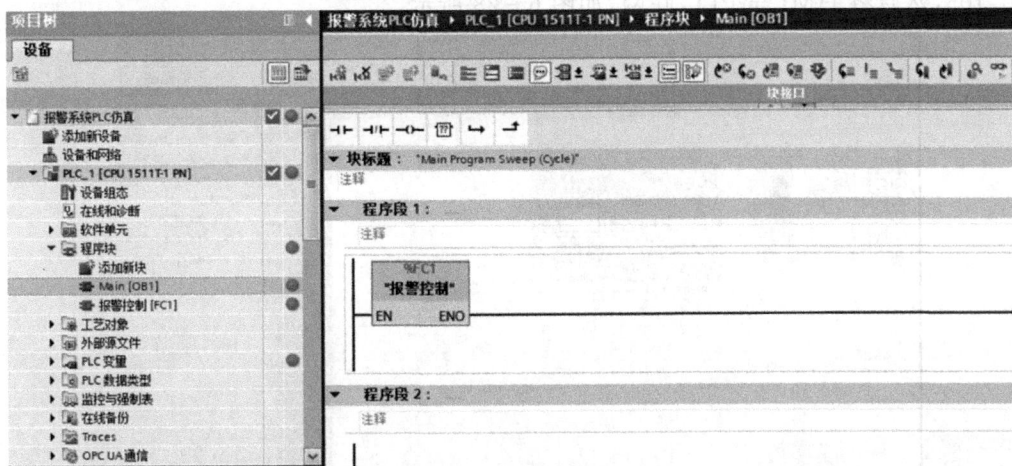

图 6-26　转至在线状态

5.启用监视功能

点击"启用监视"功能键,手自动状态程序段的"自动指示灯"已接通,硬件设备中的自动指示灯点亮,如图 6-27 所示。当将手动自动开关的常开触点强制设为 1 时,手自动状态程序段的"手动指示灯"接通,硬件设备中的手动指示灯点亮。通过强制改变各信号状态,逐行检查程序段,查找错误程序段。

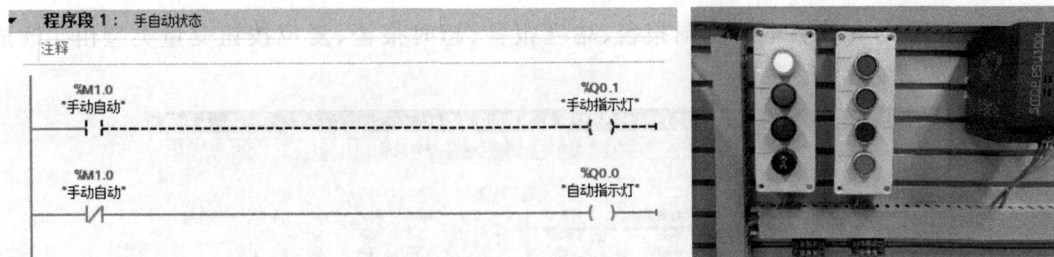

图 6-27　自动运行指示灯点亮

(四)报警系统虚拟调试

在没有硬件系统的条件下,可以借助虚拟 PLC 技术进行报警系统的虚拟调试。虚拟 PLC 技术是基于组态软件和虚拟 PLC 在虚拟环境中实现 PLC 控制的技术。为方便对 PLC 进行虚拟调试,西门子公司专门推出了 PLCSIM 软件,该软件集成在 TIA 博途软件中,可以实现在没有实际硬件设备的情况下,启动虚拟 PLC 与 TIA 博途软件进行数据互联,对系统进行仿真调试。

1. 添加 HMI 模块

在上述报警系统组态的网络视图中添加型号为 KTP700 Basic,订货号为 6AV2 123 - 2GB03 - 0AX0 的 HMI 模块,并将 HMI 的 IP 地址设为与 CPU 同网段 IP,此处设为 192. 168. 0. 105,然后将 HMI 与 PLC 联网,如图 6 - 28 所示。

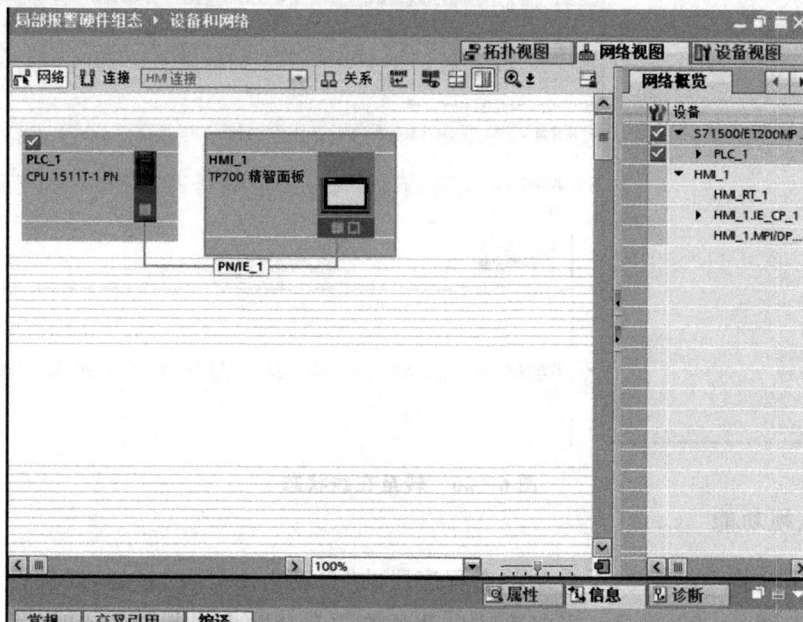

图 6 - 28　HMI 与 PLC 联网

2. 修改变量表

将图 6 - 16 的变量表中的跳闸报警、堵塞报警、超时报警、复位按钮变量类型由 I 改成 M,如图 6 - 29 所示。

图 6 - 29　报警变量

3. HMI 控制界面设计

在 TIA 博途软件左侧设备树中,打开 HMI 设计界面,使用 HMI 界面元素设计切换按钮与各类指示灯,界面如图 6-30 所示。设计好界面后,将界面中的按钮与变量关联,如图 6-31所示,选中"手自动切换按钮",属性框切换至"事件",在左下方选中按钮的动作,如"单击",右下方选中对应的变量和执行的动作,如图中的"手自动切换按钮"和"取反位"。

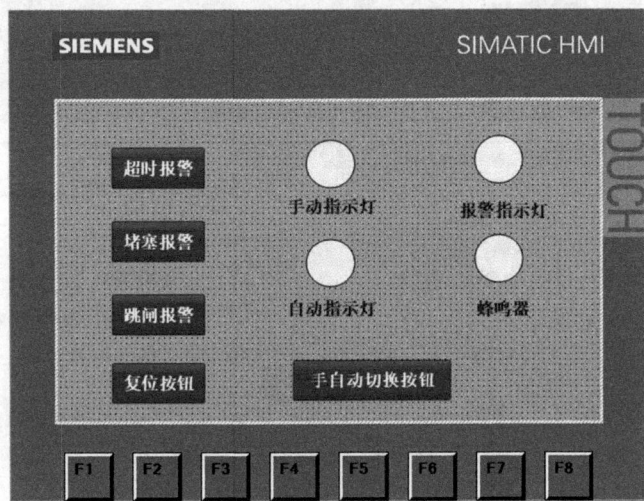

图 6-30 报警系统 HMI 控制界面

图 6-31 报警系统按钮与变量连接

利用 HMI 的基本对象动画功能,设置指示灯显示颜色变化,如图 6-32 所示。

图 6-32　指示灯颜色显示设置

4. 启动虚拟 PLC

1)启动虚拟 CPU 并下载程序

点击菜单栏中的"启动仿真"功能(见图 6-33),提示:启动仿真将停止所有其他在线接口,选择"确定",启动 PLCSIM。将 PLC 程序下载到虚拟 PLC,如图 6-34 所示,PG/PC 接口的类型选 PN/IE,PG/PC 接口选 PLCSIM。点击"开始搜索"连接 PLC,可以搜索 IP 地址为 192.168.0.100 的 CPU,将程序下载到此设备,并"装载"组态、"启动模块",完成下载。如图 6-35 所示为虚拟 PLC 界面显示组态后的 CPU 型号和 IP 地址。

图 6-33　启动虚拟仿真

2)启动 HMI 仿真

选中 HMI 并点击"启动仿真",如图 6-36 所示,界面中"自动指示灯"会自动变为绿色,点击"手自动切换按钮","手动指示灯"会变为绿色,"自动指示灯"熄灭。

点击"超时报警"按钮,"报警指示灯"和"蜂鸣器"灯变为红色并开始闪烁,如图 6-37 所示。当点击"复位按钮"时,"报警指示灯"和"蜂鸣器"灯停止闪烁并熄灭。同理,点击"堵塞报警"或"跳闸报警"按钮,会同样出现指示灯变亮及闪烁。

如果在系统控制过程中出现错误,也可以用"转至在线"及信号强制等功能对系统进行调试、查错。至此,在虚拟环境中实现了整个报警系统的控制与调试。

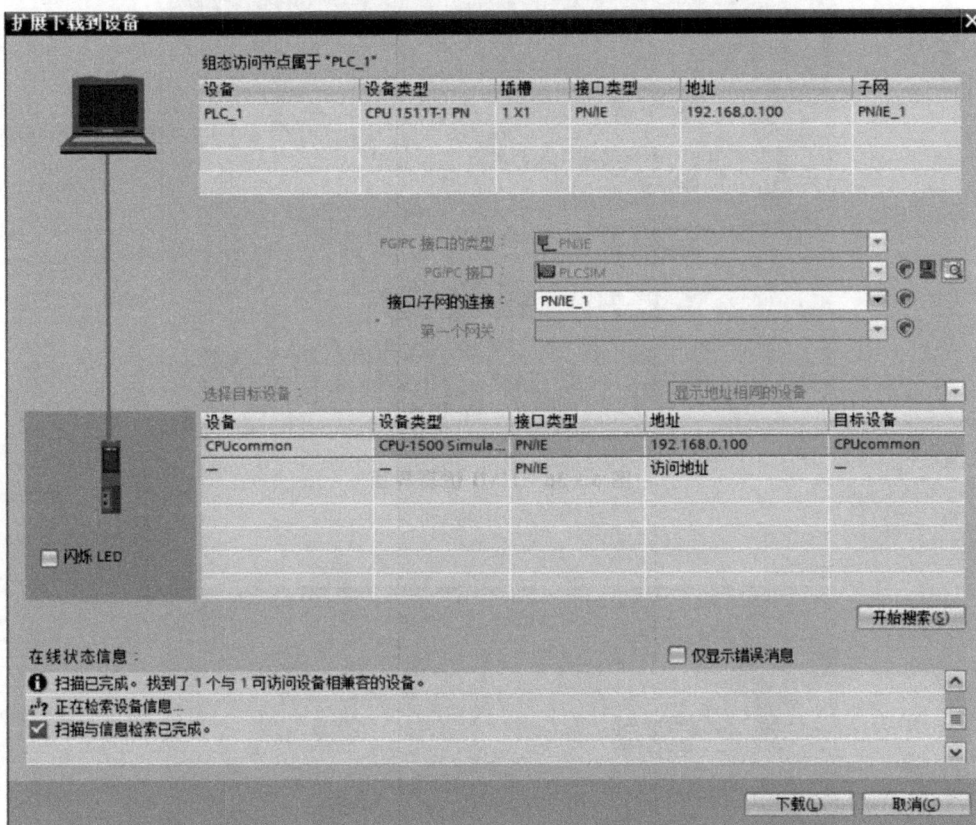

图 6 - 34 程序下载到虚拟 PLC

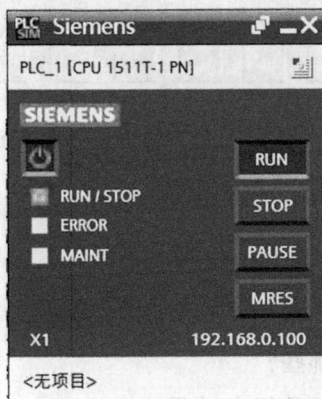

图 6 - 35 虚拟 PLC 界面

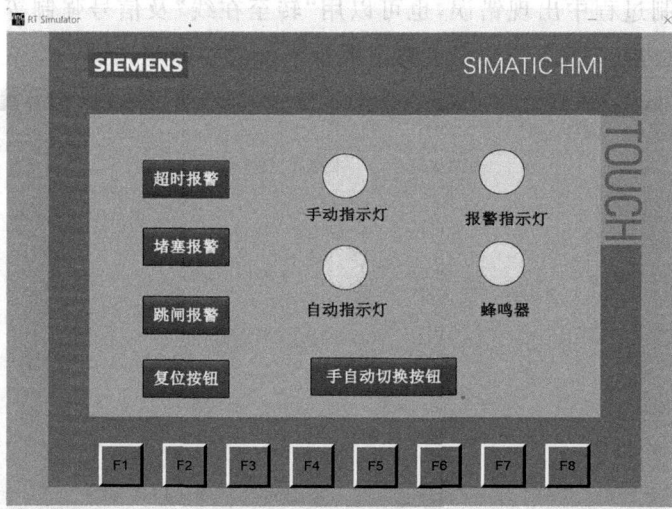

图 6 - 36　HMI 仿真界面

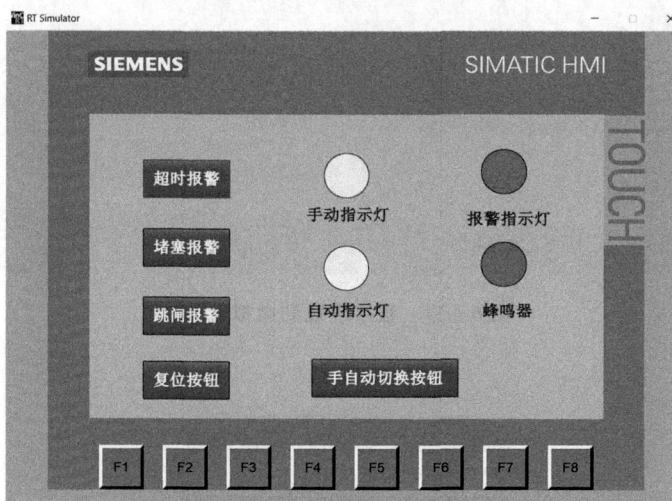

图 6 - 37　报警系统仿真显示界面

七、思考题

(1)PLC 的基本组成有哪些？

(2)常用的 PLC 编程语言有哪些？

(3)简述"模拟报警系统"的 PLC 组态过程。

(4)简述虚拟 PLC 技术的应用。

(5)简述 PLC 控制系统设计的基本过程。

项目七　基于机器学习的图像数据分析实验

一、项目目标

(1)了解机器学习常用模型的原理;

(2)掌握 Python 的基本编程;

(3)能够利用 Python 建立机器学习模型,对图像分类问题进行分析。

二、相关知识点

(1)图像预处理;

(2)图像特征提取;

(3)机器学习算法。

三、项目内容

(1)学习机器学习算法原理;

(2)学习 Python 基本编程;

(3)根据图像数据特点进行图像预处理,并提取图像特征;

(4)选择合适的机器学习方法编写 Python 程序,构建机器学习模型;

(5)利用训练集数据提取的特征训练模型,利用验证集数据对模型进行测试分析,通过调整参数优化模型;

(6)利用训练好的模型分析新的测试集数据,输出分析结果,并对结果进行分析。

四、项目设备

(1)硬件:计算机;

(2)软件:Python 编程环境、机器学习算法库。

五、项目原理

(一)机器学习

机器学习模型主要分为两大类:第一类是传统的机器学习模型;第二类是以深度学习为代表的神经网络模型。神经网络是通过模拟人脑神经元的运行机制建立模型,可以处理很多传统机器学习难以解决的问题,而深度学习可以学习到更深层次的信息。机器学习可以分为以下三类。

1. 监督学习

监督学习是训练集的数据拥有真实的标签信息,在训练模型的时候可以对特征与标签信息建模,学习数据的差异,训练模型,进而应用到未知标签的测试数据上进行预测。监督学习是最常用的机器学习方法。

2. 无监督学习

无监督学习是训练集的样本没有真实的标签,直接对无标签的数据建模,通过探索的方式逐步得出学习结果。典型的无监督学习方法有聚类法、主成分分析法等,这类方法在训练前不需要知道每个样本所属的类别,可在训练过程中根据一定的规则从数据集中提取需要的结果。

3. 半监督学习

半监督学习利用少量的有标签数据和大量的无标签数据训练模型。通过少量有标签的数据学习其内在的基本模式,然后对无标签数据进行建模,得到训练模型。半监督学习是监督学习和无监督学习相结合的方法。

(二)常用的机器学习模型

机器学习常用于解决分类问题、回归问题、排序问题这三类问题。常用的机器学习模型有以下几种。

1. 支持向量机

支持向量机是一种分类模型,目标是将数据集分为不同的类别,且保证各类别样本之间的分类间隔最大。支持向量机的核心是线性分类器的构造,也就是寻找到给定数据的最佳分类面。分类面能够把给定的数据按照一定的规则分成需要的两类,在所有的分类面中,最佳分类面是保证数据的分类间隔最大的分类面。支持向量机可分为线性可分和线性不可分。线性可分问题可以直接通过支持向量机进行分类,原理如图 7 - 1 所示,图中不同颜色的圆点代表不同类别,H 是把两类分开的分类线,H_1 和 H_2 分别是两类样本的边界线,H_1 和 H_2 之间的距离称作分类间隔。最优分类面一方面要能正确区分两类样本,另一方面要最大化分类间隔。对于非线性问题可以借助核函数把数据从低维空间映射到高维空间,实现线性可分。

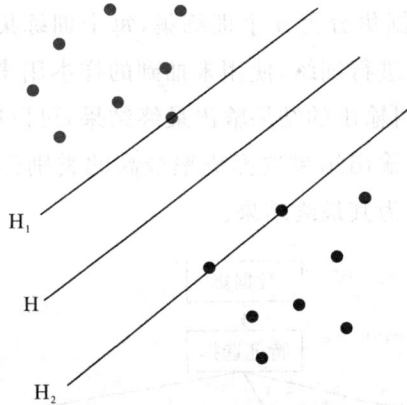

图 7-1 支持向量机原理

2. 决策树

决策树是一种有监督的常用的数据分类非线性模型,利用划分的思想不断逼近真实值。决策树是利用树状结构进行决策的多分类模型,包含根结点、中间结点和叶结点。树的每个结点存储一个特征和对应的阈值,根据一定的计算规则,比较测试集样本的特征与阈值,根据结果跳转到对应的分支,直到跳转至叶结点,叶结点对应的类别即为样本预测类别。对于一个决策树,包含的信息有特征值、阈值、中间结点的左右结点和叶结点的输出类别。决策树的基本结构如图 7-2 所示,从图中一个根结点分裂成多个中间结点或叶结点,中间结点也可以分裂成其他中间结点或叶结点,叶结点是决策树的最小单位。决策树算法运行速度较快,模型结构易于分析,使人们易于学习数据间的非线性关系。

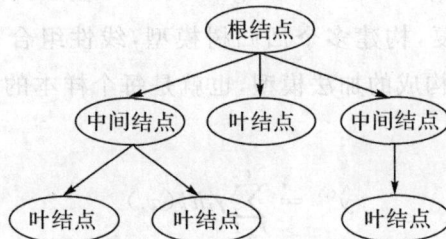

图 7-2 决策树基本结构

构建决策树主要应完成特征选择、建树、剪枝。特征选择是构建决策树的依据,常用的特征有信息增益、信息增益率和基尼指数。决策树构建包括建立决策树模型和使用模型对未知类对象进行分类识别。剪枝是为了解决泛化能力差的问题,求全局最优的结果。最常用的构造决策树的算法有 ID3 算法、C4.5 算法、CART 算法、SLIQ 算法、SPRINT 算法等。

3. 随机森林

随机森林是由多个决策树组成的一种高级模型,其原理如图 7 - 3 所示。其原理是采用有放回的随机抽样方法,将数据集分为 n 个训练集,每个训练集生成一棵决策树,每一棵决策树的结点通过抽取部分特征进行训练,使用未抽到的样本用来预测,评估模型的误差。对于测试集,通过综合多个决策树输出的结果输出最终结果,可以很好地分析分类问题和回归问题。分类问题是根据决策树输出结果选择概率最高的类别作为最终结果;回归问题是选择决策树输出结果的平均值作为其最终结果。

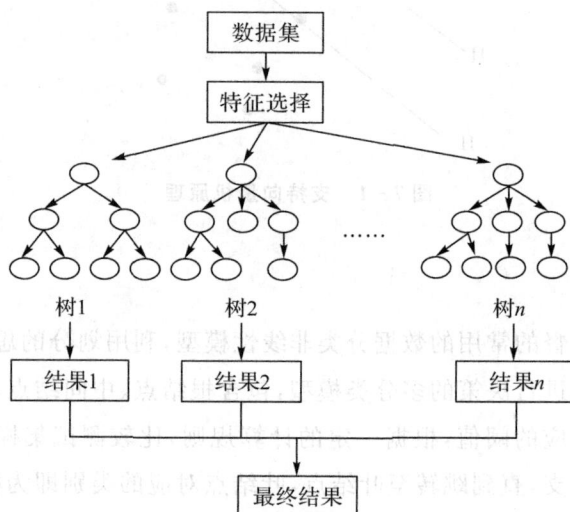

图 7 - 3 随机森林原理

4. 极限梯度提升

极限梯度提升(extreme gradient boosting,XGBoost)基于回归树模型,每次抽取部分数据构建回归树模型,不断重复,构建多个回归树模型,线性组合得到 XGBoost 模型。XGBoost 是由 K 个基础回归树构成的加法模型,也就是每个样本的结果是所有树输出结果的加权求和,可用下式表示:

$$\hat{y}^{(t)} = \sum_{k=1}^{t} \gamma_k h_k(x_i)$$

式中,t 为树的总数;γ_k 为第 k 棵树的权重;$h_k(x_i)$ 为第 k 棵树的预测结果。

XGBoost 是梯度提升算法的进化,支持列表抽样,可以降低经验性的过拟合,减少计算量,运算速度快,既可以用于分类问题,也可用于回归问题,集合了线性回归和 logistics 回归,应用范围广、灵活性强。

六、项目实例

以图像分类为例,通过提取图像的特征,利用机器学习的分类器来建立模型,从而对图片进行识别。图像识别最重要的是特征提取和分类模型的建立,主要流程如图 7-4 所示。

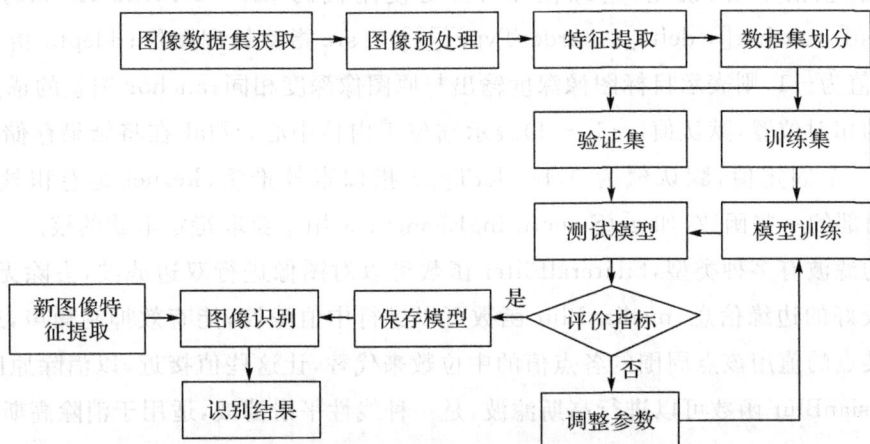

图 7-4　图像识别流程

1. 获取图像数据

图像数据采集指通过相机、扫描仪等设备采集现实世界中的图像、照片、文字等,然后转换格式存储至计算机的过程。用于机器学习建模的数据训练集、验证集需要对采集的图像数据标注标签。本实验采用网上开源数据集进行分析,如 Cifar10 数据集(彩色图片数据集),编写程序导入数据,并将数据集划分为训练集和验证集。数据集划分可采用 splitfolders. ratio(input_folder, output_folder, seed=1337, ratio=(0.8, 0.2)),将 input_folder 中图像按照 8:2 的比例划分为两个数据集,存储到 output_folder 中。数据集划分也可以采用 x_train, x_test, y_train, y_test = sklearn. model_selection. train_test_split (x, y, test_size = 0.4, random_state = 0, stratify = y)。x 为待划分的数据集;y 为数据的标签;x_train 为划分出的训练集;x_test 为划分出的验证集;y_train 为划分出的训练集的标签;y_test 为划分出的验证集的标签;test_size 若在 0~1 之间,则表示验证集占总数据的比例,若为整数,则是验证集的样本数量;random_state 为随机数种子,不同的随机数种子划分的结果不同;stratify 是为了保持 split 前类的分布,若为 none,划分出的训练集和验证集中,各类标签的比例是随机的,若不为 none,划分出来的测试集或训练集中各类标签的比例同输入的数组中类标签的比例相同,可以用于处理不均衡的数据集。

2. 图像预处理

图像预处理是为了消除图像中的无关信息,加强有用信息,提高图像质量,便于图像处理与分析。常用的图像预处理包括几何操作和颜色操作。几何操作包括翻转、旋转、裁剪、变形等;颜色操作包括模糊处理、降噪、色彩变换等。

OpenCV 包含多个函数,可以对图像进行处理,通过 Python 可以直接调用。例如,filter2D()函数使用自定义内核对图像进行卷积,内核是一个矩阵,定义不同的内核可以实现不同功能,包括平滑、锐化、边缘检测等。可使用代码 dst = cv. filter2D(src, ddepth, kernel[, dst[, anchor[, delta[, borderType]]]])。src 指待处理图像;ddepth 指目标图像深度,如果值为-1,则表示目标图像深度输出与原图像深度相同;anchor 内核的锚点指内核中过滤点的相对位置,默认值(-1,-1)表示锚位于内核中心;detal 在将结果存储在 dst 中之前,添加一个固定值,默认值为 0;borderType 指像素外推法;kernel 是卷积核,可以用 OpenCV 内部的一些函数,如 getStructuringElement 是用于获取特定形状的核。

常用的滤波有多种类型,bilateralFilter 函数可以对图像进行双边滤波,去除无关噪声,同时保持较好的边缘信息;medianBlur 函数可以进行中值滤波,能有效抑制噪声,通过把数字图像中某点的值用该点周围的各点值的中位数来代替,让这些值接近,以消除原图像中的噪声;GaussianBlur 函数可以进行高斯滤波,是一种线性平滑滤波,适用于消除高斯噪声。

3. 特征提取

特征提取是为了从图像中提取可以反映图像特性的基本元素或数值来表示图像。图像特征根据范围的不同可以分为全局特征和局部特征。全局特征显示全局的特性,能够很好地反映图像的整体特征;局部特征强调局部特点,突出图像的重点。根据图像的层次来划分,图像特征可以分为底层特征和高层特征,底层特征和高层特征之间具有一定的映射关系。底层特征由像素组成,是图像分析的基础,常用的特征有颜色、形状和纹理;高层特征一般需要基于底层特征的提取结果通过算法计算得到。

1)颜色特征

颜色特征对图像大小变换和空间变化不敏感,鲁棒性好。常用的图像的颜色模型有 RGB 和 HSV。RGB 是图像的基本表示方式,通过红、绿和蓝三种基本原色描述颜色。HSV 通过色调、饱和度和亮度描述颜色。色调表示图像的色彩,饱和度表示图像颜色的深浅,亮度表示图像颜色的明亮程度。根据不同的方法可以量化出不同的颜色。常用的颜色特征提取方法有颜色直方图、颜色矩、颜色熵等。在 OpenCV 中,calcHist 函数通过对图像像素点的值进行统计得到直方图;equalizeHist 函数可以对颜色直方图进行均衡化,使图像整体效果均匀,黑与白之间的各个像素级之间的点更均匀;cvtColor 函数可以进行图像类型转换,如灰度图、二值图等。

2)形状特征

形状是用来分割图像中事物的一条具有一定形状的外部轮廓线。形状可以描述事物的轮廓,可以将事物从图像中分割出来。形状特征的提取方法主要分为基于轮廓和基于区域算法。基于轮廓要求提取边缘轮廓,常用的有小波、傅里叶、边界矩和链码等算法。基于区域要求提取整个区域,可以有效利用区域内的所有像素点,常用的有角半径、正交矩和不变矩等算法。

3)纹理特征

纹理特征反映图像灰度的变化,是图像的重要特征。纹理分析方法主要分为统计法、结构法、频谱法、模型法四类。常用的纹理提取方法包括灰度共生矩阵、边缘频率法、小波变换法、Tamura 纹理分析法、局部二值模式、方向梯度直方图等。local_binary_pattern 函数可以进行局部二值模式处理;hog 函数可以计算方向梯度直方图。

4.搭建机器学习模型

选择一种机器学习方法,通过调用机器学习库中相关模块的函数构建机器学习模型。例如,利用 svm 模块构建支持向量机模型,将提取的训练集数据的特征作为模型的输入训练模型。通过代码 from sklearn import svm 导入 SVM。SVC 分类器可以根据所分析问题的需要,通过 svm.SVC、svm.LinearSVC 等设置。利用 svc.fit(x_train, y_train)实现模型训练,x_train 为训练集数据提取的特征,y_train 为训练集标签。

5.验证模型与参数调整

将提取的验证集数据的特征作为机器学习模型的输入进行结果输出。执行 y_test_pred = svc.predict(x_test),利用 svc 模型对验证集的特征进行分类,输出分类结果。x_test 为验证集提取的特征,y_test_pred 为验证集分类的预测结果。利用分类预测结果与验证集标签计算准确率,进一步对模型参数进行优化,确定最终模型。

6.图像识别

提取没有用于模型训练和验证的新图片的图像特征,输入模型,通过识别结果对模型进行评估分析。

七、思考题

(1)常用的机器学习算法有哪些?选一种简述其算法原理。

(2)常用的图像特征有哪些?

(3)简述用机器学习算法进行图像分类的基本流程。

项目八 基于三坐标测量机的零件检测

一、项目目标

(1)了解三坐标测量机的组成、结构和工作原理；

(2)理解几何量误差的类别、含义及其测量原理；

(3)学习三坐标测量机的基本操作，掌握测量机测量零件的基本方法和数据处理方法；

(4)独立操作测量机，完成零件测量任务。

二、相关知识点

(1)几何量精度参数误差的具体含义；

(2)三坐标测量机控制与调试。

三、项目内容

(1)学会三维测头安装与校正；

(2)调试三坐标测量机，学会零件基本几何元素的测量；

(3)利用三坐标测量机，对已完成加工的零件进行精度检测（如几何元素测量、形状与位置公差检测）或者相关功能测量，制定相关测量计划。

四、项目设备

三坐标测量机。

五、项目原理

(一)三坐标测量机简介

三坐标测量机主要由主机、测头、控制系统、计算机等硬件设备和测量软件组成。

主机由框架结构、标尺系统、导轨、驱动系统、平衡部件、转台与附件等组成。标尺系统也称测量系统，是三坐标测量机的重要组成部分，它直接影响着测量机的精度和性能。三坐标测量机使用的是光栅测量系统,光栅测量系统由指示光栅、标尺光栅和光电元件组成。当光栅副(指示光栅与标尺光栅)每相对移动一个栅距时,由光栅副产生的"莫尔条纹"随之移动一个节距,其位移量由光电转换器转换成周期电信号,经放大整形处理成计数脉冲,送入数字显示器或计算机中。导轨一般采用滑动导轨、滚动轴承导轨和气浮导轨,其中气浮静压导轨应用最多。导轨部件在三坐标测量机中起着承受外加载荷、保证运动件定位和运动精度以及部件间相互位置精度的作用。测量机上一般采用的驱动装置有丝杠丝母、滚动轮、钢丝、齿形带、齿轮齿条等,并配以伺服马达驱动。平衡部件主要用于 Z 轴框架结构中,它的功能是平衡 Z 轴的重量,使 Z 轴上下运动时无偏重干扰,使检测时 Z 向测力稳定。转台使测量机增加一个转动运动的自由度,便于某些种类零件的测量。

测头是三坐标测量机的重要部件,它与测量机的功能、精度、工作效率密切相关。按照结构,测头可分为机械式、光学式和电气式等。按照测量方法,测头可分为接触式和非接触式。接触式测头能拾取三个方向尺寸信号,应用广泛,种类很多;非接触式测头的发展前景也很广阔。目前使用最多、应用范围最广的接触式测头是电气式测头,这种测头大多采用电触、应变片、压点晶体、电感、电容等作为传感器来接收测量信号,可以达到很高的测量精度。本测量机采用的是接触式触发测头,这种测头在工作时探针接触被测物体,与物体接触的力通过测头内部的弹簧来平衡,测针绕测头内部支点转动,造成一个或两个节点断开,接触面积减小,电阻增加,当电阻到达触发阈值时,测头发出触发信号。

控制系统是三坐标测量机的重要组成部分之一。按照自动化程度不同可分为手动型、机动型和计算机数控(computer numeric control,CNC)型。前两类测量只能由操作者直接手动或者通过操纵杆完成各个点的采样,然后在计算机中进行数据处理;CNC 型是通过计算机程序控制坐标测量机自动进给进行数据采样,并在计算机中完成数据处理。

(二)三坐标测量机测量原理

三坐标测量机的测量原理:将被测物体放置在三坐标测量机的测量空间内,可获得被测物体各测点的空间坐标位置,根据这些测点的空间坐标值,经过数学运算,求出被测的几何尺寸、形状和位置。从理论上讲,对任何一个复杂的几何表面或形状,只要测量机的测头能够接触(或感受)到就可测出它们的几何尺寸和相互位置关系,并由计算机完成数据处理。

六、项目实例

下面以爱德华公司的三坐标测量机为例,说明操作步骤。

1. 开机

(1)检查是否有阻碍机器运动的障碍物;

(2)开总电源;

(3)开气压(先开工作气压,后开总气压;检查测量机的气压表,气压应大于 0.5 MPa);

(4)开控制柜电源(顺时针旋转,松开控制柜上的急停按钮);

(5)开启电脑,双击桌面的 AC-DMIS 测量软件,弹出"机器回零"的对话框,打开机器和手操器上的急停开关,给 X、Y、Z 加上使能,点击机器回零;

(6)机器回零完成后,软件进入正常工作界面,测量机进入正常工作状态。

2. 测头系统

接触式双旋转测头组成部分包括测针、测针接长杆、测头体、测头座。测针分为盘形测针、球形测针、星形测针、柱形测针、锥形测针、半球形测针等。测头座分为固定式测头、手动双旋转测头、自动双旋转测头等。下面以手动双旋转测头装配为例说明操作过程。

1)测头装配

手动双旋转测头装配选项为 Head,测头选项为 MH20i,Module 模块选项为 TP20_SF_TO_M2,Styli_Exte 测针加长杆选项为 M2_20*3_TO-M2,Styli-Ball 测针选项为 M2_20*3。注意,在测头装配时根据实际测头、测针的型号进行选择。

2)测头校正的意义

在多数测量任务中,需要在不同的坐标平面内进行不同性质的测量,如点、直线、平面、内/外圆柱、距离、夹角等。要完成这些任务,不但需要选用长度、直径、方位不同的测针以达到测量目的,还要求所选测针球心之间的相对位置关系是确定的和已知的。只有这样,才可能使不同测针测出的几何元素有正确的坐标关系。测头校正的目的一是校正当前环境下的测针半径,二是校正各测针的位置关系。校正完毕,测量机会自动补偿校正后的数据并储存在计算机内部数据库中。测头校正分为自动测针校正、手动测针校正和星形测针校正。

3)设置参数

(1)配置辅助参数设置如图 8-1 所示。注意,在校正测针前必须先确定配置辅助参数里面的内容正确无误。

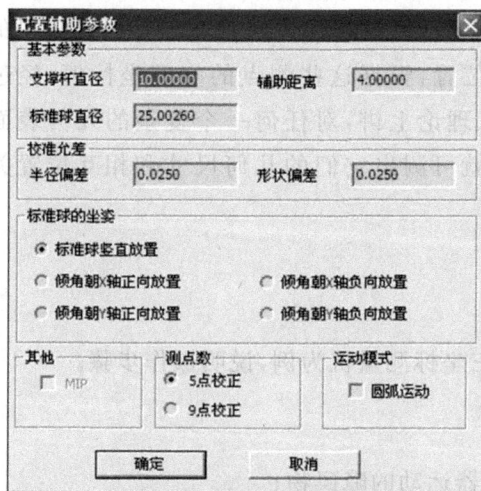

图 8-1　配置辅助参数设置

（2）安装校准。此步骤为查看测头座安装位置是否正确，如图 8-2 所示。

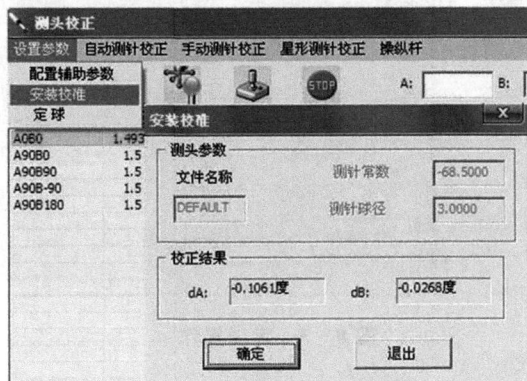

图 8-2 安装校准

①点击确定后将机器移动到安全平面上，用 A0B0 角度在球顶上采一点，点击"确定"，机器则自动运行，进行安装校准。

②校准时需要校准 A0B0 和 A90B0 两个角度。

③安装校准进入"测针校正"界面 ，在菜单栏上单击"设置参数"，选择"安装校准"，dA、dB 的取值的范围为 -0.3~0.3°。

④如果安装偏差在可接受的范围之内，则可进入下一步骤；如果偏差过大则应重新安装测头座并再次进行安装校准，直到校准结果进入可接受的范围。

注意：这里只能使用"DEFAULT"测头文件进行安装校准，校准时，必须将标准球竖直向上安装，并且只能用球形测针进行。

（3）定球。此步骤为确定标准球安装的位置，如图 8-3 所示。

①只能用球形测针定球，文件名必须是 DEFAULT。

②进入"测针校正"界面 ，在菜单栏上单击"设置参数"，选择"定球"；点击"开始"后将机器移动到安全平面上，用 A0B0 的角度在球顶上采一点，然后点击"确定"；机器自动运行进行定球，定球时只需定 A0B0 角度即可。

③定球成功后，关闭该菜单栏方可进行自动测针校正。

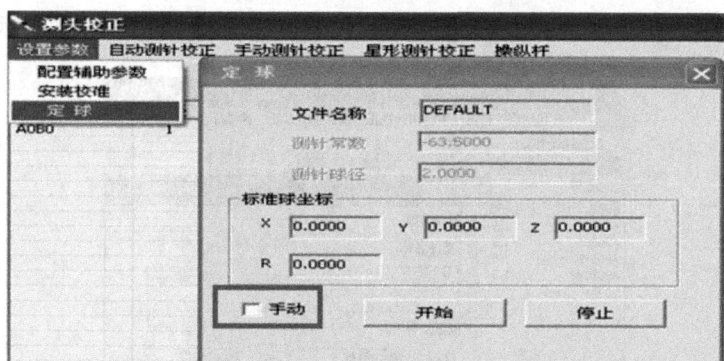

图 8-3 定球操作

说明：标准球位置或大小改变，必须使用 DEFAULT 测针 A0B0 角度重新进行定球，否则自动校正不能进行或手动校正将标准球位置直径偏差计算到测针的结果中。

定球前要进行安装校准，否则"开始"按钮为灰色，不能定球。若安装校准角度偏差超过±0.3°，打开时会先弹出如图 8-4 所示提示框。若安装校准超过±0.3°仍进行定球和校正，则可能定球和自动校正在某些测针或角度时不能进行下去。

图 8-4 定球操作

选择"手动"，使用 DEFAULT 测针 A0B0 角度手动在标准球顶及赤道位置共采五个点，击"开始"，则定球完成得到标准球位置 XYZ 坐标和标准球半径。不选择"手动"，点击"开始"，按提示用 DEFAULT 测针 A0B0 角度在标准球顶点采一点，点击"确定"，测针自动在标准球上采点。完成后弹出"定球成功"的提示并得到标准球位置 XYZ 坐标和标准球半径。

4）手动校正过程

手动测针校正适应于测头座上仅有一根球形测针、盘形测针或柱形测针的情况，且每次只能校正一个针位。

（1）点击菜单栏"测头"，选择"手动测针校正"弹出界面，选择装配测针的文件名称，如图 8-5 所示。

（2）分别在 A 角和 B 角中输入需要校正的角度，点击旋转，测针自动旋转到指定的角度。

（3）根据使用说明中的提示信息在标准球上采 5 点，最后点击"开始"，即可得到校正结果。

(4)校正结束后,退出校正界面,方可进行测量。

注意:

(1)添加角度时,自动旋转测头座角度增量为 7.5°,手动旋转测头座角度增量为 15°。即 A、B 角输入时必须是 7.5 或 15 的倍数。

(2)角度 A0B0 是基准针,必须放在第一行;

(3)在进行校正前必须确认测点数为零。

(4)必须是校正完一个角度后,再添加另一个角度进行手动校正。

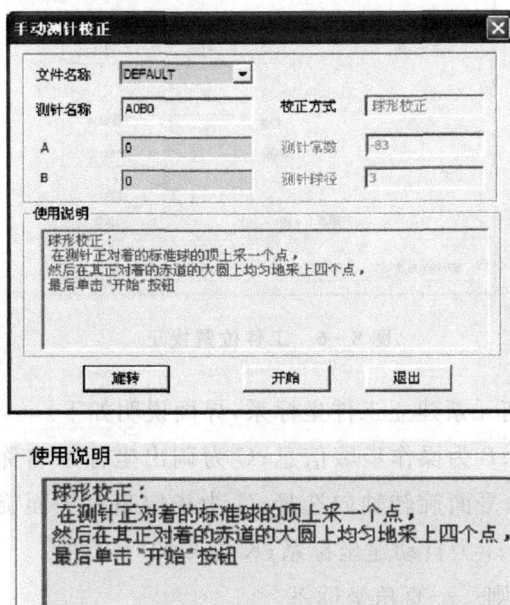

图 8-5　校正过程与结果

3.建立坐标系

根据坐标系与测量机的关系,AC-DMIS 将坐标系分为机器坐标系、工件坐标系、当前坐标系和控制坐标系。

测量软件以零件的基准建立坐标系统,称为零件坐标系,零件坐标系可以根据需要进行平移和旋转。为方便测量,可以建立多个零件坐标系。

为了合理建立零件坐标系,需要遵循以下几个原则:

(1)选择测量基准时应按使用基准、设计基准、加工基准的顺序来考虑。

(2)当上述基准不能为测量所用时,可考虑采用等效的或效果接近的过渡基准作为测量基准。

(3)选择面积或长度足够大的元素作定向基准。

(4)选择设计及加工精度高的元素作为基准。

(5)注意基准的顺序及各个基准在建立工件坐标系时起的作用。

(6)可采用基准目标或模拟基准。

(7)注意减小因基准元素测量误差造成的工件坐标系偏差。

下面主要介绍说明"工件位置找正"。工件位置找正(有或无三维模型都可以满足测量)如图8-6所示。

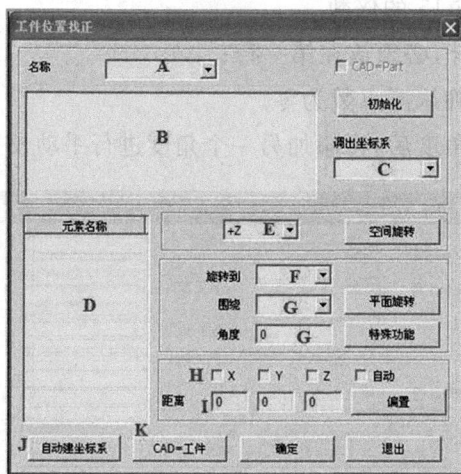

图 8-6　工件位置找正

功能:应用规则的几何元素建立工件坐标系,界面说明如下。

A 为保存坐标系名称;B 为操作步骤信息;C 为调出坐标系名称;D 为元素名称列表;E 为空间旋转轴向选择;F 为平面旋转轴向选择;G 为指定角度平面旋转;H 为偏置的轴向选项;I 为偏置的轴向偏置值;J 为自动建坐标系;K 为 CAD=工件。

坐标系规定为右手定则——直角坐标系。

建立工件坐标系一般分为三个步骤:

(1)空间旋转:以所选矢量元素(平面、直线、圆锥、圆柱)确定为第一轴(主轴)。

(2)平面旋转:以所选矢量元素(平面、直线、圆锥、圆柱)确定为第二轴(副轴)。

(3)偏置:以所选元素确定坐标原点。

测量时若有 CAD 模型并且欲利用模型进行有模型的特征测量,在这种情况下建立的工件坐标系必须与 CAD 模型坐标系完全相同。测量时若没有 CAD 模型,则根据图纸设计基准建立工件坐标系。

建立工件坐标系之前,先要在工件上测量(或构造)所需的特征(基本几何元素)。

空间旋转:在可选元素列表 B 中选择欲进行空间旋转的基准元素,在空间旋转轴向中选择 C 里下拉列表框中第一轴(主轴)的轴向,点击"空间旋转",使坐标系第一轴(主轴)方向为所选基准元素的法向矢量方向。此时,在"操作步骤信息栏"中显示空间旋转时进行的所有操作。

平面旋转:在可选元素列表 B 中选择欲进行平面旋转的基准元素,在平面旋转轴向选择 D 中的下拉列表框中选择第二轴(副轴)的方向,点击"平面旋转",使坐标系第二轴(副轴)方向为所选基准元素的法向矢量方向。此时,在"操作步骤信息"栏中显示平面旋转时进行的所有操作。

偏置：在可选元素列表 B 中选择欲进行偏置的元素，在偏置轴向选择中选择 X、Y、Z 或自动，表示以该元素坐标的所选分量为值进行坐标系偏置。偏置时该元素坐标没有分量，即偏置为零，若有分量则输入分量值，点击"偏置"进行偏置。若选中自动，则 X、Y、Z 同时偏置，此时，在"操作步骤信息"栏中显示偏置时进行的所有操作。

4. 手动测量

使用操纵杆测量零件时，需要注意以下几点：

(1)要合理规划测量点数和位置，尽量测量零件的最大范围；

(2)测头方向尽量沿着测点的法线方向；

(3)控制好操纵杆速度，接近测点时速度调慢；

(4)测量时要选择好相应的工作平面(投影平面)或坐标平面。

1)基本几何元素测量及步骤

基本几何元素测量功能可测量点元素和矢量元素，如图 8-7 所示。点元素有点、圆、圆弧、椭圆、球、方槽、圆槽、圆环，点元素只表达元素的尺寸和空间位置。矢量元素有直线、平面、圆柱、圆锥，矢量元素既要表达元素的空间方向，也可能表达元素的尺寸和空间位置。

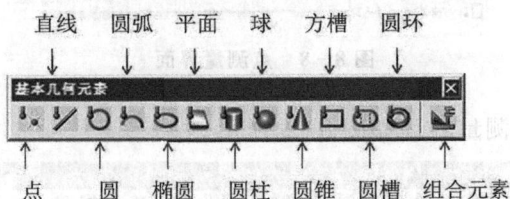

图 8-7　基本几何元素测量

基本几何元素测量步骤：点击工具条上元素对应的按钮，打开元素界面，使用操纵杆手动测量元素，当测量点数达到元素最小点数时界面可显示实测量值和名义值，然后测量点。做元素时必须进行公差、名义值输出设置，即按照需要设置名称、内外、计算方法、安全平面、投影等，点击"确定"按钮即可得到结果。下面以测量点、直线、圆为例：

(1)点($N \geqslant 1$ 点)，测量界面如图 8-8 所示。

①直角坐标：X、Y、Z。当 $N=1$ 时，X、Y、Z 表示实际测点的坐标值；当 $N=2$ 时，X、Y、Z 表示所测点分布中心点的坐标值；当 $N \geqslant 3$ 时，X、Y、Z 表示所测点分布重心点的坐标值。

②极坐标：R、A、H。

③实测值：显示实际的测量结果值。

④名义值：图纸上给定的理论值。

⑤正/负公差：图纸上给定的公差值。

⑥矢量：基准必须是平面，选择矢量元素确定补偿方向，同时在 I、J、K 编辑框中自动显示选中的矢量元素的矢量。

⑦投影：基准必须是实测的平面。

注意：点作投影时必须先作点，再用相关功能的投影到任意面能满足投影。

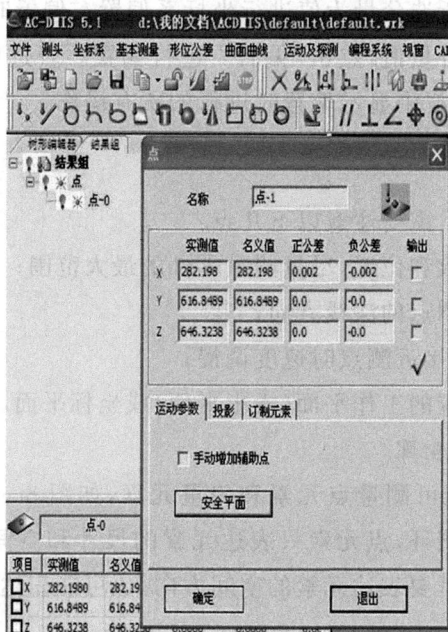

图 8-8　点测量界面

(2)直线($N\geqslant 2$ 点)，测量界面如图 8-9 所示。

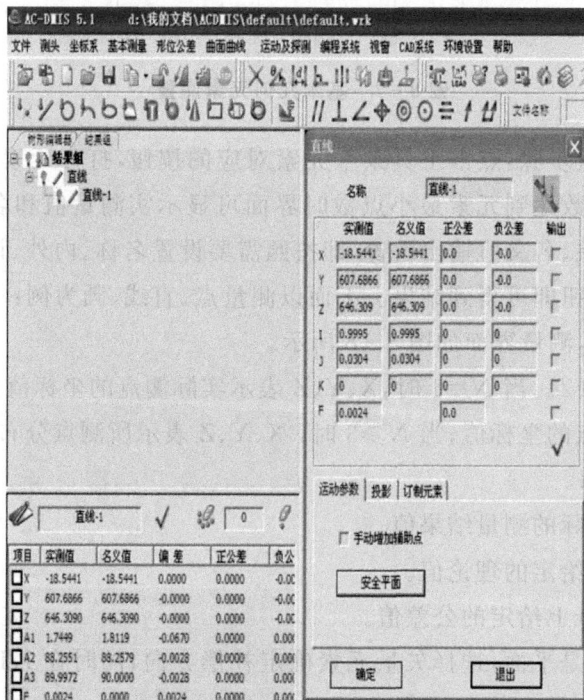

图 8-9　直线测量界面

①直角坐标:X、Y、Z 表示坐标系原点向直线作垂线,垂足点的坐标。

②A1、A2、A3:表示直线与当前坐标系 X、Y、Z 三轴的空间夹角。

③F 表示形状误差(表示直线度误差,$N \geqslant 3$ 点)。

④极坐标:R、A、H。

(3)圆($N \geqslant 3$ 点),测量界面如图 8 - 10 所示。

①直角坐标:X、Y、Z 表示圆心坐标。

②D/R 表示圆的直径或半径;F 表示形状误差(表示圆度误差,$N \geqslant 4$ 点)。

③极坐标:R、A、H。

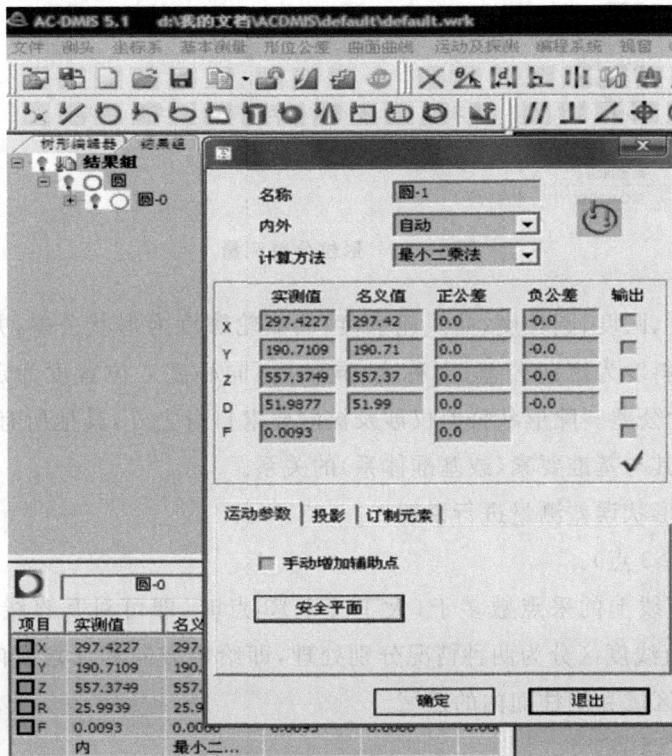

图 8 - 10　圆测量界面

2)相关功能测量

相关功能测量可用于元素之间相交、角度、距离、垂足、对称、镜像、圆锥计算、投影到任意面的计算,如图 8 - 11 所示。

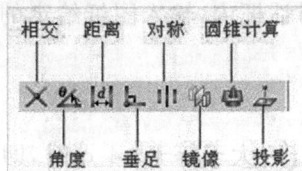

图 8 - 11　相关功能测量

3）形位公差测量

形位公差测量功能可测量元素（或元素之间）形状与位置公差项目，如图 8-11 所示，包括直线度、平面度、圆度、圆柱度、曲线轮廓度、曲面轮廓度、平行度、垂直度、倾斜度、对称度、同轴度、同心度、位置度、径向跳动和端面跳动。

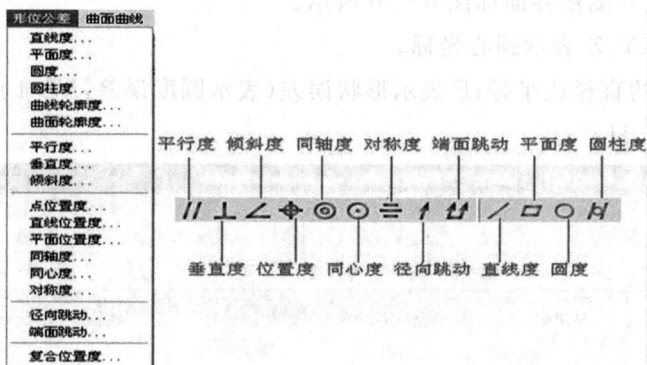

图 8-12　形位公差测量

直线度、平面度、圆度、圆柱度、曲线轮廓度、曲面轮廓度为形状公差，并显示评定图形；平行度、垂直度、倾斜度为定向公差；对称度、同轴度（同心度）、位置度为定位公差；径向跳动、端面跳动为跳动公差。除形状公差仅涉及被测要素自身之外，其他所有的形位公差项目均涉及被测要素及其与基准要素（或基准体系）的关系。

下面仅对部分形状误差测量进行说明。

（1）直线度（$N \geq 3$ 点）。

功能：当被测直线上的采点数多于（大于等于）3 点时，即可对其直线度进行评定。在 AC-DMIS 中，将直线度区分为两种情况分别处理，即给定方向和任意方向，其公差带分别为两平行平面间的区域和圆柱面内的区域。

（2）平面度（$N \geq 4$ 点）。

功能：当被测平面上的采点数多于（大于等于）4 点时，即可对其平面度进行评定。

要求：在平面的最大范围内均匀采点（多点）做平面，求平面度。

测量方法：

①在被测平面上采多点，生成欲评定的平面；

②打开"平面度"的对话框；

③将被测平面拖入"元素"的对话框内，输入图纸给定的公差，点击确定；

④求出平面度。

（3）圆度（$N \geq 4$ 点）。

功能：当被测圆上的采点数多于（大于等于）4 点时，即可对其圆度进行评定。

要求：在圆周上均匀采点（多点）做圆，求圆度。

测量方法：

①在被测圆周上均匀采点（多点），生成预评定的圆；

②打开"圆度"的对话框；

③将圆拖入"元素"的对话框内，确定公差要求，点击确定；

④求出圆度。

（4）圆柱度（$N \geqslant 8$ 点）。

功能：当被测圆柱上的采点数多于（大于等于）8 点时，即可对其圆柱度进行评定。

要求：最少要采两个截面圆（两层截面），上下采点必须一致，且在每个截面上均匀采点（多点）做圆柱，求圆柱度。

测量方法：

①在被测圆柱上均匀采点（多点），生成欲评定的圆柱；

②打开"圆柱度"的对话框；

③将圆柱拖入"元素"的对话框内，确定公差要求，点击确定；

④求出圆柱度。

5. 关机

（1）把测头座 A 角转到 90°（如 A90B0 角度）；

（2）将测量机的三轴移到左上方安全位置（接近回零的位置），避免意外碰撞；

（3）退出 AC－DMIS 测量软件操作界面；

（4）按下操纵盒及控制柜上的急停按钮；

（5）依次关闭电脑、关控制柜、关气源、关总电源。

七、思考题

（1）为什么三坐标测量机开始测量前先要"机器回零"？

（2）为什么在测量前要校正测头？

（3）简述零件测量过程。

（4）对被测零件精度进行评价，判断是否合格。

项目九　五轴联动加工技术及叶轮零件设计与加工

一、项目目标

(1)掌握五轴加工的特点及加工方式；

(2)学习利用 Mastercam 软件对叶轮模型的建模方法；

(3)能够合理规划叶轮零件加工路径和加工参数；

(4)掌握五轴加工中心的操作方法,并能操作机床完成零件加工。

二、相关知识点

(1)五轴机床的组成及结构特点；

(2)叶轮零件正向设计与建模；

(3)叶轮零件加工参数设置；

(4)五轴机床操作。

三、项目内容

(1)熟练掌握 Mastercam2017 软件的基本操作；

(2)利用 Mastercam2017 软件完成叶轮模型的设计；

(3)完成叶轮加工工艺设计及刀具路径规划,并进行仿真加工；

(4)选择合适的后处理软件,生成数控机床识别的 NC 程序；

(5)熟练掌握五轴加工中心的基本操作,如对刀、手动、MDI、自动运行等操作,完成叶轮零件加工。

四、项目设备

(1)硬件：五轴加工中心、数控车床、零件毛坯；

(2)软件：Mastercam2017。

五、项目原理

(一)五轴联动加工的特点

五轴联动加工技术是指一个复杂形状的表面需要用机床的五个轴共同运动才能获得光滑型面的加工技术。虽然从理论上讲任何复杂表面都可用 XYZ 三轴坐标来表述,但实际加工刀具并不是一个点,而是有一定尺寸的实体,为了避免空间扭曲面加工时刀具与加工面间的干涉,以及保证曲面各点的切削条件的一致性,需要调整刀具轴线与曲面法矢间的夹角。

与三坐标数控加工曲面相比较,五坐标数控加工曲面有以下优点。

1. 提高了加工质量和效率

通常切削表面的加工质量用断面残留高度 h 来表述,加工效率用两刀的行距 s 来表述。由于用球头铣刀三轴联动加工曲面时是以球面的运动去逼近加工表面,以点成型;而用端铣刀五轴联动加工曲面时是以平面的运动去逼近加工表面,以面成型,因此可以保证加工点处切削速度较高,具有较好且一致的表面质量。两种加工方式的行距与断面残留高度关系如图 9-1 所示。

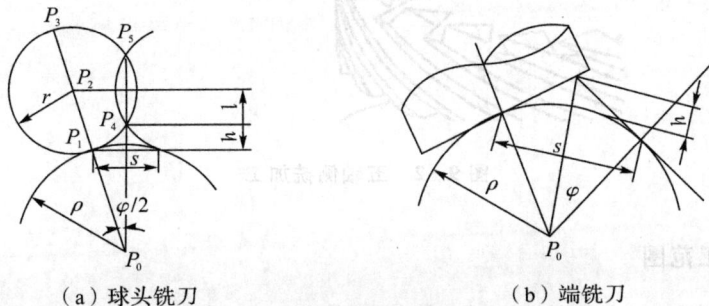

(a)球头铣刀　　　　　　　　(b)端铣刀

图 9-1　行距与断面残留高度关系图

设工件曲率半径为 ρ,球头刀半径为 r,行距为 s,残留高度为 h。

在图 9-1(a)中,由 $P_0P_1 \times P_0P_3 = P_5P_0 \times P_4P_0$

可得

$$h = s^2(\frac{1}{8r} + \frac{1}{8\rho}) \tag{9-1}$$

在图 9-1(b)中,利用半角定理有

$$\cos(\varphi/2) = \rho/(\rho+h)$$
$$\sin(\varphi/2) = s/(2\rho) \tag{9-2}$$

故有 $h = \dfrac{s^2}{8\rho}$。

从式(9-1)和式(9-2)可知,端铣刀五轴数控加工的断面残留高度恒小于球铣刀三轴数控加工的断面残留高度,因而加工质量高。

同样,式(9-1)和式(9-2)可分别变换成

$$s = \sqrt{8\frac{\rho+h}{\rho+r}} \qquad (9-3)$$

$$s = \sqrt{8\rho h} \qquad (9-4)$$

从式(9-3)和式(9-4)可知,在相同的表面质量要求下,五轴数控加工比三轴数控加工可采用大得多的行距 s,因而有更高的加工效率。有些复杂零件仅需一次装夹就能完成复杂零件的全部或大部分加工。

另外,五轴加工某些曲面时采用五轴侧铣加工(侧刃加工),如图9-2所示,既高效,加工质量又好,是三轴数控加工根本无法比拟的。

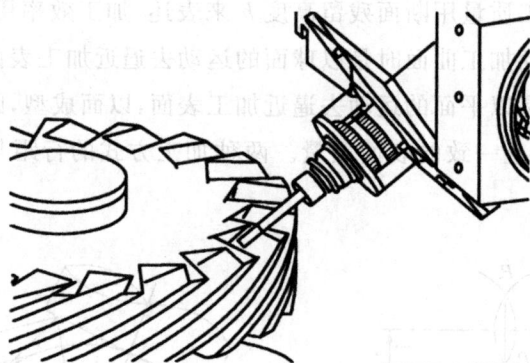

图9-2　五轴侧铣加工

2. 扩大了加工范围

在航空零件制造中,有些航空零件(如航空发动机上的整体叶轮)由于叶片本身扭曲和各曲面间相互位置限制,加工时不得不转动刀具轴线,否则很难甚至无法加工。另外,在模具加工中有时只能用五轴数控加工才能避免刀身与工件的干涉。

3. 适应数控机床发展新方向

五轴联动数控机床的技术水平代表了一个国家装备制造业的最高水准。由于国外主要发达国家限制五轴联动数控机床出口我国,加之五轴联动 NC 程序制作较难,使五轴系统难以"平民"化应用。近年来,随着国内数控系统研发和应用技术的发展,以及计算机辅助设计制造(CAD/CAM)技术的广泛应用,国内多家机床企业推出了自家的五轴联动数控机床,打破了外国的技术封锁,大大降低了五轴联动数控机床应用成本。五轴联动数控机床的推广将为中国成为制造强国奠定坚实的基础。

五轴机床的应用可有效避免刀具干涉。对于直纹面类零件,可采用侧铣方式一刀成型;

对较平的大型表面,可用大直径端铣刀端面进行加工。五轴机床可一次装卡后对工件上的多个空间表面进行多面、多工序加工,加工时刀具相对于工件表面可处于最有效的切削状态,零件表面上的误差分布均匀。在某些加工场合可采用较大尺寸的刀具避开干涉进行加工,提高了加工效率。

(二)五轴加工的方式

根据曲面加工过程中的成形方式,通常将五轴加工分为点接触式加工、面接触式加工、线接触式加工三种方式。

1.点接触式加工

点接触式加工是应用最广的五轴加工形式。点接触式加工是指加工过程中以点接触成型的加工方式(如球形铣刀加工、球形砂轮磨削等),这种加工方式的主要特点是:球形表面法矢指向全空间,加工时对曲面法矢有自适应能力;与线、面接触式加工相比较,其编程较简单、计算量较小,只要使刀具半径小于曲面最小曲率半径就可避免干涉,因而适合任意曲面的加工;但由于是点接触成型,在刀具轴线上切削速度趋近于零,因而切削条件差,加工精度和效率低。

2.面接触式加工

面接触式加工是指以面接触成型的加工方式(如端面铣削加工等),这种加工方式的主要特点是:由于切削点有较高的切削速度,周期进给量大,因而具有较高的加工效率和精度;但由于受成型方式和刀具形状的影响,它主要适合中凸曲率变化较平坦的曲面的加工。

3.线接触式加工

线接触式加工是五坐标联动数控加工当前和今后研究的重点。线接触式加工是指加工过程中以线接触成型的加工方式(如圆柱周铣、圆锥周铣、樟形镬削及砂带磨削等),这种加工方式的特点是:由于切削点处切削速度较高,因而可获得较高的加工精度;同时,由于是线接触成型,因而具有较高的加工效率。目前已发展到对任意曲面线接触加工的研究。如图 9-3 所示为用砂带磨削叶片的照片,这是典型的线接触式加工。

图 9-3　用砂带磨削叶片

（三）五轴机床的分类

五轴机床一般有 3 个直线坐标和 2 个旋转坐标。通常根据 2 个旋转坐标的配置形式，将五轴机床划分为 3 种类型。

1. 双转台五轴机床

双转台五轴机床模型如图 9-4 所示，这种机床的转台有足够的行程范围，工艺性能好，转台的刚性较好，机床总体刚性高，只需加装独立式刀库及换刀机械手即可成为加工中心。但双转台机床转台坐标驱动功率较大，坐标转换关系较复杂，编程灵活性不高。双转台-升降台式机床主要适用于中、小型零件的加工，如图 9-5 所示为双转台龙门式铣床，图 9-6 为双转台固定床身式铣床。

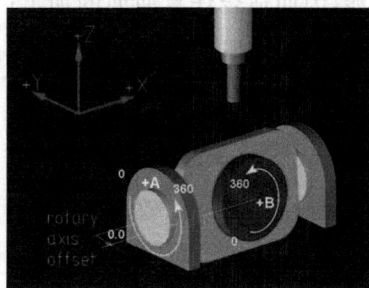

图 9-4 双转台五轴机床模型　　图 9-5 双转台龙门式铣床　　图 9-6 双转台固定床身式铣床

2. 双摆头五轴机床

双摆头机床摆动坐标驱动功率较小，工件装卸方便且坐标转换关系简单，编程灵活，但由于受结构限制，主轴摆动刚度较低，成为整个机床的薄弱环节。双摆头-龙门式机床主要适用于大型零件的加工。双摆头五轴机床模型如图 9-7 所示。

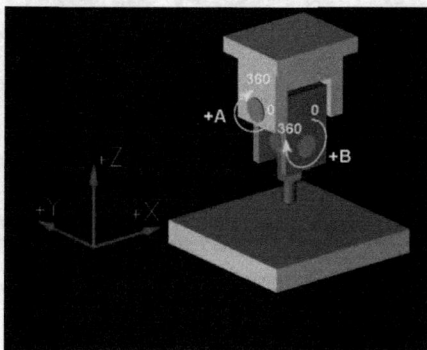

图 9-7 双摆头五轴机床模型

3.一摆头一转台五轴机床

一摆头一转台五轴机床性能则介于上述两者之间。如图 9 - 8 所示。

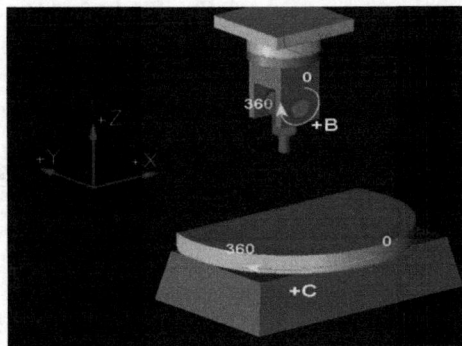

图 9 - 8　一摆头一转台五轴机床模型

(四)叶轮五轴加工软件

五轴数控加工技术对一个国家的航空、航天、精密器械、高精医疗设备等行业有着举足轻重的影响力。叶轮、叶片、船用螺旋桨、重型发电机转子、汽轮机转子、大型柴油机曲轴等复杂曲面零件目前只能在五轴数控加工中心里加工。

离心式整体叶轮是微涡发动机核心部件(见图 9 - 9),其曲面造型复杂,设计、加工难度大,是最具有代表性的复杂零件。我们以离心式整体叶轮为例,利用 MasterCAM 2017 正向设计不带小叶片的叶轮来学习复杂零件设计与五轴加工的方法。

轴流式整体叶轮

离心式整体叶轮

图 9 - 9　微涡发动机装配图

目前国外一般应用整体叶轮的五轴加工专用软件有美国 Concepts NREC 公司的 MAX - 5、MAX - AB,OpenMind 公司的 HyperMill 等。一些通用商业 CAD/CAM 软件既有较强的整体叶轮几何造型功能,又有符合叶轮零件几何特征的专用数控编程功能,如 NX、CATIA、PowerMill、MasterCAM 等软件。国内,北京精雕公司的 SurfMill9.5 是一款专门用于五轴精密加工的 CAM 软件,具有五轴工艺开发、测量工艺设计、管控方案规划等功能模块,西北工业大学也开发出了“叶轮类零件多坐标 NC 编程专用软件系统”。

六、项目实例

(一)叶轮零件的 Mastercam 设计

1. 绘制叶轮模型线架构(绘制两圆、两线、一中心线)

(1)两圆:在俯视构图面上画两圆,小圆圆心 $O_1(0,0,0)$,半径 $R_1=10$,大圆圆心 $O_2(0,0,-50)$,半径 $R_2=50$(见图 9-10)。

(2)两线:轮毂曲线及叶片根线。

线 L_1:在前视图上,用两点画弧命令,选择两圆的四等分点画弧,圆弧半径 $R=70$,此线为轮毂曲线,如图 9-11 所示。

线 L_2:在等视图上,用画点命令绘制三点,$P_1(0,-10,0)$、$P_2(6.6,-25.73,-32.92)$、$P_3(17,-47.02,-50)$。用"手动画曲线"命令连接点 P_1、P_2、P_3,绘制曲线 L_2,如图 9-12 所示,此线为叶片根部曲线。

(3)中心线 L_3:切换为等视图,连接上下两圆圆心,生成中心线 L_3,用虚线表示,如图 9-13 所示。

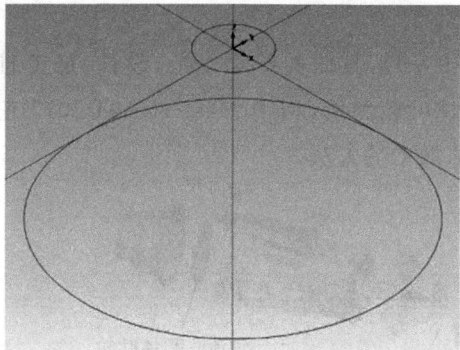

图 9-10　绘制两圆

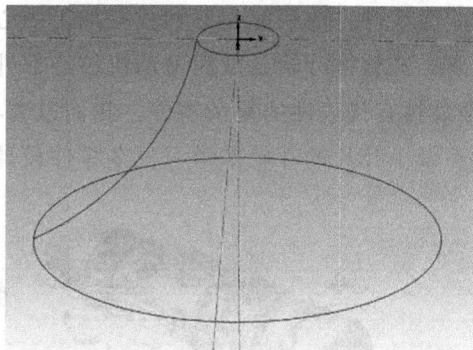

图 9-11　轮毂曲线

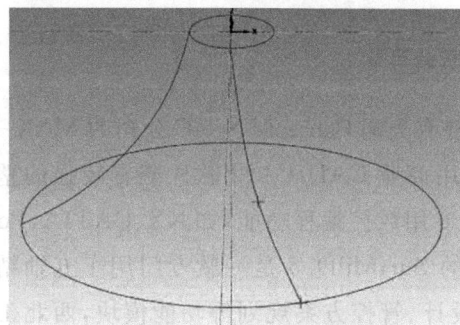

图 9-12　叶轮根部曲线

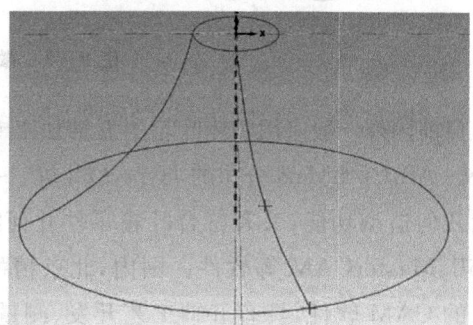

图 9-13　绘制中心线

2. 创建轮毂曲面和叶片曲面

(1)创建轮毂曲面。创建图层 2，轮毂曲线 L_1 绕中心线 L_3 旋转，生成轮毂曲面。命令如下：曲面→旋转→选择旋转轮廓曲线→选择旋转轴。如图 9-14 所示为轮毂曲面创建。

(2)创建叶片曲面。选择命令：曲面→网格→围篱→选择曲面(轮毂面)→选择曲线 L_2(注意：选取曲线 L_2 的位置不同，决定曲线的起点和终点方向，选择的起点靠下，则方向向上)。起点高度设为 8、终点高度设为 18、起点角度设为 10、终点角度设为 -30，生成如图 9-14 中的叶片曲面。

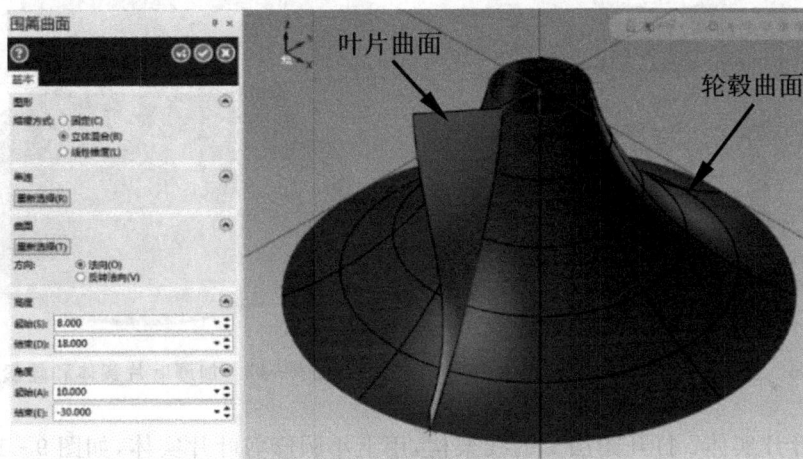

图 9-14　创建轮毂曲面和叶片曲面

(3)复制叶片曲面。关闭线架构图层 1，依次选择命令：转换→旋转→选择要旋转的曲面(叶片曲面)，复制叶片 5 个、旋转角度 60，基点坐标(0,0,0)，绘图结果如图 9-15 所示。

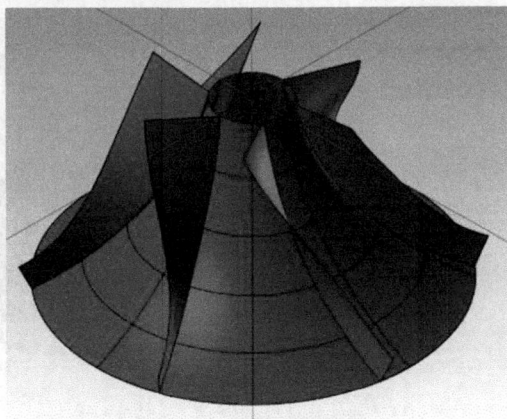

图 9-15　复制叶片曲面

3. 创建轮毂实体和叶片实体并修剪实体

（1）创建实体。命令如下：实体→由曲面生成实体，依次选择叶片曲面、轮毂曲面，生成叶片、轮毂实体（原始曲面删除），如图 9-16 所示。

（2）加厚叶片实体。单个逐一加厚叶片实体。选择命令：实体→薄片加厚（单向加厚，注意方向，向左侧加厚，厚度 1.5 mm），加厚之后的叶片实体如图 9-17 所示。

（3）加厚轮毂实体。选择命令：实体→薄片加厚（加厚方向向外，厚度 1.5 mm），加厚之后的轮毂实体如图 9-17 所示。

图 9-16　创建叶片实体和轮毂实体

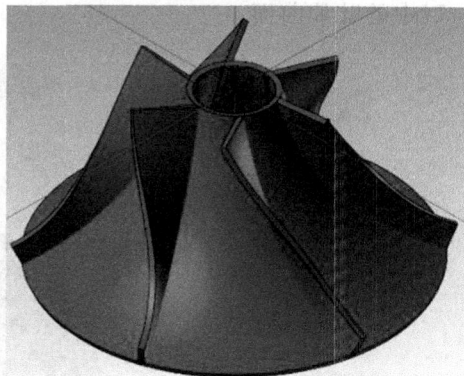

图 9-17　加厚叶片实体和轮毂实体

（4）修剪叶片实体。打开图层 1 的线架构，用上小圆修剪叶片实体，如图 9-18 所示。选择命令：实体→依照平面修剪→选择修剪主体（将 6 个叶片实体依次选中，注意选择叶片的上半部分和下半部分，与最后保留的叶片实体部分有关，此处点选叶片上半部分）→确定→依照图形平面→选择小圆。最后确定目标主体方向，保留叶片的合适部分，如图 9-19 所示为叶片被上小圆修剪前后的前视图对比。

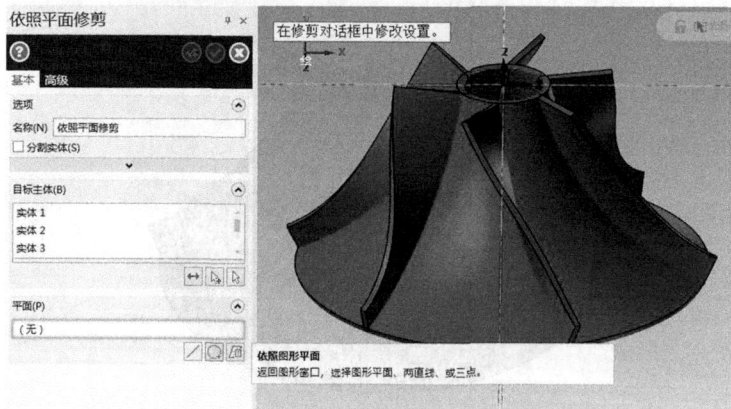

图 9-18　用上小圆修剪叶片实体

（a）叶片实体被上小圆修剪前的前视图　　　（b）叶片实体被上小圆修剪后的前视图

图 9 - 19　叶片实体被上小圆修剪前后效果图对比

构建圆柱面,修剪叶片实体。复制线架构的大圆,利用曲面举升命令生成圆柱面,步骤如下:

①关闭图层 2,在图层 1 的等视图上复制线架构的大圆。选择命令:转换→平移→复制（Z 方向上移 30）,如图 9 - 20 所示。

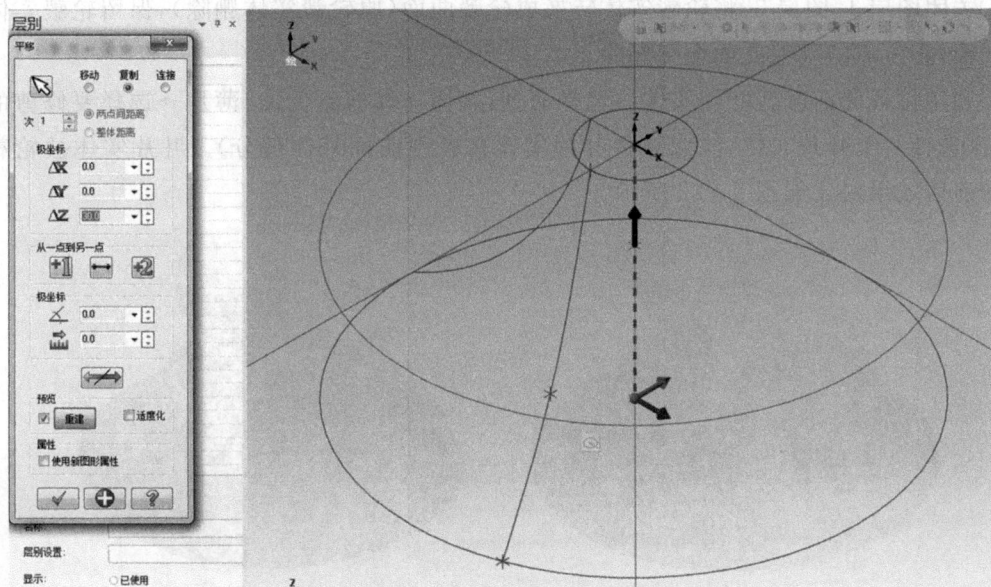

图 9 - 20　复制线架构的大圆

②新建图层 3,在新图层上构建圆柱面。选择命令:曲面→举升→依次选中复制前后的两大圆,生成圆柱面。

③用圆柱面修剪叶片实体。选择命令:实体→修剪到曲面/薄片→选择要修剪的主体（依次选择叶片曲面）→选择要修剪的曲面或薄片（选择圆柱面）。叶片被圆柱面修剪前后效果图对比如图 9 - 21 所示。

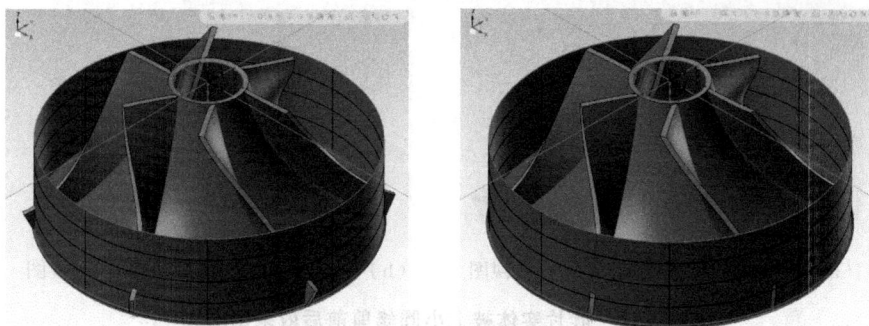

（a）叶片被圆柱面修剪前效果图　　　　（b）叶片被圆柱面修剪后效果图

图9-21　叶片被圆柱面修剪前后效果图对比

轮毂曲面修剪叶片实体的目的是修剪掉叶片实体插入到轮毂曲面内侧部分实体，步骤如下：

①关闭图层1、图层3，将轮毂实体转换成轮毂曲面（原轮毂实体删除），保留轮毂实体外侧的曲面，将生成的其他曲面全部删除。

②利用轮毂曲面修剪叶片实体。选择命令：实体→修剪到曲面/薄片→选择要修剪的实体（依次选择6个叶片实体，注意选择叶片实体在轮毂曲面外侧部分）。叶片实体被轮毂曲面修剪前后效果对比如图9-22所示。

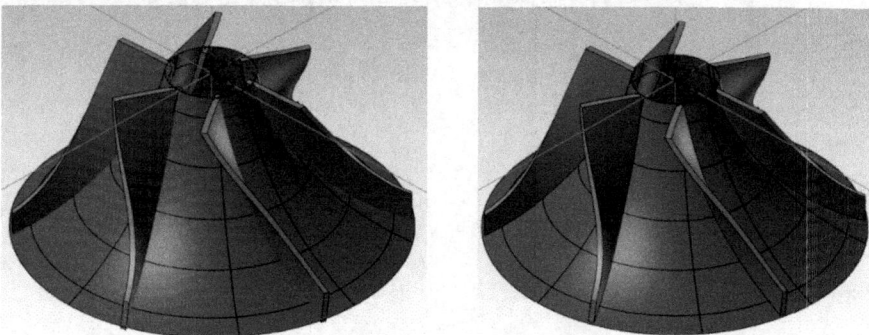

（a）叶片实体被轮毂曲面修剪前效果图　　　　（b）叶片实体被轮毂曲面修剪后效果图

图9-22　叶片实体被轮毂曲面修剪

叶片实体转换成叶片曲面，最终确保叶片侧曲面与轮毂曲面相交于一线（即叶片根部曲线 L），如图9-23所示。

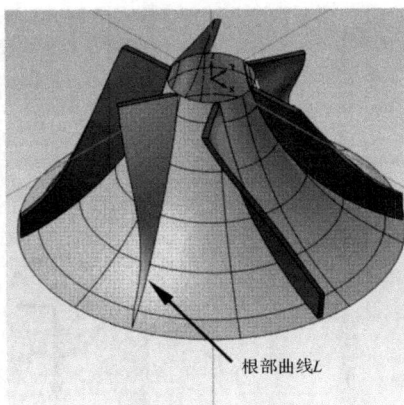

根部曲线L

图 9-23　叶片侧曲面与轮毂曲面相交于曲线 L

4. 模型缩放

考虑到加工所用的五轴加工中心的各轴行程,叶轮尺寸缩小到原尺寸的 50%。选择命令:转换→比例(快捷键 Ctrl+A,选择全部图素)→移动、0.5 比例因子、定义缩放控制点 (0,0,0)→确定。模型缩放如图 9-24 所示。

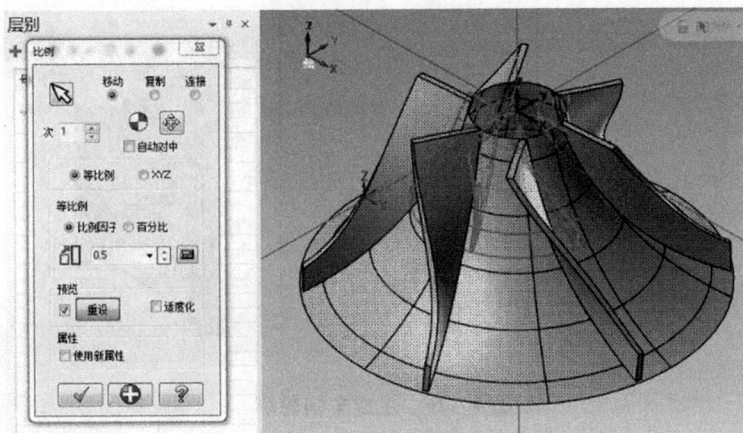

图 9-24　模型缩放

5. 生成车削轮廓

(1)新建图层 4,将视图转换成前视图,将全部图素顺时针旋转 90°。选择命令:转换→旋转→选择要旋转的图形→Ctrl+A→移动→旋转角度-90°,如图 9-25 所示。

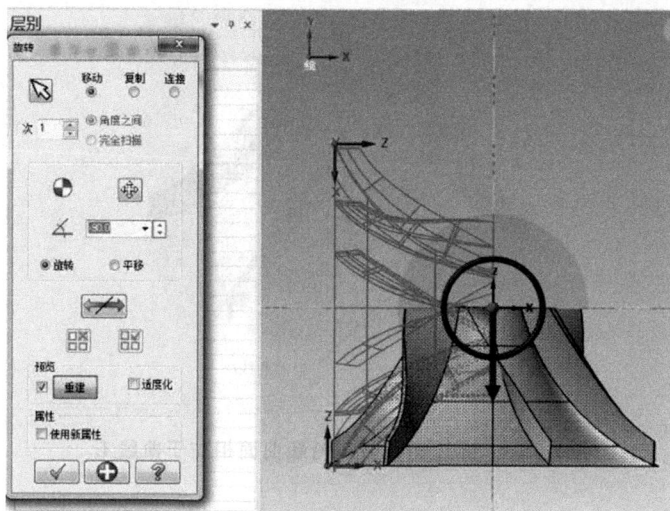

图9-25 图形顺时针旋转90°

(2)生成车削轮廓。选择命令:草图→车削轮廓→Ctrl+A,公差设为0.02,生成车削轮廓,如图9-26所示。

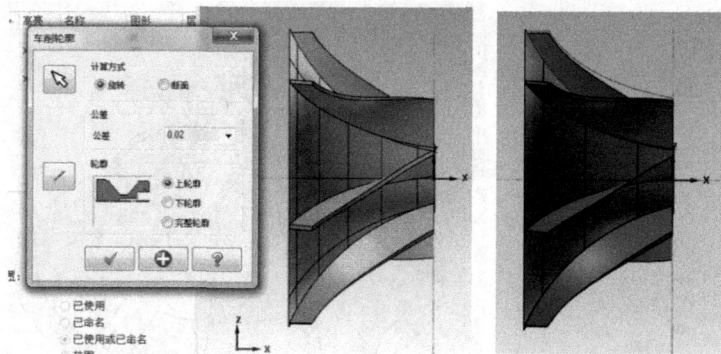

图9-26 生成车削轮廓

6.生成叶轮实体毛坯

(1)旋转车削轮廓。将全部图素再逆时针旋转90°,如图9-27所示。除图层4外,其他图层隐藏,如图9-28所示。

(2)构造封闭的叶轮实体线架构。打开图层1,显示线架构图层及车削轮廓图层,如图9-29所示。利用车削轮廓线和中心线,在图层4的前视图中构造封闭叶轮毛坯实体线架构,如图9-30所示。

(3)生成叶轮毛坯实体。新建图层5,创建毛坯实体。选择命令:实体→旋转→选择封闭曲线→选择旋转轴,生成毛坯实体,如图9-31所示。

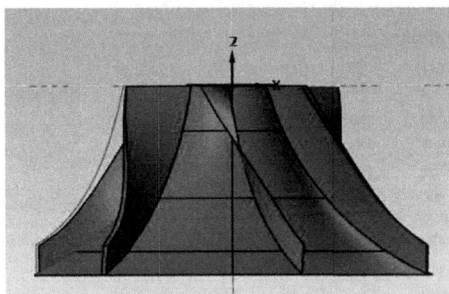

图 9 - 27 旋转车削轮廓

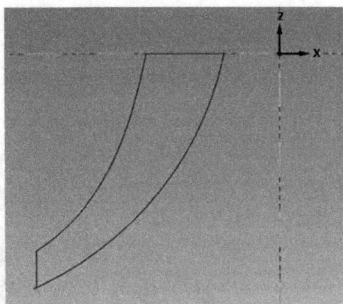

图 9 - 28 隐藏叶轮模型

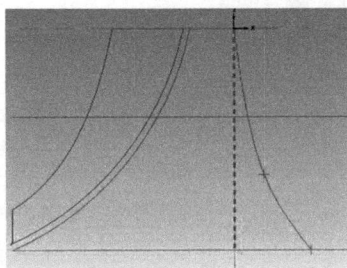

图 9 - 29 不封闭的轮廓

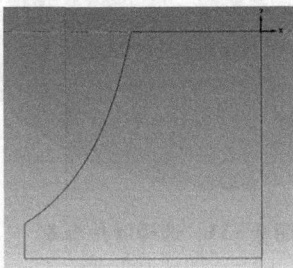

图 9 - 30 构造封闭轮廓

图 9 - 31 毛坯实体

(二)叶轮加工参数设置与仿真加工

1. 建立机床群组

选择华中五轴加工中心,选择命令:机床→铣床→C\........\GENERIC HNC TR_SERIES 5X MILL MM. mcam - mmd,如图 9 - 32 所示。

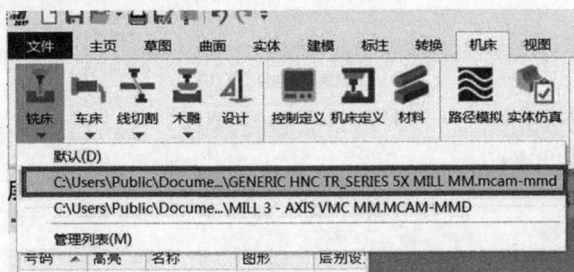

图 9 - 32 五轴加工中心机床群组建立

2. 选择"叶片专家"模块进行叶轮零件的"刀路"参数设置

选择命令:刀路→多轴加工→叶片专家,如图 9 - 33 所示。弹出如图 9 - 34 所示的"叶片专家"刀路参数设置对话框,依次对加工所用刀具、刀柄、切削方式、自定义组件等参数进行设置。

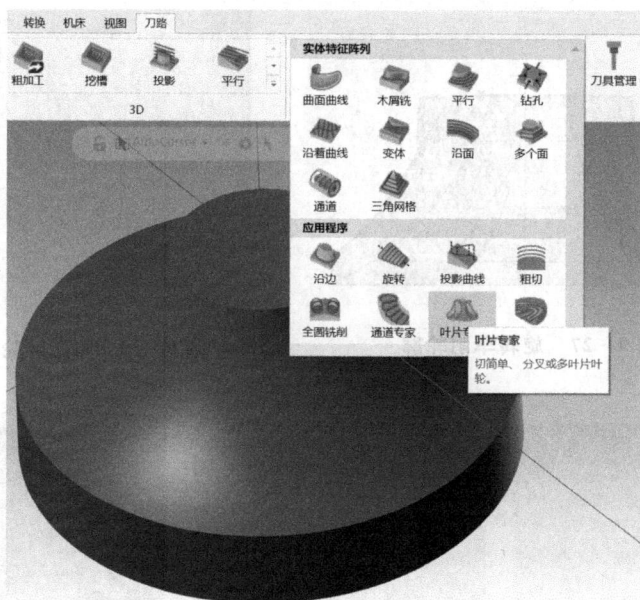

图 9-33 选择叶片专家

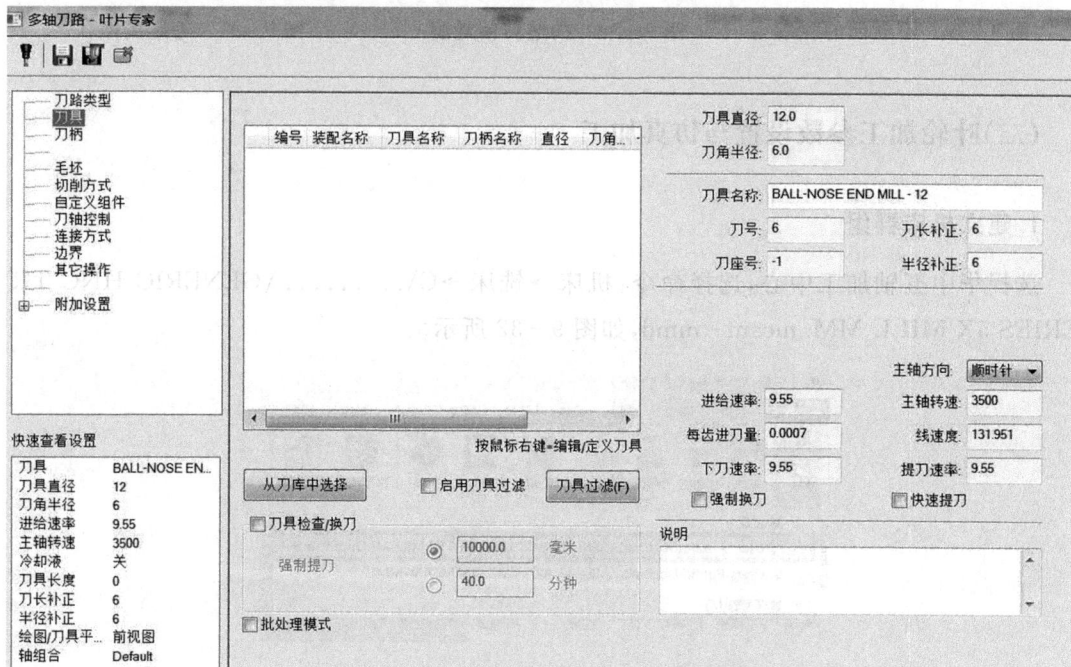

图 9-34 "叶片专家"刀路参数设置对话框

（1）刀具参数设置。点击鼠标右键创建新刀具，选择锥度刀，参数设置如图 9-35(a)所示。刀尖直径设为 2，进给速度设为 1000，下刀速率设为 600，提刀速率设为 1200，主轴转速设为 8000，其他参数设置如图 9-35(b)所示。

（2）刀柄参数设置。选择 B2C3-0016 刀柄，刀具夹持长度 33。

（3）切削方式参数设置。加工方式：粗切；策略：与轮毂平行；方式：双向-由前边缘开始；排序：由内而外顺时针。深度分层、切削间距（直径）等其他参数设置如图 9-36 所示。

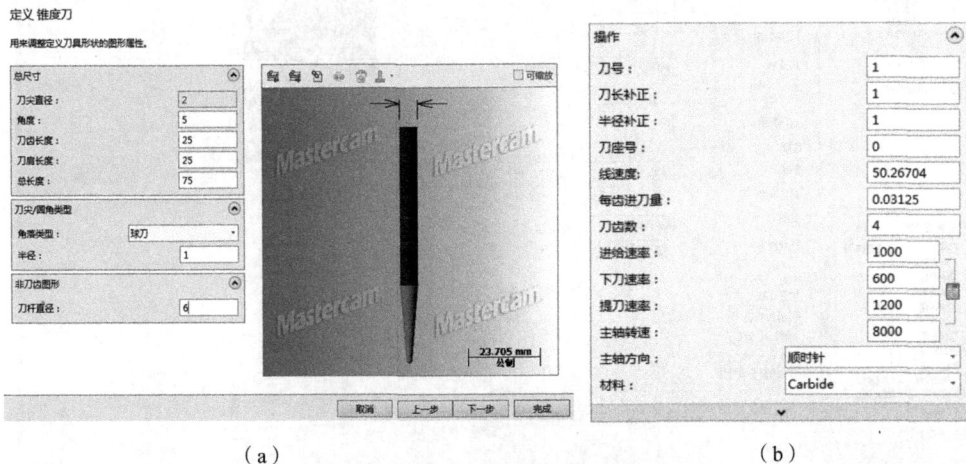

（a）   （b）

图 9-35 刀具参数设置界面

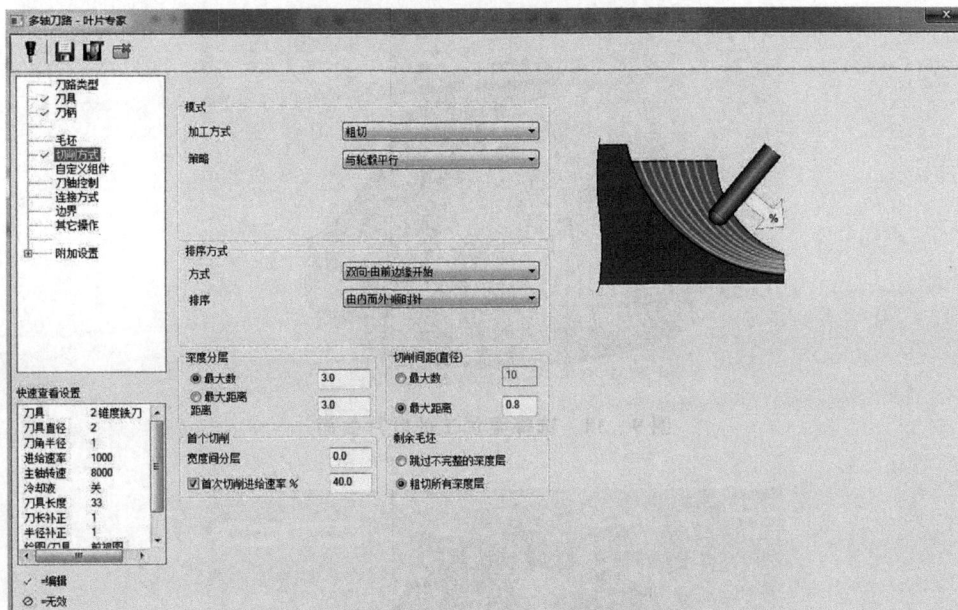

图 9-36 切削方式参数设置界面

（4）自定义组件参数设置。叶片粗加工预留量为 0.2，轮毂预留量为 0，区段数量为 6，在区段 1 中，指定加工叶片数量 2 片，其他参数设置如图 9-37 所示。点选"叶片与圆角"的 ↖ 按钮，选择要粗加工的两个叶片（隐藏部分图层，选择如图 9-38 所示的两个叶片）。点选"轮毂" ↖ 按钮，选择如图 9-39 所示的轮毂曲面。

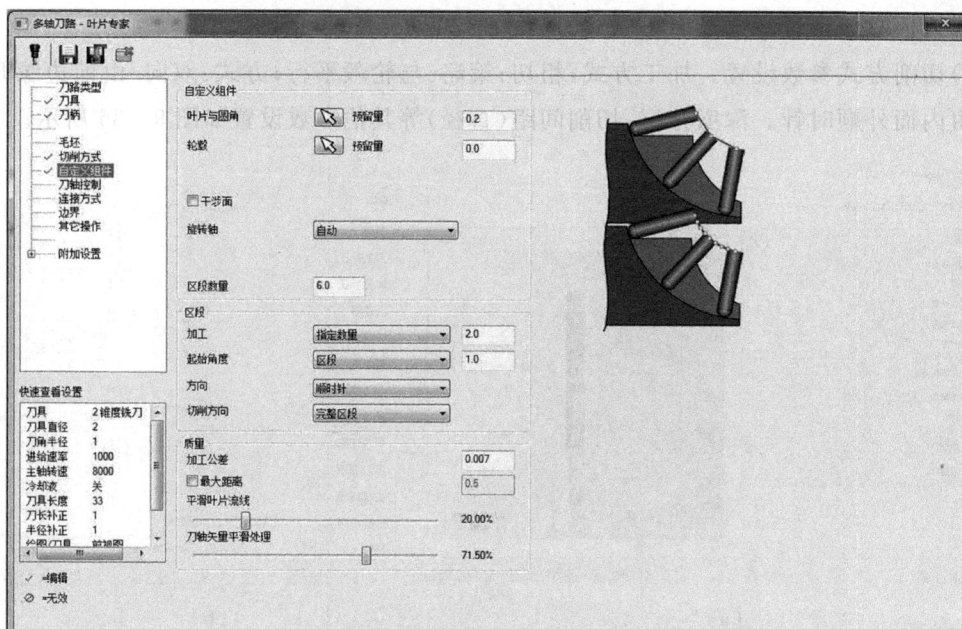

图 9 - 37 切削方式参数设置界面

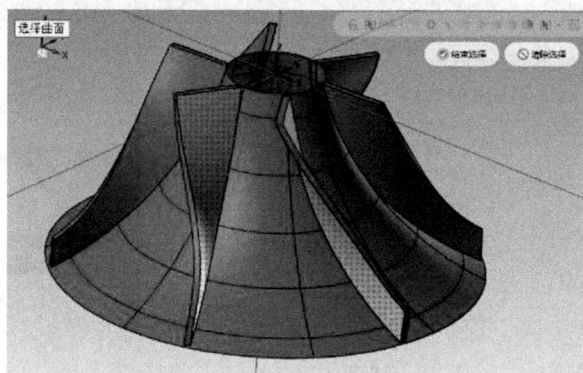

图 9 - 38 选择要加工的叶片曲面

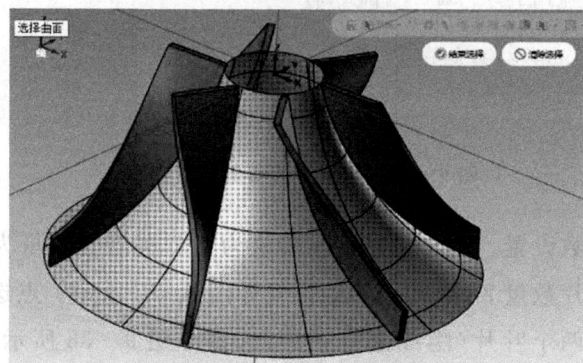

图 9 - 39 选择轮毂曲面

（5）刀轴控制参数设置如图9－40所示，连接方式参数设置如图9－41所示，边界参数设置如图9－42所示，杂项变数参数设置如图9－43所示，点击冷却液开关设为ON。

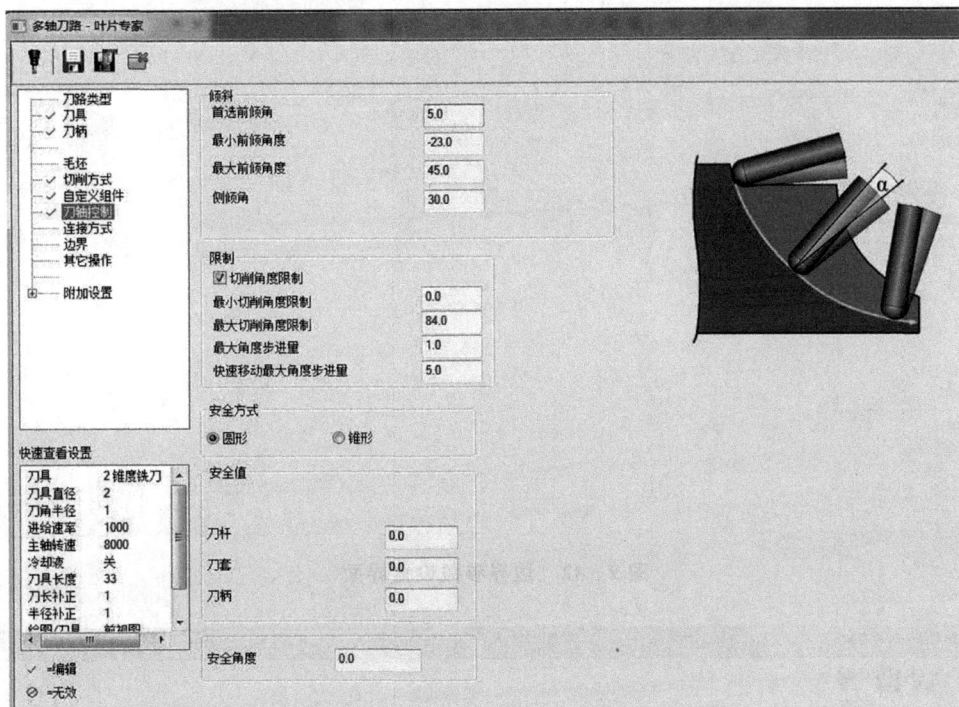

图9－40　刀轴控制参数设置界面

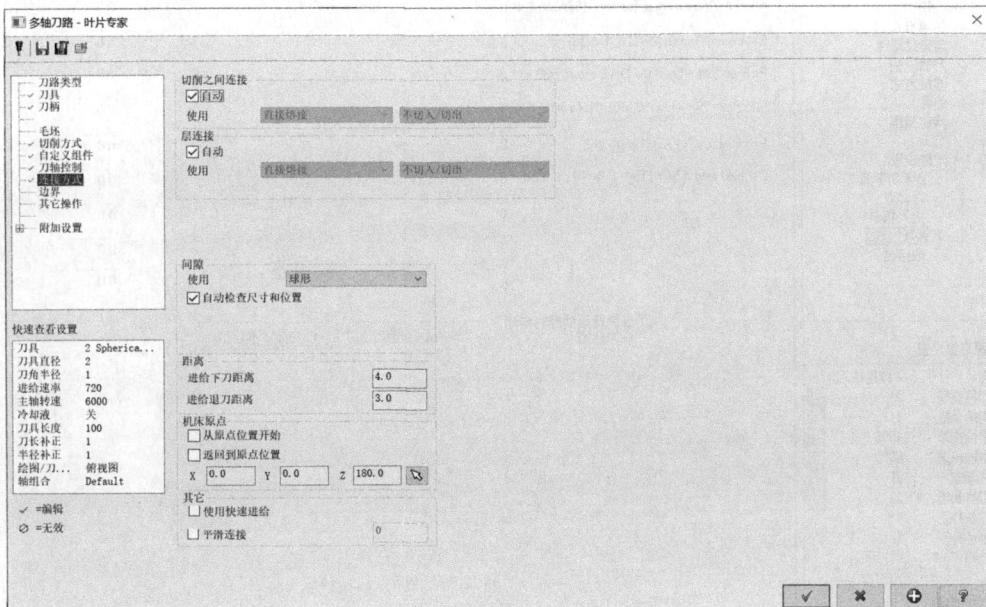

图9－41　连接方式参数设置界面

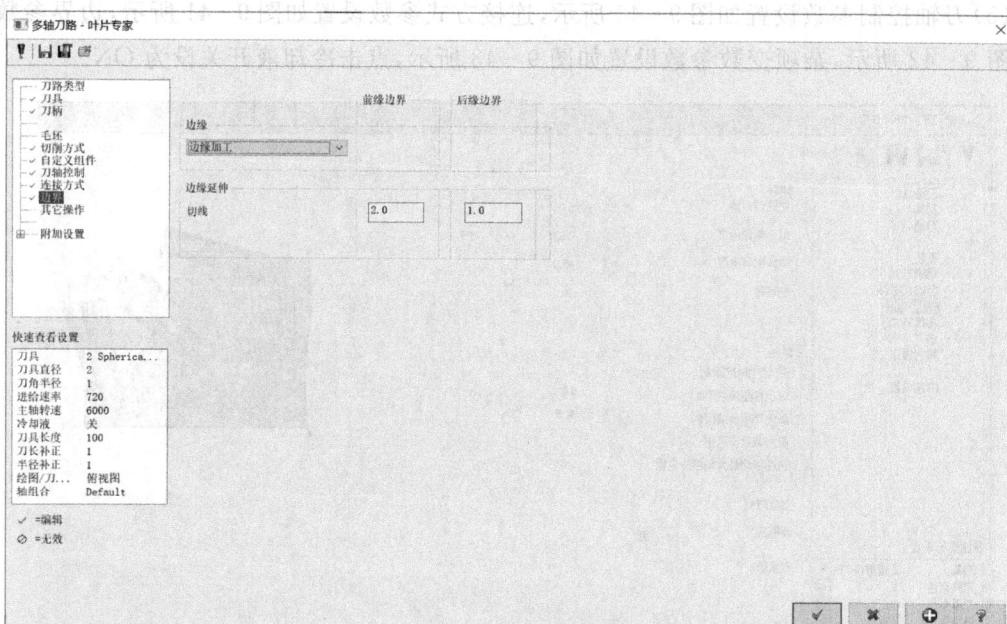

图 9 - 42　边界参数设置界面

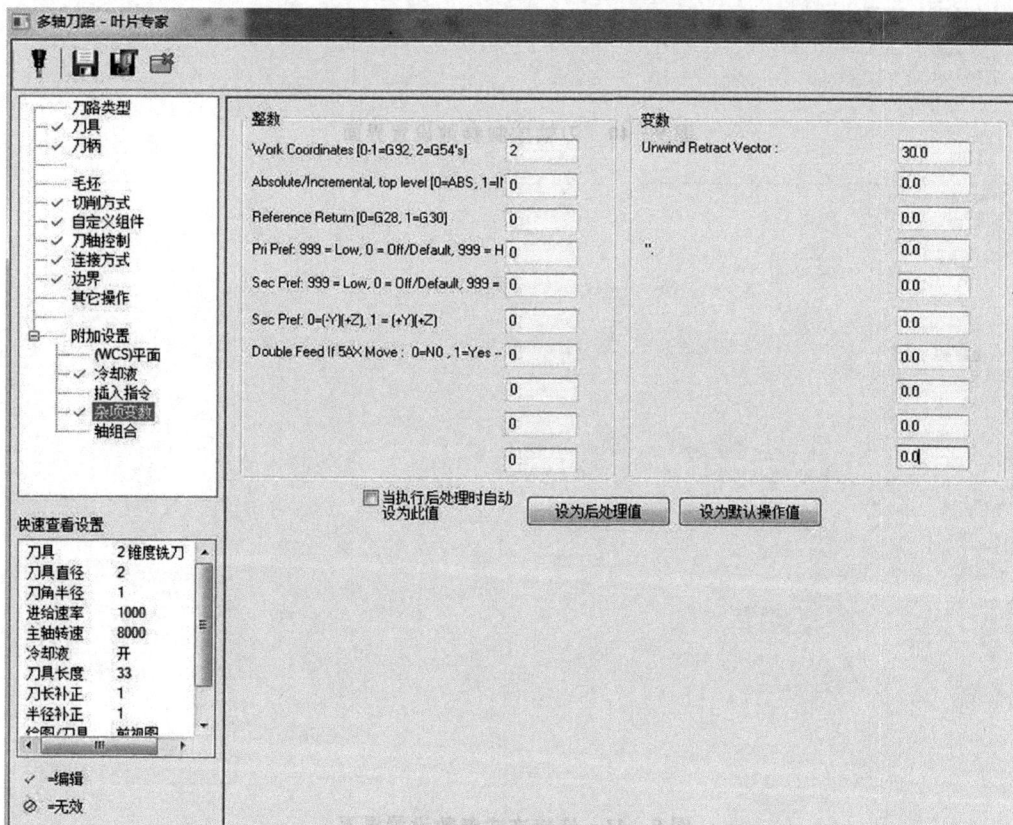

图 9 - 43　杂项变数参数设置界面

（6）点击"完成"，生成如图 9-44 所示加工路径，修改刀路名称为"叶片 1-2 粗加工"。

（7）毛坯参数设置。选择命令：机床群组-1→属性→毛坯设置→实体，点选 ⇖ 按钮，打开毛坯实体图层，隐藏其他图层，点选毛坯实体，如图 9-45 所示。

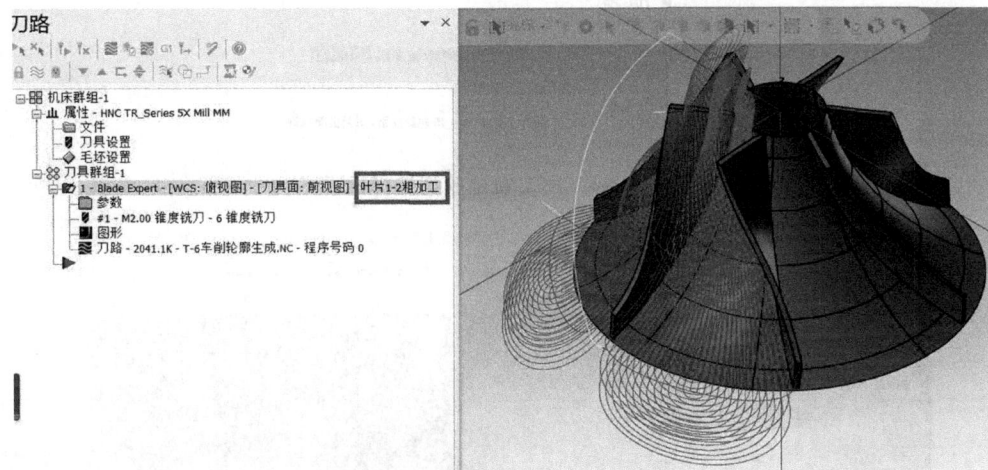

图 9-44　叶片 1-2 粗加工轨迹

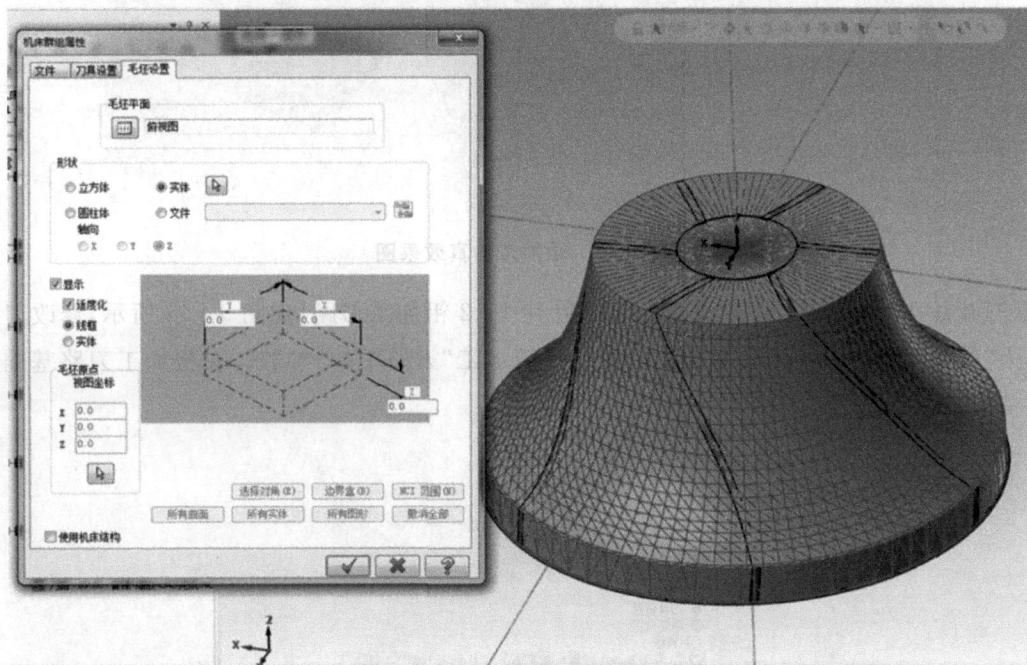

图 9-45　毛坯参数设置

（8）叶片 1-2 粗加工仿真。点选图 9-46 中的按钮"验证已选择的操作"，点击仿真加工开始按钮，仿真加工完成效果如图 9-47 所示。

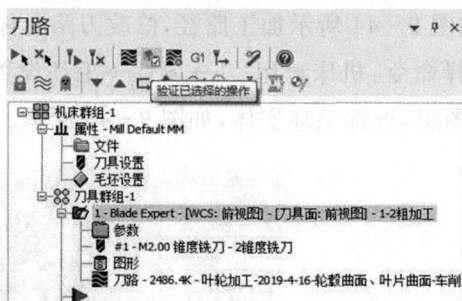

图 9-46　加工轨迹验证选择图

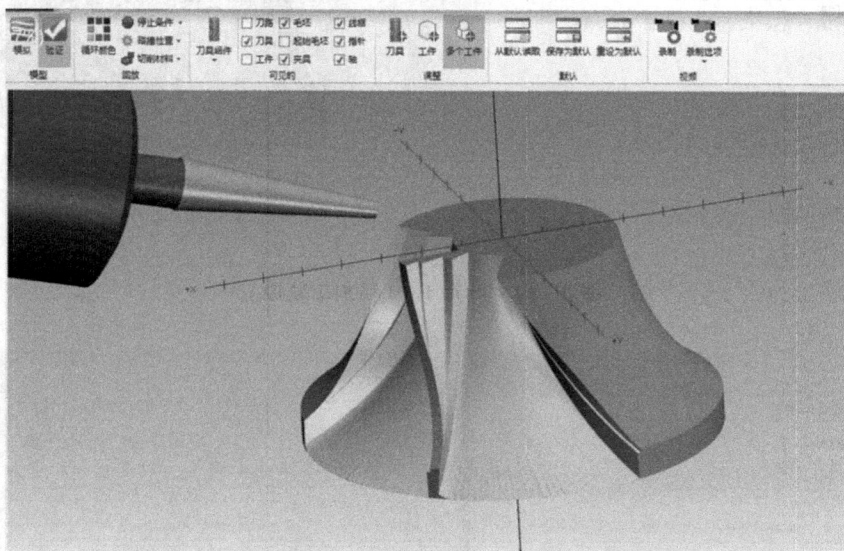

图 9-47　粗加工仿真效果图

(9)叶片 1-2 精加工参数设置。复制叶片 1-2 粗加工刀路,如图 9-48 所示,修改刀路名称为"叶片 1-2 精加工"。双击"叶片 1-2 精加工"刀路中的"参数",在粗加工刀路基础上修改精加工参数,如下:

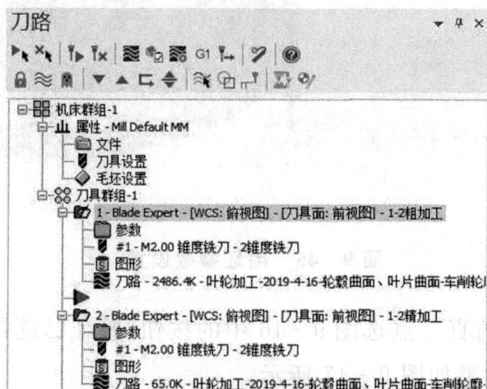

图 9-48　复制粗加工刀路

①刀具参数:进给速度修改为200,其他参数不变。

②切削方式:加工方式设为"精修叶片",策略设为"侧铣",如图9-49所示。

③自定义组件参数:预留量改成0(精修叶片,不留余量)。

(10)叶片1-2粗、精加工仿真。同时勾选叶片1-2粗加工和叶片1-2精加工刀路,开始仿真加工,加工完成后的效果如图9-50所示。

(11)叶片3-4粗、精加工。复制叶片1-2粗加工刀路,修改刀路名为"叶片3-4粗加工"。将刀路参数中的区段"1"改为"3",如图9-51所示。复制叶片1-2精加工刀路,修改刀路名为"叶片3-4精加工",同样将区段"1"改为"3"。刀路加工轨迹如图9-52所示,前4个叶片粗、精仿真加工效果如图9-53所示。

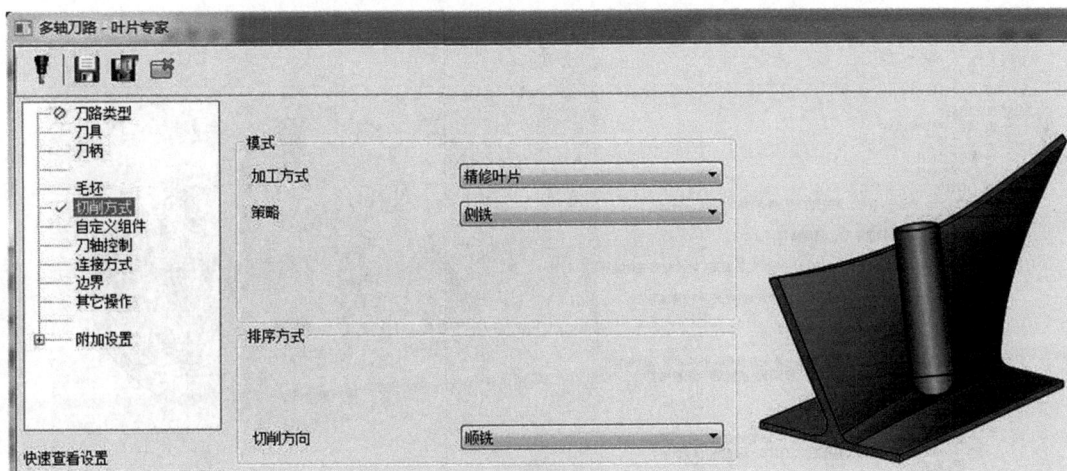

图9-49　修改精加工"切削方式"参数

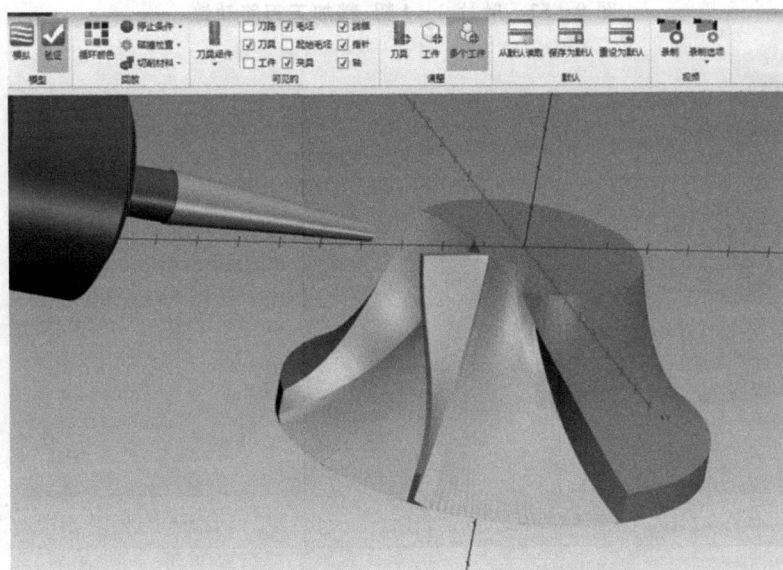

图9-50　粗加工及精加工后仿真效果图

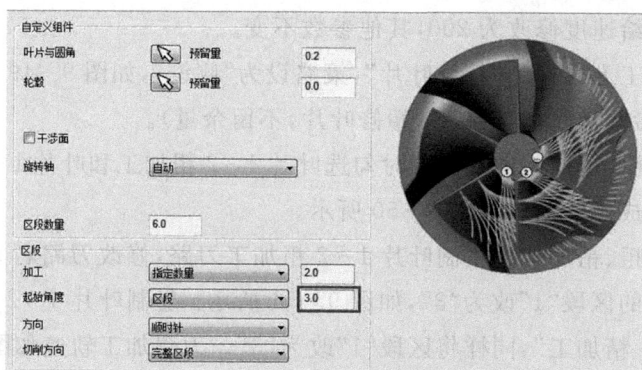

图 9 - 51　叶片 3 - 4 粗加工区段修改

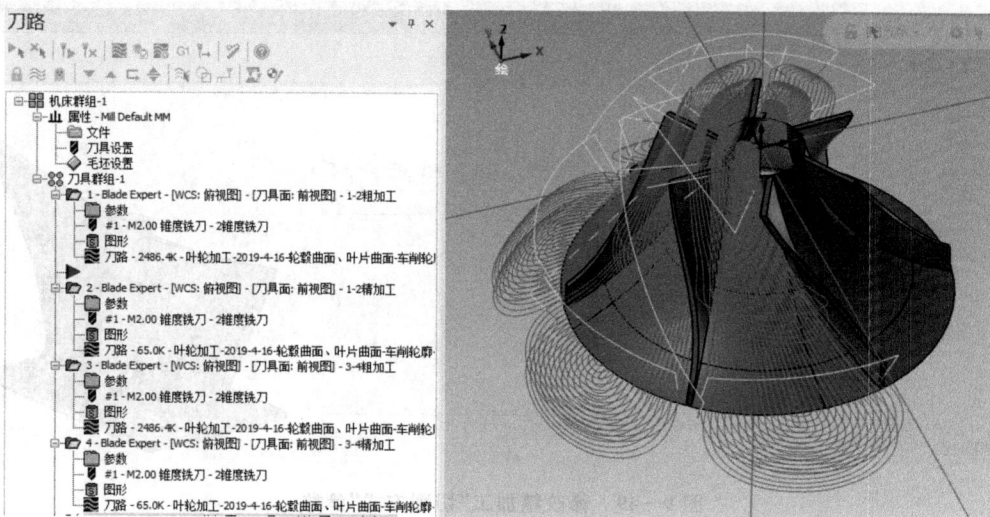

图 9 - 52　叶片 3 - 4 粗、精加工刀路轨迹

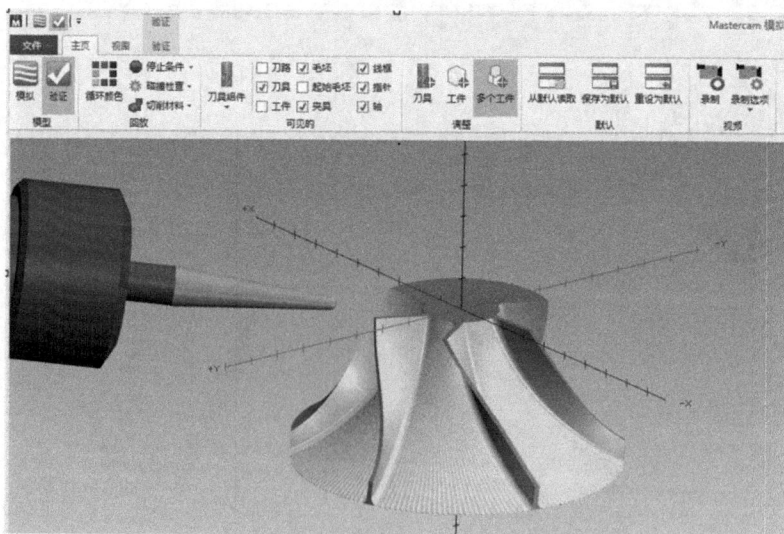

图 9 - 53　前 4 个叶片粗、精加工仿真效果图

（12）叶片 5-6 粗、精加工。参数修改与叶片 3-4 粗、精加工修改方法类似,将刀路参数中的区段"3"改为"5"。刀路加工轨迹如图 9-54 所示,6 个叶片完成粗、精仿真加工效果如图 9-55 所示。

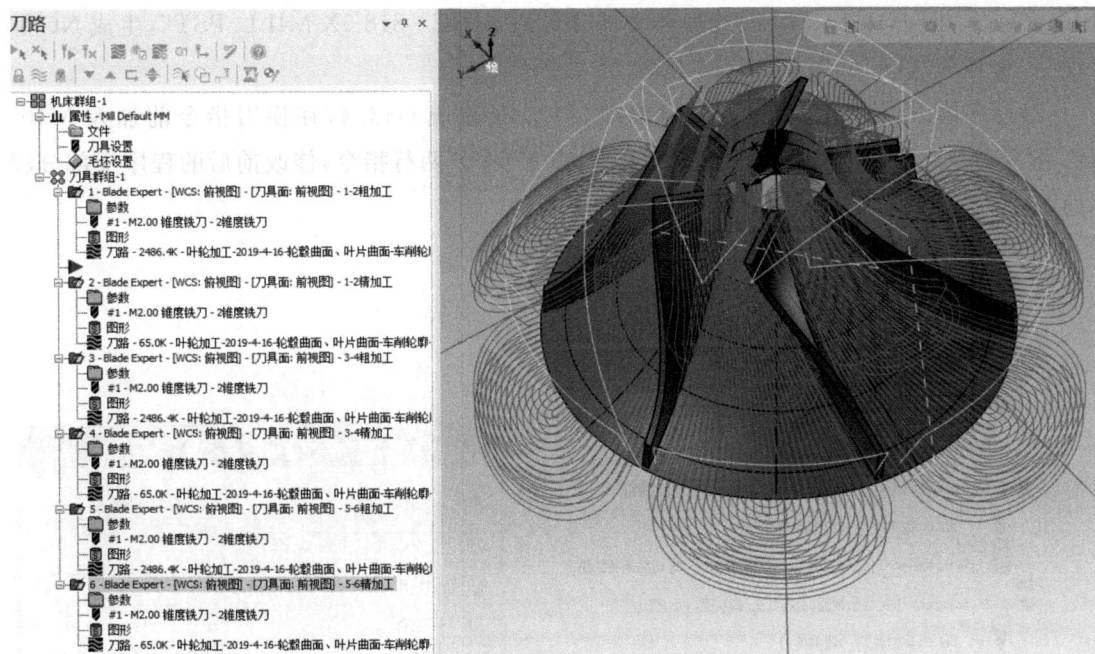

图 9-54　叶片 5-6 粗、精加工刀路轨迹

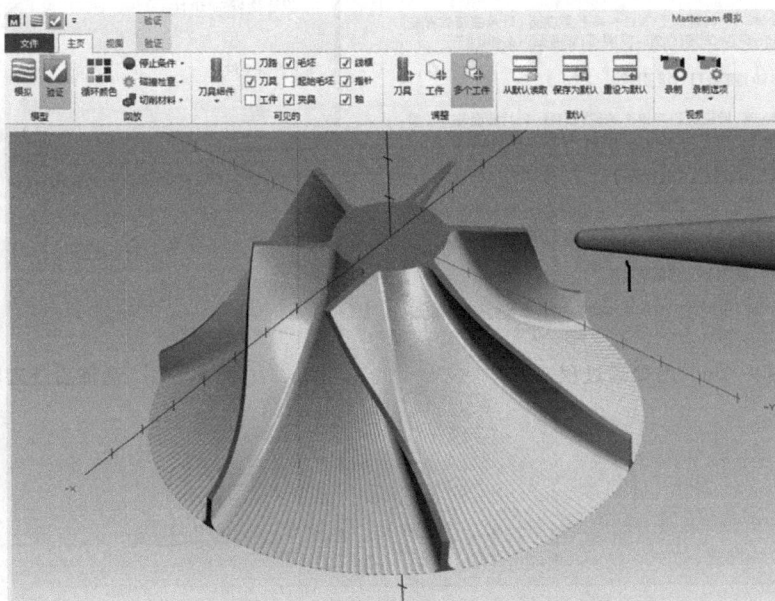

图 9-55　6 个叶片粗、精加工效果图

(三)NC 代码生成与修改

(1)选中所有 6 个加工刀路,点选 G1 按钮,如图 9‐56 所示,弹出后处理程序对话框,如图 9‐57所示,选择 HNC818 后处理器文件"POST HNC‐818 5X MILL. PST",生成 NC 加工程序,命名为"Oyelun"。

(2)程序修改:修改第 1 行为"%1234",将 G43 改成 G43. 4,在换刀指令前加入 M40、M42 指令,去掉程序尾的"G91 G28 Z0"和"G28 X0 Y0"两行指令,修改前后的程序头部分程序如图 9‐58 所示。

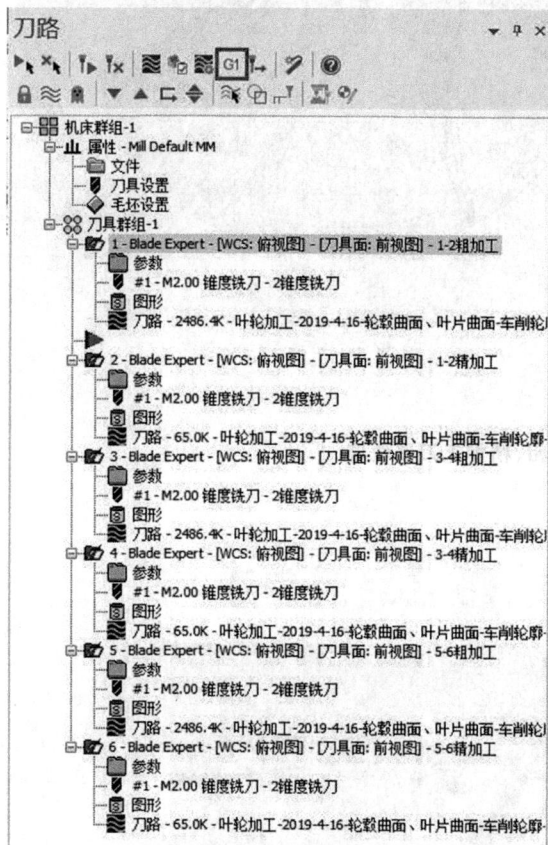

图 9‐56 后处理过程

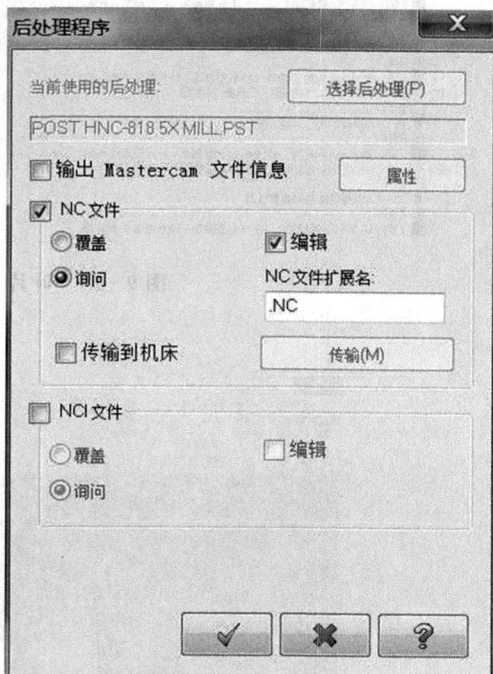

图 9‐57 选择后处理程序

```
%                                                          %1234
O0000(叶轮加工-2019-4-16-轮毂曲面、叶片曲面-车削轮廓-叶轮)      O0000(叶轮加工-2019-4-16-轮毂曲面、叶片曲面-车削轮廓-叶轮)
(DATE=DD-MM-YY - 29-05-20 TIME=HH:MM - 22:26)             (DATE=DD-MM-YY - 29-05-20 TIME=HH:MM - 22:26)
(MATERIAL - ALUMINUM MM - 2024)                          (MATERIAL - ALUMINUM MM - 2024)
( T1 | 2锥度铣刀 | H1 )                                    ( T1 | 2锥度铣刀 | H1 )
N100 G21                                                  N100 G21
N110 G0 G17 G40 G49 G80 G90                               N110 G0 G17 G40 G49 G80 G90
(1-2粗加工)                                                N112 M40 M42
N120 T1 M6                                                (1-2粗加工)
N130 G0 G90 G54 X-14.418 Y1.4 A-283.319 S8000 M3          N120 T1 M6
N140 G43 H1 Z11.072 M8                                    N130 G0 G90 G54 X-14.418 Y1.4 A-283.319 S8000 M3
N150 X-12.302 Z9.555                                      N140 G43.4 H1 Z11.072 M8
N160 G1 X-9.052 Z7.223 F600.                              N150 X-12.302 Z9.555
N170 X-9.059 Y-.194 Z7.363 A283.983 F165.7               N160 G1 X-9.052 Z7.223 F600.
N180 X-9.056 Y-1.223 Z7.442 A284.408                     N170 X-9.059 Y-.194 Z7.363 A283.983 F165.7
N190 X-9.059 Y-1.665 Z7.482 A284.52 F100.6               N180 X-9.056 Y-1.223 Z7.442 A284.408
N200 X-9.065 Y-2.129 Z7.518 A284.781 F224.               N190 X-9.059 Y-1.665 Z7.482 A284.52 F100.6
N210 X-9.067 Y-2.335 Z7.537 A284.863 F158.               N200 X-9.065 Y-2.129 Z7.518 A284.781 F224.
N220 X-9.063 Y-2.529 Z7.564 A284.937                     N210 X-9.067 Y-2.335 Z7.537 A284.863 F158.
N230 X-9.05 Y-2.724 Z7.601 A285.009 F145.2               N220 X-9.063 Y-2.529 Z7.564 A284.937
N240 X-9.004 Y-3.15 Z7.702 A285.154 F131.7               N230 X-9.05 Y-2.724 Z7.601 A285.009 F145.2
N250 X-8.974 Y-3.474 Z7.775 A285.253 F118.4              N240 X-9.004 Y-3.15 Z7.702 A285.154 F131.7
N260 X-8.943 Y-3.797 Z7.849 A285.351                     N250 X-8.974 Y-3.474 Z7.775 A285.253 F118.4
N270 X-8.912 Y-4.12 Z7.924 A285.452                      N260 X-8.943 Y-3.797 Z7.849 A285.351
N280 X-8.88 Y-4.443 Z8.002 A285.546                      N270 X-8.912 Y-4.12 Z7.924 A285.452
N290 X-8.862 Y-4.604 Z8.043 A285.591 F108.4              N280 X-8.88 Y-4.443 Z8.002 A285.546
N300 X-8.846 Y-4.766 Z8.082 A285.641 F120.5              N290 X-8.862 Y-4.604 Z8.043 A285.591 F108.4
N310 X-8.812 Y-5.09 Z8.162 A285.746                      N300 X-8.846 Y-4.766 Z8.082 A285.641 F120.5
N320 X-8.766 Y-5.514 Z8.272 A285.871                     N310 X-8.812 Y-5.09 Z8.162 A285.746
N330 X-8.718 Y-5.939 Z8.384 A286.004                     N320 X-8.766 Y-5.514 Z8.272 A285.871
N340 X-8.703 Y-6.105 Z8.403 A286.202 F465.4              N330 X-8.718 Y-5.939 Z8.384 A286.004
N350 X-8.689 Y-6.272 Z8.422 A286.399                     N340 X-8.703 Y-6.105 Z8.403 A286.202 F465.4
N360 X-8.675 Y-6.437 Z8.441 A286.593                     N350 X-8.689 Y-6.272 Z8.422 A286.399
N370 X-8.66 Y-6.603 Z8.46 A286.784 F449.8                N360 X-8.675 Y-6.437 Z8.441 A286.593
N380 X-8.644 Y-6.768 Z8.478 A286.972                     N370 X-8.66 Y-6.603 Z8.46 A286.784 F449.8
N390 X-8.63 Y-6.932 Z8.497 A287.157 F439.5               N380 X-8.644 Y-6.768 Z8.478 A286.972
                                                          N390 X-8.63 Y-6.932 Z8.497 A287.157 F439.5
```

　　　（a）修改前的程序头部分NC程序　　　　　　（b）修改后的程序头部分NC程序

图 9-58　叶轮程序头的部分 NC 代码修改前后对比

（四）五轴加工中心操作及零件加工

　　GL9-V 立式五轴加工中心（见图 9-59）是五轴五联动加工中心，其 X、Y、Z 轴行程分别为 400 mm、400 mm、400 mm，A 轴为摇篮式运动，行程为 -42～120°，C 轴为旋转轴，行程为 0～360°，主轴最高转速为 12000 r/min。加工中心配置华中 848 数控系统，该数控系统是 NCUC 工业现场总线式数控系统，具有多通道控制技术、五轴加工、高速高精度、车铣复合、同步控制等功能。

　　下面以配置 HNC 848 数控系统的 GL8-V 立式五轴加工中心为例来简单讲解叶轮的五轴加工操作方法。

图 9-59　GL8-V 立式五轴加工中心

1. 开机

电源总开关上电、数控系统上电、系统稳定启动后,急停开关旋起,按"复位键"机床处于正常运行状态,气源稳定供气。

2. 安装工件

将在车床上车削好的叶轮毛坯装夹到叶轮专用夹具上,再将夹具安装到五轴加工中心的气动卡盘上。数控操作面板上的 F2 按键是卡盘夹紧和松开按键。

3. 设置工件坐标系

(1)设置 Z54 工件坐标系,并借助百分表设定 X、Y 轴工件坐标系零点。先将百分表安装到刀柄上,再将刀柄安装到主轴上。手动控制刀柄转动,使百分表测头触碰叶轮毛坯外侧。用手轮控制机床 X、Y 轴移动,当百分表测头围绕叶轮毛坯一周,指针读数左右摆动 2 格以内时,即认为达到对刀允许误差(即±0.02 mm)。此时,将光标移到 G54 的 X(或 Y)坐标处,点击"当前位置",完成 X、Y 的工件坐标系零点设置。

(2)借助塞尺和刀具长度补偿功能完成叶轮毛坯工件坐标系的 Z 轴零点设置。用换刀指令将叶轮加工所用刀具 T_1 安装到主轴上。用手轮控制 Z 轴慢慢下降,当刀尖接近叶轮毛坯上表面时,用 0.1 mm 的塞尺测试刀尖与叶轮毛坯上表面间的距离,当插入塞尺松紧合适时,将此机床坐标位置 Z_1 记录下来。利用机外对刀仪测量加工刀具 T_1 的长度补偿值 H_1,Z 的零点坐标 $Z_0 = Z_1 - 0.1 - H_1$,将 Z_0 值输入到 G54 的 Z 轴零点坐标处,如图 9 - 60 所示。

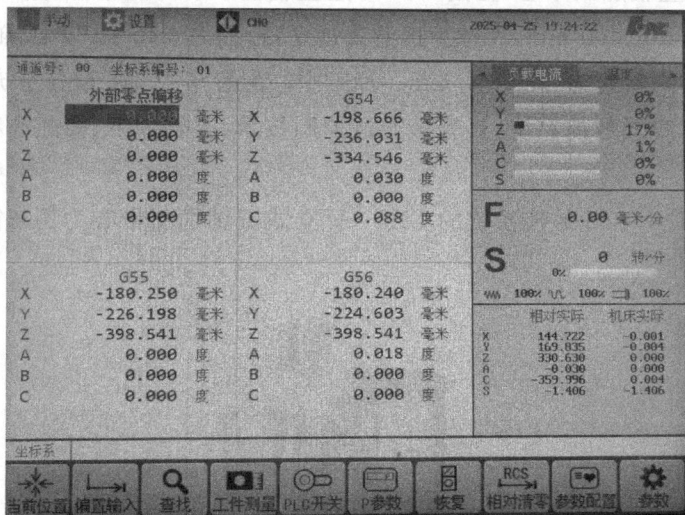

图 9 - 60 叶轮毛坯 Z54 工件坐标系设置界面

4. 检验工件坐标系设定是否正确

在 MDI 方式下输入程序代码:

T1 M06

G90 G00 G54 X0.0 Y0.0 S8000 M03；

G43.4 H1

G01 Z5.0 F500；

在单段运行方式下，按"输入"键，再按下"循环启动"键，运行程序，观察刀尖最终是否停留在改 G54 工件坐标系下(0,0,5)的位置。

5. 传输叶轮数控加工程序，完成零件加工

将修改好的叶轮程序传输到数控系统，程序中运行开始的几行指令，通过倍率开关调整进给速度(建议低速)，以单段方式运行。当加工正常后，控制合适倍率，稳定运行后，再切换到自动运行方式，完成零件加工。

七、思考题

(1)五轴加工中心与三轴加工中心在结构方面有哪些区别？

(2)五轴加工的优势有哪些？

(3)在叶轮三维模型设计过程中，为什么将叶片实体插入轮毂曲面内部部分修剪掉？

(4)简述叶轮零件 CAD 设计过程。

(5)简述五轴加工中心加工叶轮零件方法。

项目十　智能加工单元系统集成与调试

一、项目目标

(1)了解智能加工单元的基本组成；

(2)掌握智能加工单元系统组态过程；

(3)熟练掌握 PLC 的通信指令，并完成各硬件设备的正确通信；

(4)熟练掌握 PLC 编程，并通过编程实现智能加工单元自动上下料。

二、相关知识点

(1)系统组态；

(2)Modbus TCP 协议通信应用；

(3)机器人示教编程；

(4)机床加工程序编写；

(5)自动上下料过程逻辑编程。

三、项目内容

(1)完成智能加工单元硬件设备组态；

(2)完成 PLC 与广数机器人通信设置，完成 PLC 与精雕机床通信设置；

(3)设计智能加工单元自动上下料运行逻辑控制方案，并设计 HMI 控制界面、编写控制程序；

(4)编写机器人自动上下料示教程序；

(5)编写机床加工 NC 代码；

(6)将程序下载到硬件设备，运行并调试智能加工单元系统，实现物料自动加工过程。

四、项目设备

(1)硬件:广数 GSK - RB08A3 机器人、北京精雕 JD50 机床、料架、S7 - 1500 PLC、HMI 面板；

(2)软件:博途 TIA 16.0。

五、项目原理

(一)智能加工单元简介

本项目智能加工单元采用西门子 PLC 为控制器,通过网络通信协议实现了控制系统与广数 GSK - RB08A3 工业机器人、北京精雕 JD50 数控机床的系统集成,能够完成数控机床的自动上下料功能。同时该系统通过监控 web 网页,对智能加工单元系统运行过程进行状态监测。如图 10 - 1 所示为本项目智能加工单元实物系统。

图 10 - 1　智能加工单元实物系统

智能加工单元主要完成如下的工艺过程:机器人从货架夹取物料放置于数控机床的气动卡盘中,气动卡盘夹紧,机器人退出数控机床,机床关门,机床加工零件。加工完毕后,机床门打开,机器人从机床卡盘上夹取成品,放置于货架。该平台的具体工艺过程如图 10 - 2 所示。

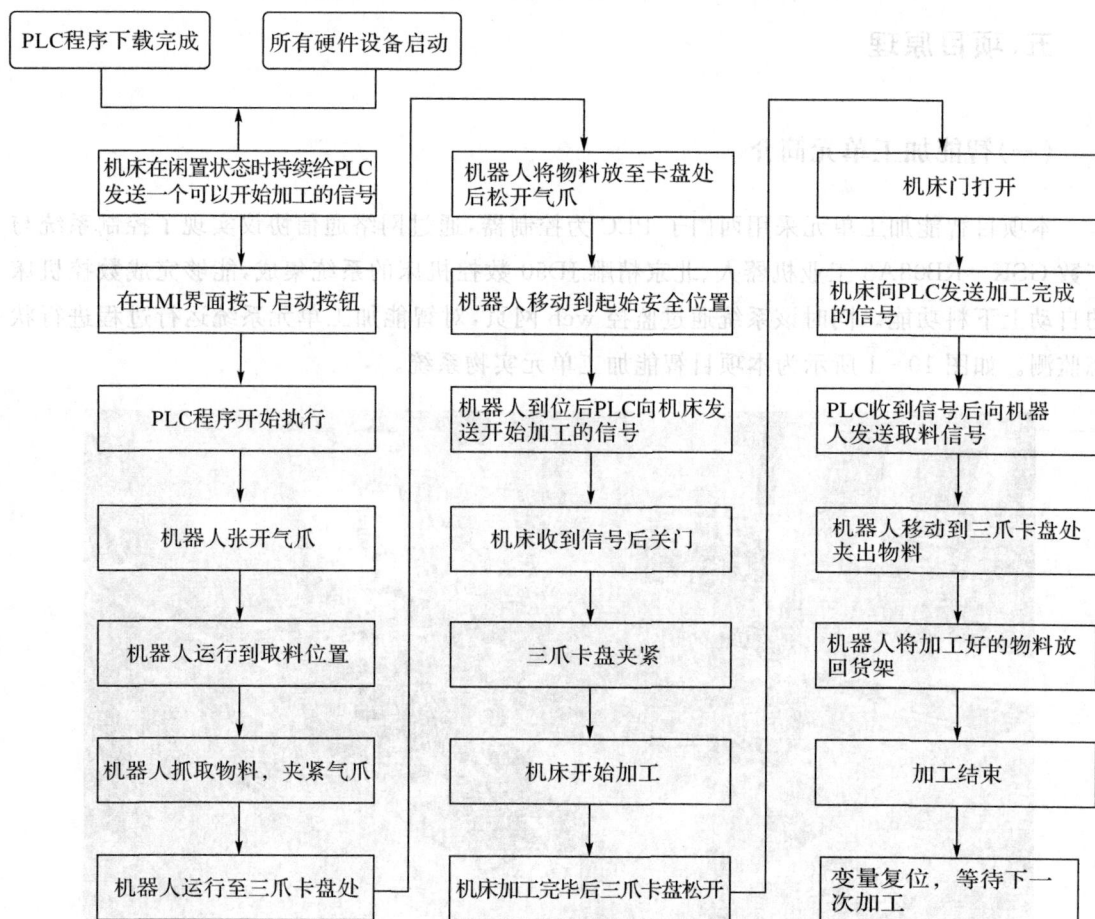

图 10-2　智能加工单元运行工作流程

(二)PLC 通信方式与功能

1.工业现场网络

工业通信建立在工业以太网基础上,只有建立了工业通信网络,才能接收到用户信息。工业现场网络主要功能为连接工控设备,完成工业生产控制任务。工业现场网络包括现场总线、工业以太网和工业无线网络等多种类型。典型的现场总线协议有 Modbus RTU、Profibus、HART 等;工业以太网的代表性协议有 Profinet、Ethernet/IP、Modbus TCP、OPC DA、OPC UA、EtherCAT、Powerlink、EPA 等;WIA-PA、WirelessHART、ISA100.11a 则是主流的三种工业无线网络标准。近年来,现场总线的市场份额逐渐被工业以太网占据,工业以太网和工业无线网络的应用越来越广泛。

2. PLC 通信功能

在控制系统实际应用中，PLC 主机与扩展模块之间、PLC 主机与其他主机之间以及 PLC 主机与其他设备之间通过通信介质连接起来，按照规定的通信协议，以某种特定的通信方式，高效完成数据的传送、交换和处理，这些都需要通过 PLC 的通信功能实现。PLC 通信功能在整个控制系统中尤为重要。

1）PLC 通信接口

有些 S7 - 1500PLC 的 CPU 本身就集成了 PROFIBUS、PROFINET 接口，也可以通过安装通信模块和通信处理器，使用其 PROFIBUS 和 PROFINET 接口进行通信。S7 - 1500 还可以通过点对点连接通信模块提供的 RS232、RS422、RS485 接口实现 Freeport 或 Modbus 通信。

2）PLC 通信连接的建立

如果将 PG/PC 的接口物理连接到 S7 - 1500 PLC 的接口，并通过 STEP 7 中的"转至在线"进行接口分配，则将建立通信的自动连接。在 STEP 7 中也可以手动建立通信连接，主要有通过编程建立通信连接和通过组态建立通信连接两种方法。如果选择通过编程建立通信连接，将在数据传输结束后释放连接资源；如果选择通过组态建立通信连接，下载组态后连接资源仍处于已分配状态，直到组态再次更改。

3）S7 - 1500PLC 主要的通信协议

S7 - 1500PLC 主要支持 PROFIBUS、PROFINET 和点对点链路通信。

PROFIBUS 现场总线已被纳入现场总线的国际标准 IEC61158，于 2006 年成为我国首个现场总线国家标准 GB/T 20540—2006。PROFIBUS 通信提供了 3 种通信协议：PROFI-BUS - DP、PROFIBUS - FMS、PROFIBUS - PA。

点对点（point - to - point，PtP）通信，主要用于连接调制解调器、扫描仪、条码阅读器等带有串行通信接口的设备。S7 - 1500 串行接口有 RS - 422/485、RS - 232 两种。

PROFINET 通信基于工业以太网，具有很好的实时性。S7 - 1500 PLC 的 CPU 有一个集成的 PROFINET 接口，可支持非实时通信和实时通信等服务。非实时通信包括 S7 通信、OUC 通信和 Modbus TCP 等，实时通信支持 PROFINET IO 通信。其中，Modbus 协议是一种简单、经济和公开透明的通信协议，用在不同类型总线或网络中的设备之间的客户端/服务器通信。Modbus TCP 结合 Modbus 协议和 TCP/IP 网络标准，是 Modbus 协议在 TCP/IP 上的具体体现，数据传输时在 TCP 报文中插入了 Modbus 应用数据单元。

Modbus 具有面向连接的特性，其协议模型一般采用面向连接的方法，在联网时需要经历"建立连接→通信→释放连接"三个步骤。连接在协议层很容易被辨识，且允许相当大数量的并行连接，使得开发人员可以根据实际需求重新进行连接，或者重新选择将该连接长期存在。这种连接能被辨识、管理和取消且无须请求客户与服务器之间的权限，使得 Modbus

对网络性能变化有一定适应能力,允许增加代理、防火墙等安全措施。

Modbus 传输服务提供连接在以太网网络上的设备间的客户端/服务端通信。客户端/服务端的通信模式包含四种类型的报文:Modbus 请求、Modbus 指示、Modbus 响应、Modbus证实。Modbus 客户端/服务端模型如图 10 - 3 所示。

图 10 - 3　Modbus 客户端/服务端模型

OPC UA 协议由 OPC UA 的客户端与服务端构成。OPC UA 的客户端负责对服务端发送服务请求,请求经 OPC UA 通信栈后发送至服务器,服务端进行底层设备的数据采集工作,当响应到客户端的请求后,调用地址空间中的节点或监控模块并执行任务。服务端向客户端返回相应的请求响应并经过 OPC UA 通信栈发送回客户端,同时将数据信息发送给客户端,客户端将接收到的信息发送给用户。OPC UA 在数字孪生与底层物理系统交互中也扮演着重要角色。OPC UA 体系架构如图 10 - 4 所示。

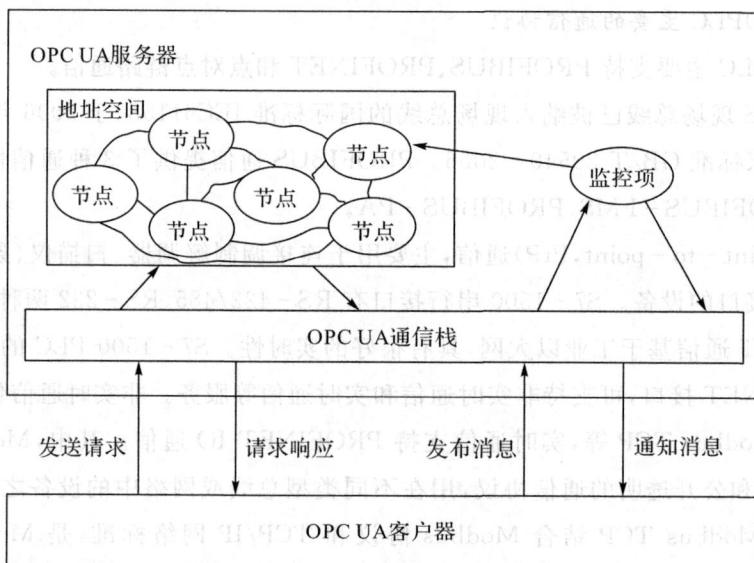

图 10 - 4　OPC UA 体系架构

(三)PLC 与机器人通信

PLC 与 GSK 工业机器人(以下简称机器人)以 Modbus TCP 协议建立网络通信。机器人在使用 Modbus TCP 协议进行通信时,既可作为主站也可作为从站。本系统机器人作为从站,PLC 作为主站,PLC 主动与机器人建立通信和收发数据。PLC 与机器人的通信原理如图 10 - 5 所示。

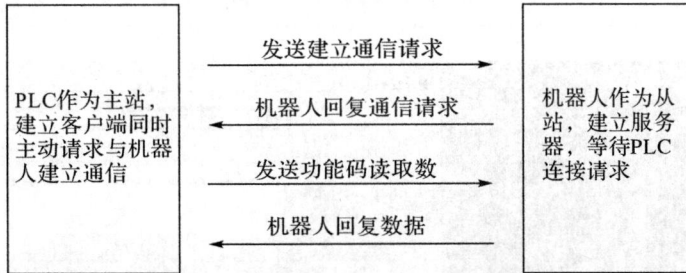

图 10 - 5 PLC 与机器人通信原理

(四)PLC 与机床通信

PLC 与机床之间采用 OPC UA 协议通信,OPC UA 协议由 OPC UA 的客户端与服务端构成。OPC UA 的客户端负责向服务端发送服务请求,请求经由 OPC UA 通信发送至服务器,服务端进行设备的数据采集工作。当响应到客户端的请求后,调用地址空间中的节点或者监控模块将数据信息发送给客户端,客户端将接收到的信息发送给用户。机床与 PLC 进行 OPC UA 的通信过程如图 10 - 6 所示。创建 OPC UA 连接需要使用 JDNC OPC UA Server 软件读取机床信息权限。

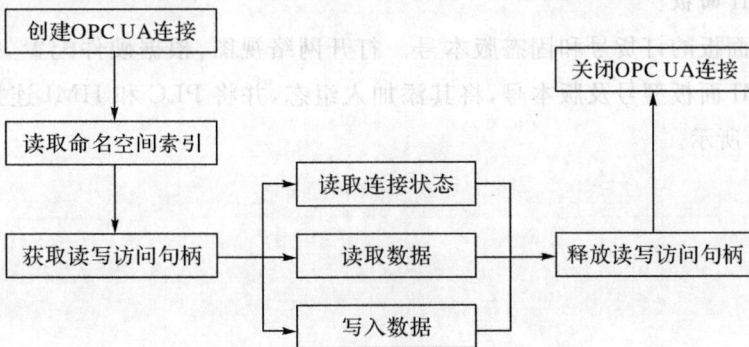

图 10 - 6 PLC 与机床通信流程

六、项目实例

下面以夹取直径 98.5 mm、高度 85 mm 的圆柱形物料实现自动上下料运行控制过程为例，学习 PLC 与机器人、数控机床等设备的组态、通信、控制程序编写与调试等方法。

1. 硬件组态

打开博途软件，点击"创建新项目"，新项目名称为"智能加工单元系统集成及控制调试"（见图 10-7）。

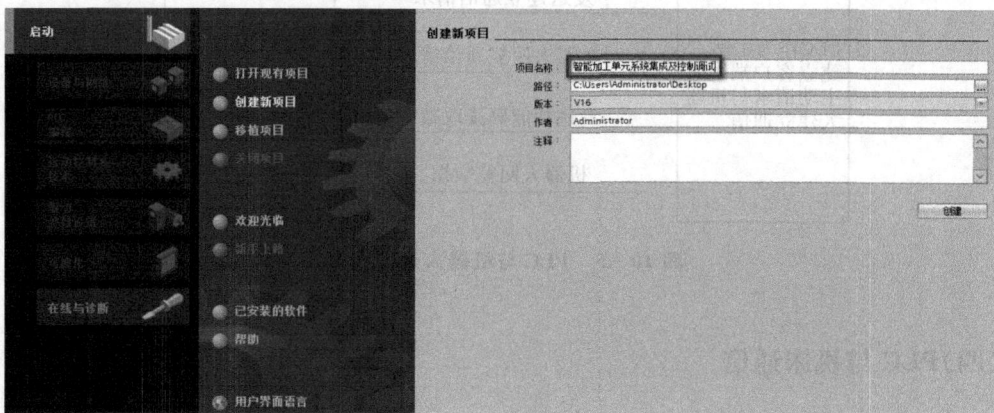

图 10-7 创建新项目

1）添加 PLC 模块和输入/输出模块

点击"项目视图"进入项目编程界面，查找 CPU 的订货号和版本号以及输入/输出模块的订货号，在左侧的项目树中双击"添加新设备"对话框，根据仓储系统硬件配置，将 PLC 和输入/输出模块添加到中央机架上。PLC 和输入/输出模块组态如图 10-8 所示。

2）添加 HMI 面板

查找 HMI 面板的订货号和固态版本号。打开网络视图，根据硬件配置，打开分级菜单选择需要的 HMI 面板型号及版本号，将其添加入组态，并将 PLC 和 HMI 连接起来。HMI 组态如图 10-9 所示。

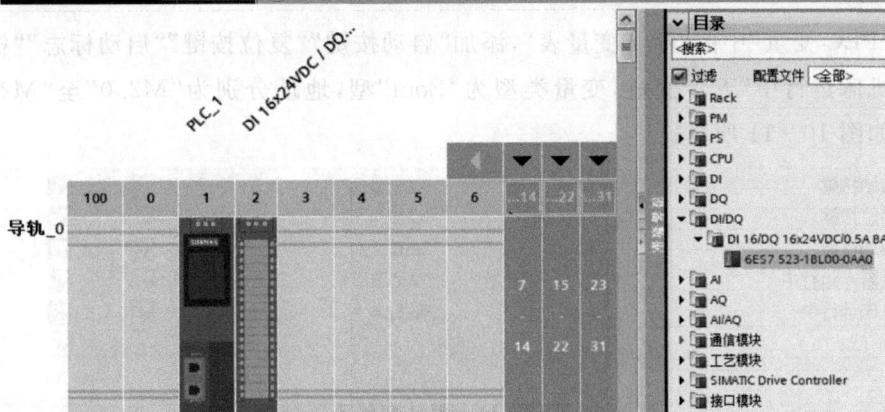

图 10-8 PLC 和输入/输出模块组态

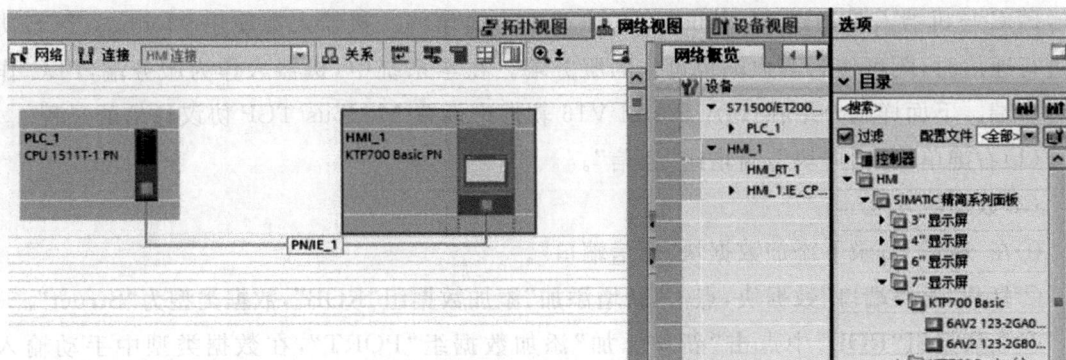

图 10-9 HMI 组态

2. IP 地址设置

双击组态中的 PLC,将 PLC 的"PROFINET 接口[X1]"设置界面的"以太网地址"的 IP 地址设为 192.168.0.110,PLC 的 IP 地址设置界面如图 10 - 10 所示。双击组态中的 HMI,将 HMI 的 IP 地址设为 192.168.0.167。

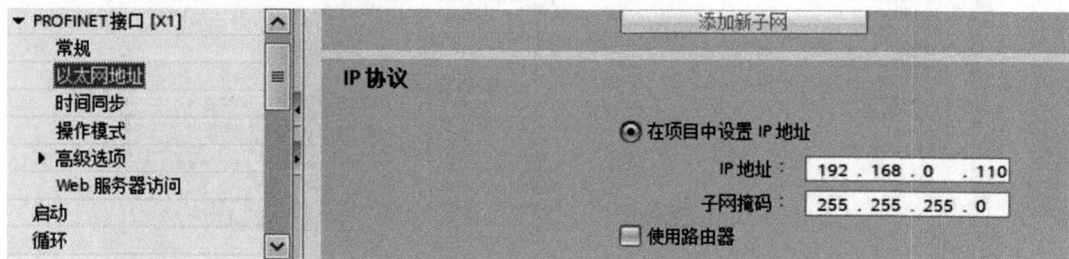

图 10 - 10   PLC 的 IP 地址设置

3. 编写变量表

打开"PLC 变量"中的"默认变量表",添加"启动按键""复位按键""启动标志""机器人运行中"和"机床运行中"五个变量,变量类型为"Bool"型,地址分别为"M2.0"至"M2.4"。默认变量表如图 10 - 11 所示。

图 10 - 11   默认变量表

4. PLC 与广数机器人的通信程序编写

PLC 与机器人是通过 Modbus TCP 协议进行通信的。机器人在使用 Modbus TCP 协议进行通信时,既可作为客户端也可作为服务端。在本系统中,机器人作为服务端,PLC 作为客户端。下面详细介绍在 TIA Portal V16 软件中设置 Modbus TCP 协议通信的过程。

(1)右键单击"程序块",新增组"通信"。

(2)数据块建立。

①在"通信"目录下添加数据块"通信端口"。

②打开"通信端口"数据块,点击"新增添加"添加数据组"ROB",数据类型为"Struct"。

③在数据组"ROB"中点击"新增添加"添加数据组"PORT",在数据类型中手动输入"TCON_IP_v4"。机器人 Modbus 通信参数说明见表 10 - 1,数据块参数主要包括端口号、IP 地址、ID 号等,数据块参数如图 10 - 12 所示。

表 10 - 1　机器人 Modbus 通信参数

名称	设置值	说明
Interfaceid	16♯40①或者 64（根据使用设备的硬件标识填写）	PLC 的硬件标识,查看路径:双击 PLC,点击"系统常数"下的"Local～PROFINET_接口_1",参数为 64,16 进制为 40
ID	16♯1 或者 1	机器人的 ID 号;若当前与第一台机器人设置通信参数,则填写 16♯1;若当前与第二台机器人设置通信参数,则填写 16♯2,如此类推
Connection Type	16♯0B	通信协议类型,"TCP/IP"协议设为"16♯0B"(MODBUS TCP 的值)
Active Established	1	PLC 为客户端,机器人为服务端,PLC 主动与机器人建立通信连接设为"1"
Remote Address	192.168.0.165	机器人的 IP 地址
Remote Port	20004	机器人端口号,需要与机器人设置的一样

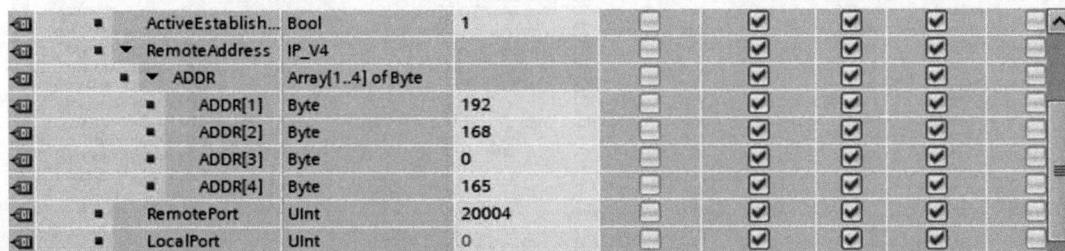

图 10 - 12　数据块参数

④在数据组"ROB"中点击"新增添加"添加数据组"CLIENT1"和"CLIENT2",数据类型为"Struct"。

⑤在数据组"CLIENT1""CLIENT2"中分别新增数据"DONE""BUSY""ERROR""STATUS""CLIENT1"和"CLIENT2"数据组,如图 10 - 13 所示。其中,"DONE""BUSY""ERROR"的数据类型为"Bool","STATUS"的数据类型为"Word"。

⑥在"通信"目录下添加数据块"ROB_DATA"存放机器人数据。

⑦右键点击"ROB_DATA"数据块,在菜单中选择属性,在属性里取消勾选的"优化的块访问"选项,使程序能够通过指针方式寻址来访问"ROB_DATA"数据块。

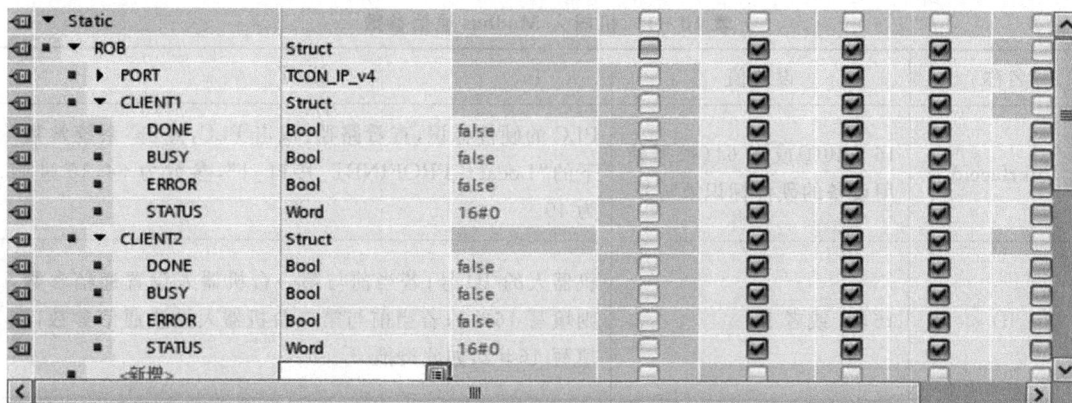

图 10－13 "CLIENT1"和"CLIENT2"数据组

⑧在数据块"ROB_DATA"中添加数据组"PLC→ROB""ROB→PLC",数据类型为"Array[0..32]of Bool",如图 10－14 所示。

图 10－14 "PLC→ROB"数据组

⑨编译数据块"ROB_DATA"。

(3)通信指令程序编写。

①在"通信"目录下新建函数块(FC)"MODBUS TCP 通信"。

②在通信指令菜单下,打开"其他"菜单下的"MODBUS TCP"菜单,将"MB_CLIENT"指令块拖拽入"MODBUS TCP 通信"函数中,复制"MB_CLIENT_DB"添加到此模块的后面,添加的MB_CLIENT 指令块如图 10－15 所示。第一个"MB_CLIENT"模块的作用是将 PLC 的数据写入机器人中,第二个"MB_CLIENT"模块的作用是读取机器人的数据到 PLC。

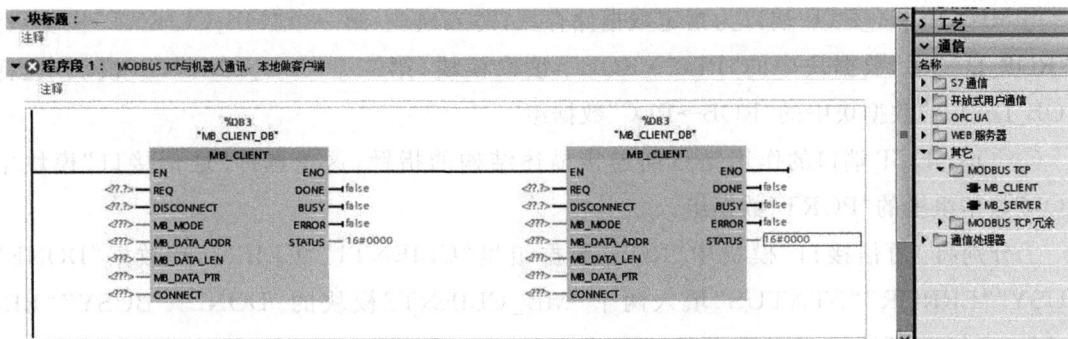

图 10 - 15　添加 MB_CLIENT 指令块

③DISCONNECT 端口为通信保持功能,设置参数为 0,代表允许通信。

④PLC 与 GSK 机器人通信时可以使用四种 Modbus 格式的功能码进行轮询通信。Modbus 格式的功能码见表 10 - 2。表中,MB_MODE 表示 Modbus 协议功能码,MB_DATA_ADDR 表示读取信号在 Modbus 协议中的起始地址,MB_DATA_LEN 表示读取或写入信号的长度。根据表 10 - 2 中的内容选择 02:Read Discrete Inputs(1x)和 15:Write Multiple Coils 实现数据的读写功能,MODBUS TCP 通信程序如图 10 - 16 所示。

表 10 - 2　Modbus 功能码

Modbus 的功能		Modbus 功能码		
		MB_MODE	MB_DATA_ADDR	MB_DATA_LEN
02:Read Discrete Inputs(1x)	读机器人多个输出(OUT)	0	10001	32
04:Read Input Registers(4x)	读机器人多个输出变量(AO)	104	0	10
15:Write Multiple Coils	写机器人多个输入(IN)	2	1	32
16:Write Multiple Registers	写机器人多个变量输入(AI)	116	0	10

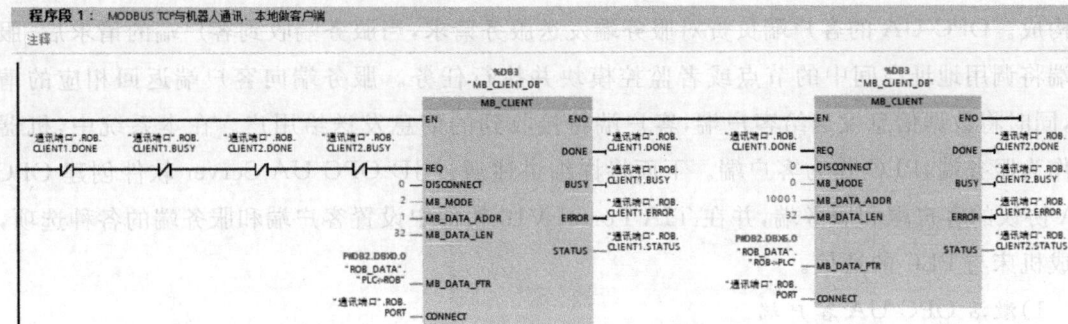

图 10 - 16　MODBUS TCP 通信程序

⑤MB_DATA_PTR端口为指定数据储存区,写入模块(第一个"MB_CLIENT"模块)选择"ROB_DATA"数据块中的"PLC→ROB",读取模块(第二个"MB_CLIENT"模块)选择"ROB_DATA"数据块中的"ROB→PLC"数据组。

⑥CONNECT端口的作用是指向连接描述结构的指针,这里选择"通信接口"模块中"ROB"数据组里的"PORT"数据组。

⑦分别将"通信接口"模块中"ROB"数据组里"CLIENT1""CLIENT2"数据"DONE""BUSY""ERROR""STATUS"填入两个"MB_CLIENT"模块的"DONE""BUSY""ERROR""STATUS"端口。

⑧在"REQ"端口前加上轮询逻辑信号,使同一时间内只会触发一个MB_CLIENT。在写入模块(第一个"MB_CLIENT"模块)的"REQ"端口前添加四个常闭触点,数据分别是"CLIENT1""CLIENT2"里的"DONE"和"BUSY"。读取模块(第二个"MB_CLIENT"模块)的"REQ"端口输入设置为"CLIENT1"里的"DONE"。

⑨展开"系统块"目录下的"程序资源"目录,打开"MB_CLIENT_DB"数据块,将Static目录下的MB_Unit_ID(机器人ID号)改为16#1,Retries(断线重试次数)改为0,如图10-17所示。

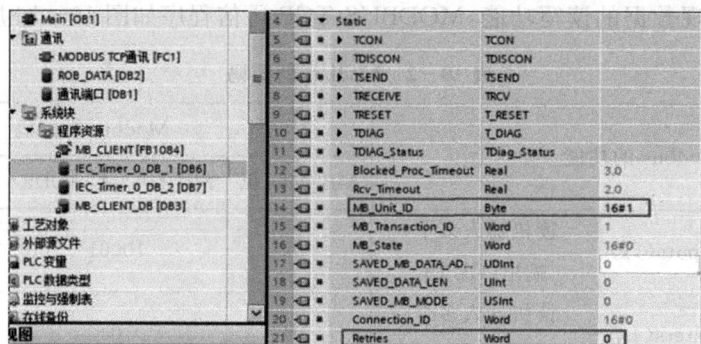

图10-17 "程序资源"目录

5. PLC与机床通信程序编写

PLC与机床通过OPC UA协议进行通信,OPC UA协议由OPC UA的客户端与服务端构成。OPC UA的客户端负责对服务端发送服务请求,当服务端收到客户端的请求后,服务端将调用地址空间中的节点或者监控模块并执行任务。服务端向客户端返回相应的请求,同时将数据信息发送给客户端,客户端将接收到的信息发送给用户。在本系统中,机器人作为服务端,PLC作为客户端。下面将详细讲述通过JD OPC UA Server软件创建OPC UA协议的客户端和服务端,并在TIA Portal V16软件中设置客户端和服务端的各种选项,完成机床与PLC的通信。

1)激活OPC UA客户端

在PLC属性菜单中找到"OPC UA"菜单,选择"客户端"目录下的"常规"选项,激活

OPC UA 客户端,如图 10-18 所示。在 PLC 属性菜单中找到"运行系统许可证",选择"OPC UA"选项,激活许可证,许可证类型如图 10-19 所示。

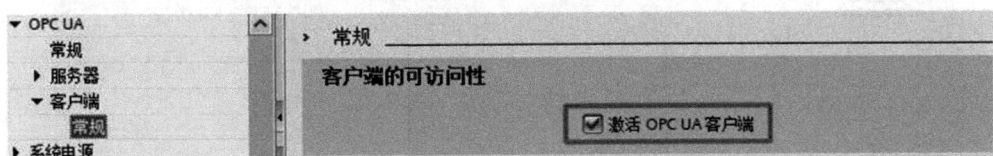

图 10-18 激活 OPC UA 客户端

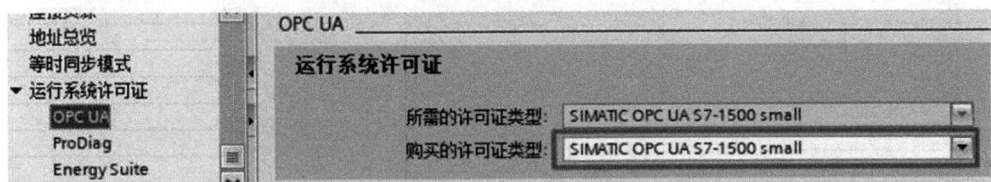

图 10-19 OPC UA 许可证

2)创建 OPC UA 服务端

使用"JD OPC UA Server"软件创建 PLC 与机床之间的通信,"JD OPC UA Server"是北京精雕集团提供的用于创建机床 OPC UA 通信的软件,软件的配置参数如图 10-20 所示。

```
[EqpMetaData]
Buffersize=300
[Agent]
Port=5001
InstanceId=149
[JDMach]
IpAddress=192.168.0.50
[Log]
Category=0
Level=2
Path:D:\Documents\JingDiao\MTConnect\Code\MTConnectAgent_v6\Debug_X86\Mtclog.txt
```

图 10-20 "JD OPC UA Server"软件的配置参数

3)创建客户端并连接服务端

用"JD OPC UA Server"所在计算机的 IP 地址及其固定端口号 4840 作为 OPC UA 服务器地址,创建 PLC 客户端进行连接,如图 10-21 所示,本项目使用计算机的 IP 地址为 192.168.0.110,因此 OPC UA 服务器地址为 opc.tcp://192.168.0.110:4840。

4)设置 OPC UA 客户端接口

在左侧的设备菜单中打开 OPC UA 通信菜单,点击客户端端口下的新增客户端接口。在新增的客户端接口页面的左侧选中"在线[opc.tcp://192.168.0.110:4840]",并连接在线服务器。在页面左侧数据访问列表下的读取列表里新增读取列表,并将 OPC UA 服务器接口菜单中的接口拖入新增的读取列表中,如图 10-22 所示。

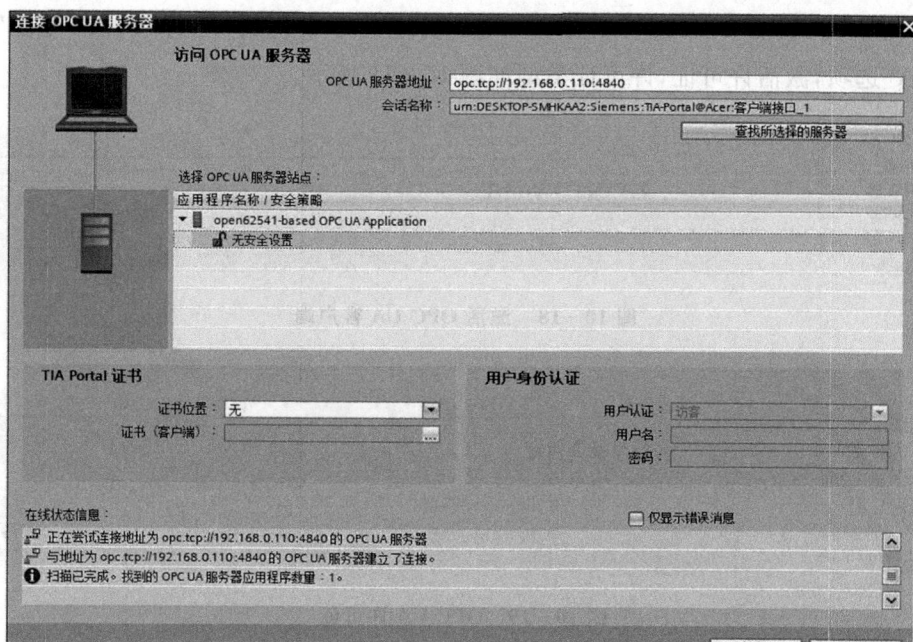

图 10-21　连接 OPC UA 服务器

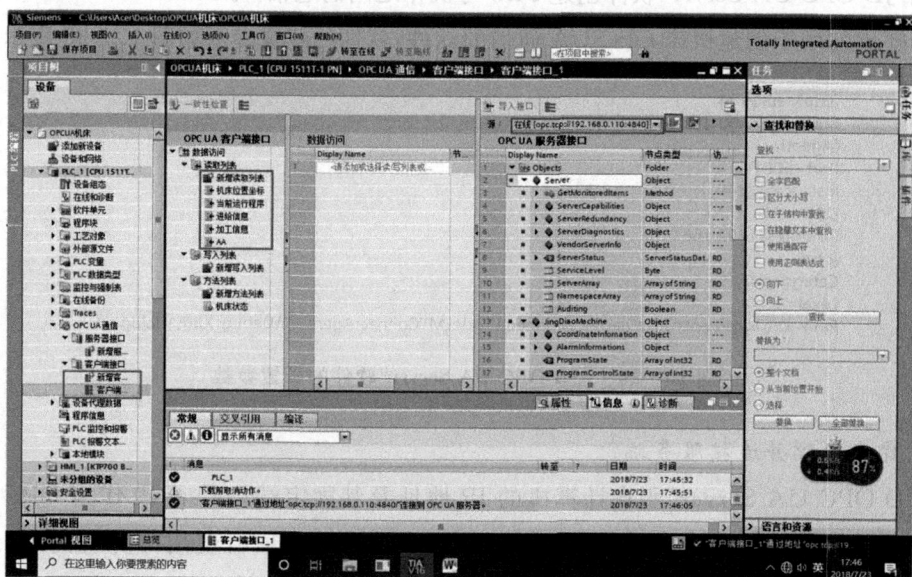

图 10-22　设置 OPC UA 客户端接口

5)通信程序编写

前面完成了 OPC UA 通信协议客户端与服务端的创建与设置,下面讲述在 TIA Portal V16 软件中编写 OPC UA 通信协议的通信程序。

(1)在"通信"目录下添加函数块(FC),命名为"OPC 机床"。

（2）在"指令"目录下点开"通信"菜单，打开"OPC UA"菜单下的"OPC UA 客户端"菜单，将"OPC_UA_Connect""OPC_UA_NamespaceGetIndexList""OPC_UA_NodeGrtHandleList""OPC_UA_ReadList""OPC_UA_ConnectionGetStatus""OPC_UA_Disconnect"等模块拖拽入"OPC 机床"子程序中，并按图 10-23 连接所有接口。

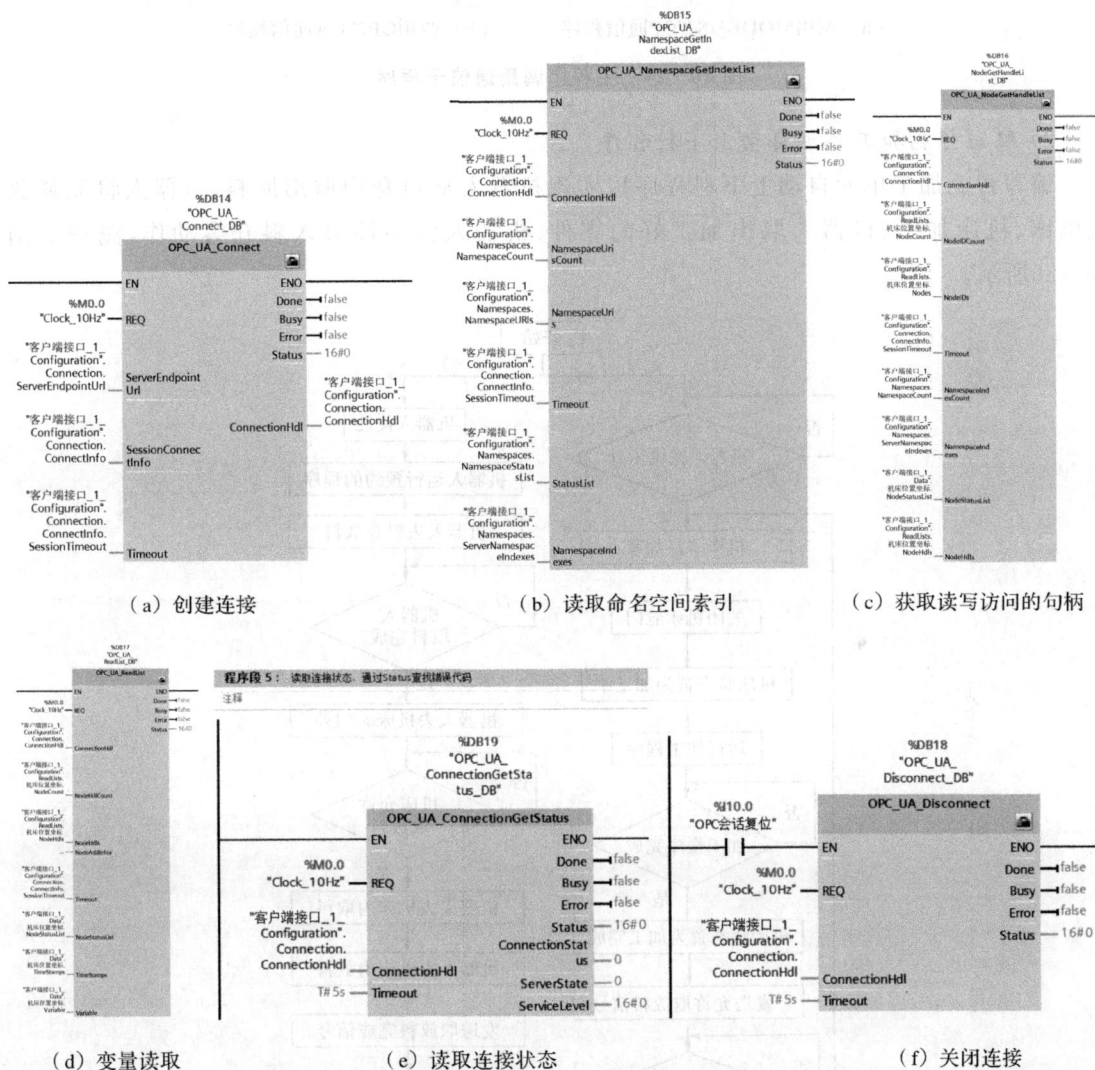

（a）创建连接　　　（b）读取命名空间索引　　　（c）获取读写访问的句柄

（d）变量读取　　　（e）读取连接状态　　　（f）关闭连接

图 10-23　OPC UA 通信模块

6.主程序编写

1）主程序调用通信子程序

PLC 和机器人之间的通信使用 MODBUS TCP 协议，PLC 和机床之间的通信使用 OPC UA 协议，要想使前面创建的通信生效，还需要在主程序中调用子程序。将"MODBUS TCP 通信"和"OPC 机床"拖拽入程序块"Main"中，如图 10-24 所示。

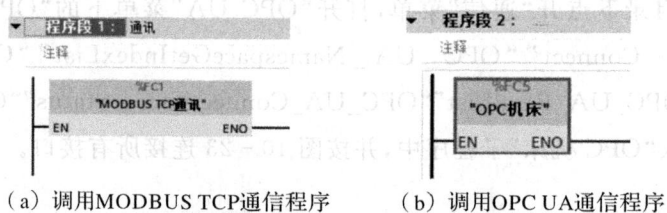

（a）调用MODBUS TCP通信程序　（b）调用OPC UA通信程序

图 10 - 24　主程序调用通信子程序

2）编写智能加工单元自动上下料程序

编写智能加工单元自动上下料程序以实现机器人从料仓中取出原料、机器人将原料放入机床、机床加工、机器人取出加工好的零件、机器人将零件放入料仓等动作，流程如图10 - 25所示。

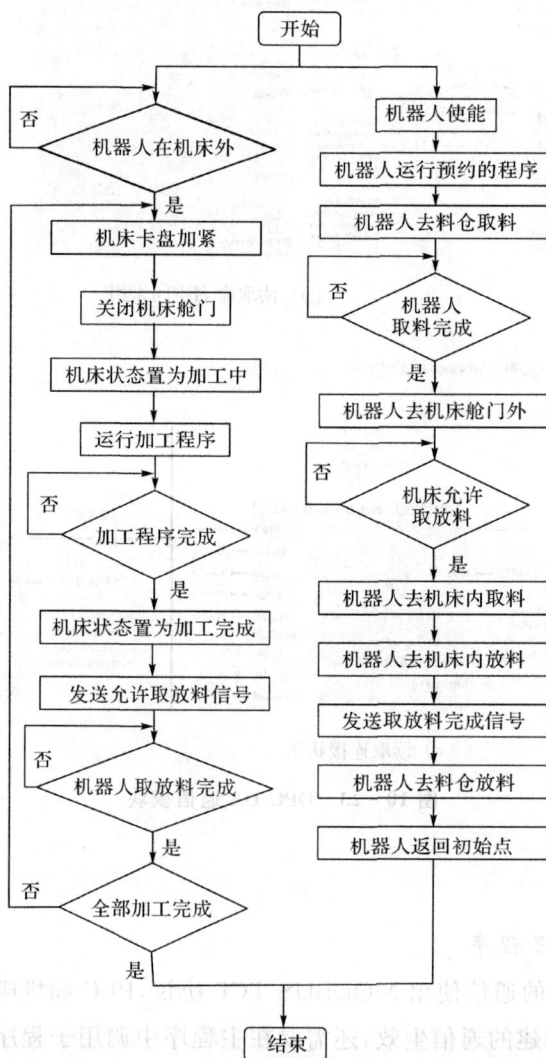

图 10 - 25　智能加工单元自动上下料程序流程图

7. HMI 界面编写

(1)新建"根画面"和"手动控制"画面,并编写如图 10 - 26 所示的"根画面"。其中,在"进入系统"按键的"事件"菜单中,将"按下"中的"激活屏幕"设置成"手动控制"。

图 10 - 26　HMI 根画面

(2)编写如图 10 - 27 所示的"手动控制"画面。

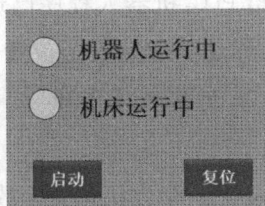

图 10 - 27　HMI"手动控制"画面

(3)分别选中两个圆,打开"动画"菜单中"显示"菜单下的"外观"菜单,按照图 10 - 28 设置变量的名称、类型等参数。其中,变量名称设置方法是点击"机器人运行中"变量名称后的"...",选择"PLC 变量"里"默认变量表"中的"机器人运行中"变量。

(4)选中"启动"和"复位"按键,在"事件"菜单中"按下"和"释放"菜单下点击"添加函数",分别添加"启动"和"复位"按键的"置位位"和"复位位",如图 10 - 29 所示。

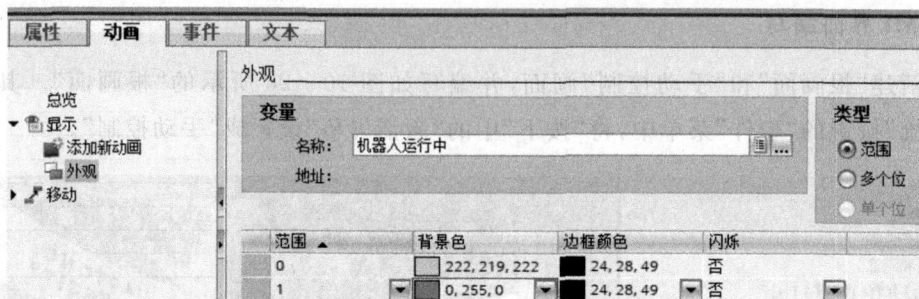

图 10 - 28 设置机器人状态指示标志

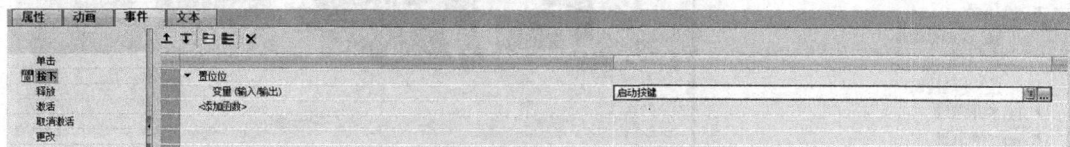

图 10 - 29 启动按键设置

8.机器人程序

编写智能加工单元的机器人自动上下料程序,主要包括两部分程序:第一部分为上料程序,第二部分为取料程序。

(1)机器人上料程序代码如下:

0001 MAIN;//进入程序

0002 DOUT OT390,ON;//发信号给 PLC,机器人程序已运行

0003 MOVJ P1,V20,Z0;//机器人移动到起始安全位置

0004 DOUT OT30,ON;//0004～0005 为将气爪张开

0005 DOUT OT31,OFF;

0006 WAIT IN30,ON,T0;//机器人处于等待状态直至收到气爪张开信号

0007 MOVJ P2,V20,Z0;//机器人移动至取料位置

......

0031 MOVJ P23,V20,Z0;//0031～0033 为机器人运行至机床三爪卡盘处

0032 MOVJ P24,V20,Z0;

0033 MOVJ P25,V20,Z0;

0034 DOUT OT30,ON;//0034～0035 为机器人张开气爪放下物料

0035 DOUT OT31,OFF;

0036 WAIT IN30,ON,T0;//机器人处于等待状态直至收到气爪张开信号

0037 MOVJ P27,V20,Z0;//0037～0040 为机器人移动至起始安全位置

0038 MOVJ P28,V20,Z0;

0039 MOVJ P29,V20,Z0;

0040 MOVJ P30,V20,Z0;

0041 DOUT OT386,ON;//通过控制此信号,让机床开始加工

0042 DELAY T0.5;//延时 0.5s

0043 DOUT OT386,OFF;//将控制机床的信号复位,以便之后工序进行

0044 DOUT OT390,OFF;

0045 WAIT IN387,ON,T0;//机器人处于等待状态直至机床加工完成

0046 CALL 052402;//程序跳转至取料程序 052402

0047 END;//程序结束

(2)机器人取料程序代码如下:

0001 MAIN;//进入程序

0002 MOVJ P1,V20,Z0;//0002~0004 为机器人移动至示教好的三爪卡盘处

0003 MOVJ P2,V20,Z0;

0004 MOVJ P3,V20,Z0;

0005 DOUT OT30,OFF;//0005~0006 为使气爪夹紧,夹住物料

0006 DOUT OT31,ON;

0007 WAIT IN31,ON,T0;//机器人处于等待状态直至收到气爪夹紧信号

......

0021 MOVJ P13,V20,Z0;//0021~0024 为机器人运行至起始安全位置

0022 MOVJ P14,V20,Z0;

0023 MOVJ P15,V20,Z0;

0024 MOVJ P16,V20,Z0;

0025 RET;//程序跳转回主程序 0524

0026 END;//程序结束

9.机床程序

编写智能加工单元的机床程序,本程序为机床自动上下料程序,不包括具体加工零件的
NC 程序。

机床自动上下料程序代码如下:

```
%
N010 O500
N020 G00 G17 G40 G49 G54 G90 G98
N030 G91 G28 Z0
```

```
N040 G90
N050 X-220 Y258.1 Z0//运动到换料位置
N060 M106//自动门、卡盘打开、给出允许上料信号
N070 G4 P500
N080 M102//给出加工完成信号、等待程序启动
N090 M21//自动门关闭
N100 M101//卡盘夹紧
//以下开始加工程序(可以根据加工物体以及加工要求的不同进行更换)
N110 X100 Y100 F3000
N120 G4 P500
N130 X80 Y80 F3000
N140 G4 P2000
//加工程序结束
N150 M99
N160 M30
%
```

10.智能加工单元联调

机器人程序与机床程序都写好后,在 PLC 中运行程序,首先确认通信建立成功,然后在 HMI 显示屏中的自动加工界面中按下"开始加工"按钮,如图 10-30 所示,程序开始自动加工。首先,机器人运行至货架处抓取物料,如图 10-31 所示,然后将物料放至机床的三爪卡盘处,如图 10-32 所示。待机器人退出机床后,机床门自动关闭,三爪卡盘夹紧,机床开始加工。机床加工完成后,门自动打开,机器人收到机床开门完成的信号后进入机床,三爪卡盘张开,机器人夹取成品,送回货架,如图 10-33 所示。

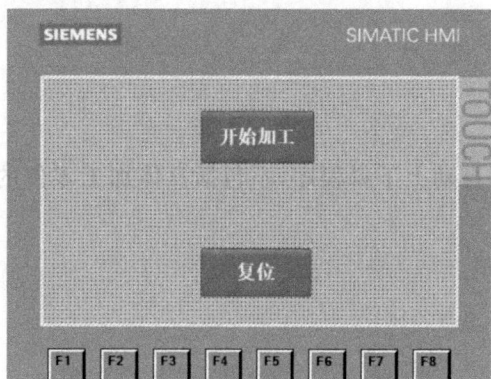

图 10-30 HMI 中的自动加工界面

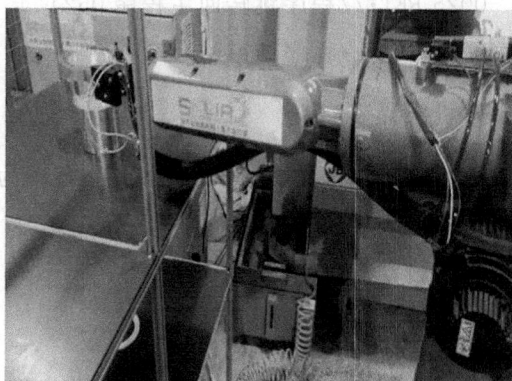

图 10-31 机器人取料

图 10-32　机器人将物料放至三爪卡盘处

图 10-33　加工完成后机器人将物料取回货架

七、思考题

(1)简述 S7-1500PLC 与广数 GSK-RB08A3 机器人的通信方式与原理。

(2)简述 S7-1500PLC 与北京精雕 JD50 机床的通信方式与原理。

(3)编写基于智能加工单元自动上下料过程的机器人示教程序。

项目十一　智能加工单元的数字孪生建模与虚实联调

一、项目目标

(1)掌握智能加工单元的数字孪生建模技术；

(2)掌握数字孪生模型与设备通信的方法；

(3)编写程序，实现智能加工单元的虚实联调。

二、相关知识点

(1)数字孪生建模技术；

(2)虚拟模型与设备的通信技术；

(3)PLC 编程与虚实调试。

三、项目内容

(一)数字孪生建模

(1)利用三维建模软件建立设备的几何模型，并利用格式转换软件将模型转为 jt 格式；

(2)利用 Process Simulate 软件创建新项目，导入三维模型并根据实体设备进行布局；

(3)创建工业机器人的机构关节、夹爪的机构关节与姿态等；

(4)创建机床的机构关节及气动卡盘、机床门的关节与姿态等；

(5)创建工业机器人、夹爪、机床、气动卡盘、机床门等的逻辑块，创建使能信号、位置信号及相应的运动行为等。

(二)建立设备与模型的通信

(1)打开 TIA 博途软件中的硬件系统集成程序，在 PLC 属性中启动 PLC 的 OPC UA 服务器、客户端，配置通信许可；

(2)在 Process Simulate 软件中创建外部连接，选择 OPC UA，将服务 URL 设置为 PLC

服务地址;在 signal viewer 中配置信号的外部连接,选择新建的外部连接。

(三)智能加工单元的虚实联调

(1)在 TIA 博途软件中创建虚实联调的输入/输出信号;

(2)通过 PLC 与机器人、机床的通信模块,获取机器人、机床的状态信号、各个轴的位置信号等;

(3)创建虚实联调函数块,编写 PLC 程序,将机床和工业机器人状态信号、各个轴的位置信号等与输入/输出信号关联。

(4)初始化设备与模型,使其状态一致,启动设备,进行虚实联调。

四、项目设备

(1)硬件:PLC、工业机器人、数控机床、HMI 触摸屏、料仓、物料等;

(2)软件:几何建模软件(如 SolidWorks、UG 等)、模型格式转换软件 CrossManager、西门子工艺仿真软件 Process Simulate (V16.0)、西门子 PLC 编程软件 TIA 博途(V16.0)。

五、项目原理

(一)数字孪生建模技术

智能单元数字孪生模型是指从智能制造的角度出发,用数据-知识混合驱动构建的五维智能时变空间(物理空间、虚拟空间、数据空间、知识空间和业务交互空间)于一体的智能制造系统。这里的数字孪生建模主要指虚拟空间的建模,包括虚拟模型与数据交互接口,主要分为四步。

1.目标实体分析

目标实体分析包括结构分析和运动学分析。结构分析是基于独立运动原则对设备各模块进行分解,将设备的零部件划分为各独立运动的模块;运动学分析主要分析物理实体各运动模块的运动范围、运动轨迹等。

2.三维几何建模

根据结构分析结果,对物理实体的各独立运动部件进行 3D 建模。建模对象的几何模型的外观、大小和位置要与物理生产线完全保持一致。关键结构参数、零部件间的约束与定位关系等要求精确。通过三维 CAD 模型的曲面细分、拓扑校正、抽取、修复等实现几何模型的优化、轻量化、格式转换等,从而实现物理设备的虚拟化。

3. 运动学建模

根据运动学分析结果和实际的运动需求求解出目标实体各部件的运动关系,并在虚拟环境中对模型的运动关系进行定义。

4. 数据接口建模

建立数据通信接口,这是与控制端实现数据信号输入/输出的接口,控制端包括虚拟PLC、物理设备信号等。当控制端是物理设备信号时,可进行数字孪生调试。本实验用Process Simulate 软件进行数字孪生建模,数据接口建模通过定义逻辑块实现,逻辑块是有输入/输出和内部逻辑计算能力的逻辑设备,具有输入/输出接口。虚实联调时通过逻辑块的输入/输出接口实现与外部控制设备的通信,从而实现运动控制。根据输入/输出接口创建信号,逻辑块的输入信号对应PLC的输出信号,逻辑块的输出信号对应PLC的输入信号。根据逻辑块的输入/输出接口可以设置运动行为。

本项目主要的分析对象为工业机器人,工业机器人在生产现场的主要功能是加工上下料、搬运等。数字孪生建模主要包括三维几何模型、运动学模型和数据接口。运动学模型包括机器人运动机构、关节位置信息、机器人的动作行为、末端执行器运动机构与运动行为等,数据接口包括机器人关节数据接口、末端执行器数据接口、状态数据接口等。

(二)Process Simulate 软件简介

Process Simulate 是 Tecnomatix 平台中的软件,Process Simulate 利用三维环境进行制造工艺过程仿真验证,专门针对生产工序过程进行仿真。Process Simulate 能够在三维环境中模拟制造过程的真实行为,优化生产节拍时间和过程顺序。Process Simulate 可以对装配过程、人工操作、设备、机器人的应用进行仿真,模拟真实的人工行为、机器人控制和 PLC 逻辑等。Process Simulate 提供了一个通用的集成平台,简化了已有从概念设计到车间所有阶段的制造和工程数据。Process Simulate 支持的仿真方式有 2 种,一种是标准仿真模式(standard mode),另一种是线仿真模式(line simulation mode,基于事件的仿真)。标准仿真过程依靠定义的时间顺序触发操作执行,可以对智能单元的工艺和运行姿态进行仿真;基于事件的仿真过程则是依靠特定事件、信号或状态变化触发操作执行。

Process Simulate 软件模块包括建模模块、机器人模块、操作模块、控制模块等。常用的有建模模块的运动机构设计、工具设置等,控制模块的传感器设置、逻辑块定义以及机器人模块等。运动机构设计使用的软件功能是运动学编辑器。启动运动学编辑器之前,需要选定要设置运动的部件,点击设置建模范围,保证模型可以编辑。然后启动运动学编辑器,主要包括创建连杆、创建曲柄、设置基准框架等。对于简单运动机构,可以创建连杆,之后创建关节,关节类型包括平移和旋转。对于复杂机构可以通过创建曲柄设置,有多种曲柄机构可以选择。工具设置主要用于创建设备上的附加工具(如夹具、焊枪等),可以安装到堆垛机、机器人等上面。Process Simulate 中的传感器类型包括关节距离传感器、关节数据传感器、接近传感器、光电传感器、属性传感器。关节距离传感器用于接收关节的在线反馈;关节数据传感器将机器人或设备的检测范围链接到姿势或关节值;接近传感器用于检测是否有资源接近或有设备接近传感器,接近传感器只是实例存在,不存在原型,不影响设备的外形;光电传感器用于检测何时有设备穿越传感器定义发射的光束,可以用于检测实体检测区域的长宽尺寸,光电传感器有原型存在;属性传感器用于检测设备在仿真过程中的一些属性。Process Simulate 的机器人模块支持多种品牌的机器人仿真,支持点焊、弧焊、激光焊、装配、搬运、喷涂、滚边等多种操作。机器人模块的仿真功能包括设计与优化机器人工艺操作过程、优化机器人路径、规划无干涉的机器人运动、设计机器人工位布局以及多个机器人的协调工作等。

(三)虚实联调原理

虚实联调时,整个系统主要包含三部分:数字孪生模型、实体设备、通信模块。数字孪生模型是具有数据通信接口的虚拟模型,实体设备包括工业机器人、机床、PLC 控制器、HMI 触摸屏等,原理如图 11-1 所示。虚拟模型与实体设备通信采用 OPC UA 协议,OPC UA 服务器置于车间生产控制系统上,与可编程控制器、工业机器人、RFID 读写器等现场设备之间通过现场总线或工业以太网连接,获取以上设备控制部件的数据,实现底层设备数据采集。汇总到现场数据和设备信息后,将其转换为支持 OPC UA 协议的数据,经过数据管理与逻辑运算为 UA 客户端提供相应的服务。OPC UA 客户端从服务器获取实时数据进行数据的读写、存储以及分析计算等,可驱动模型、更新实时生产数据、智能决策等。在本项目中,PLC 作为 OPC UA 服务器,可运行 OPC UA 服务,同时允许客户端访问获取数据。数字孪生模型作为 OPC UA 客户端实时获取设备上的数据,进而驱动模型实现设备的虚实联动。工业机器人与 PLC 之间通过 modbus TCP 协议通信,PLC 作为 modbus TCP 的客户端获取机器人的数据,采集的信号主要包括机器人的运动状态信号、电源信号、每个关节的位置值、电机速度、执行器的动作信号等。数控机床与 PLC 之间通过 OPC UA 协议通信,数控系统作为 OPC UA 服务端,PLC 作为 OPC UA 客户端,采集机床各个轴的状态信号、位置信号等,机床上气动卡盘、机床门的信号通过 I/O 端口获取。

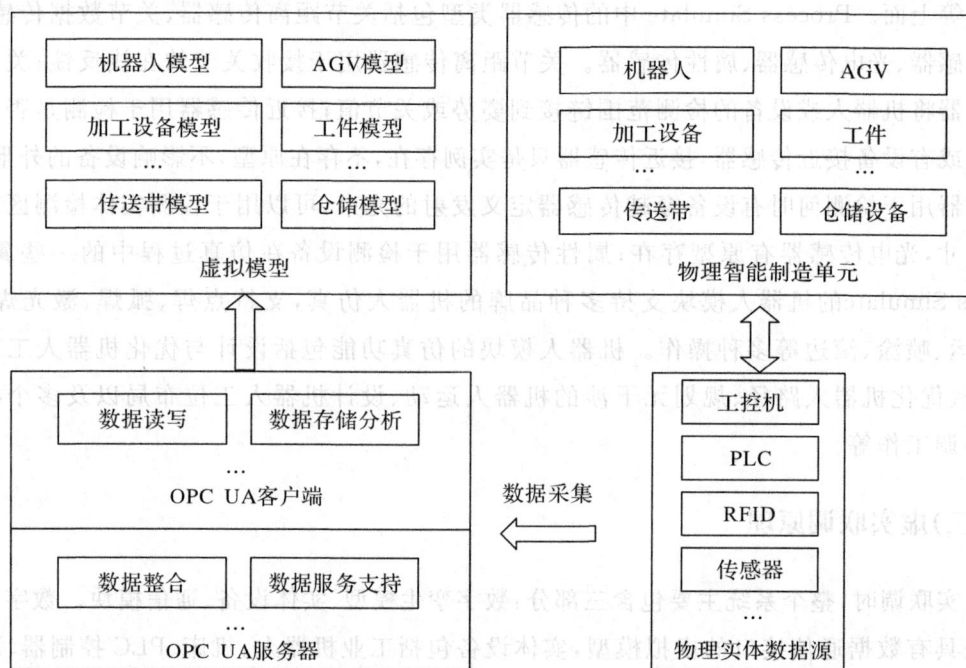

图 11 - 1　虚实联调原理

六、项目实例

(一)建立几何模型

1. 目标实体分析

对智能加工单元的各个设备(包括数控机床、工业机器人、机器人夹爪、料架等设备)进行分析,包括结构分析和运动学分析。结构分析基于独立运动原则对设备各模块进行分解,将设备的零部件划分为各独立运动的模块;运动学分析主要分析实体的运动范围、运动轨迹等。

2. 三维几何建模

根据结构分析结果,对机床、机床门、六自由度机器人、机器人夹爪、料架、物料等各独立运动部件的零件分别建模,然后装配,构成各个部件。

3. 几何模型格式转换

打开 Crossmanager,设置输入和输出格式,点击 add files 添加各个部件的几何模型,设置输出路径,点击 run conversion 进行格式转换,输出 .jt 格式的各个部件的模型文件,如图

11-2 所示。注意模型文件名称应为英文。

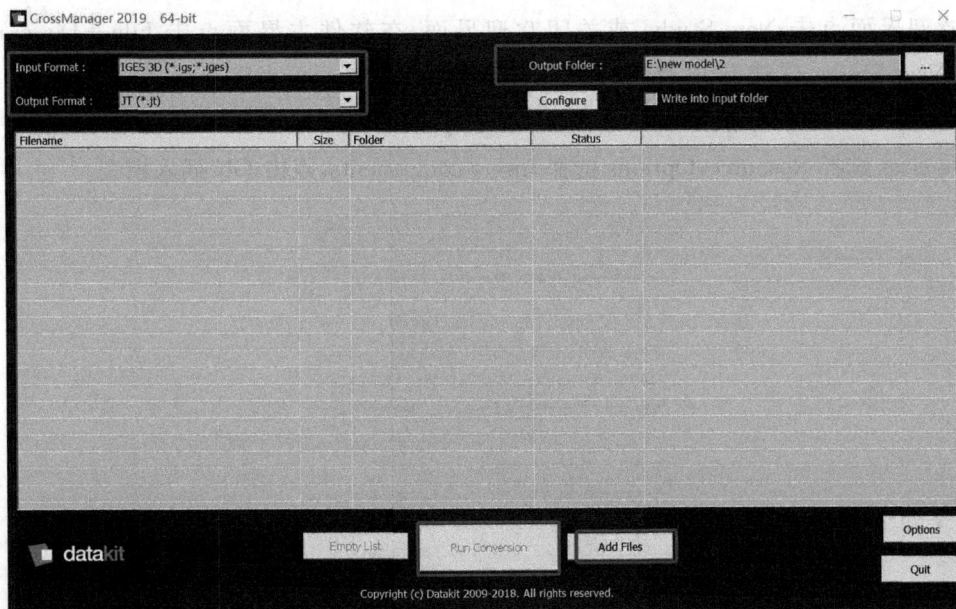

图 11-2　模型格式转换

(二)创建数字孪生建模项目

1.设置根目录

启动 Process Simulate 软件,在欢迎界面设置根目录,注意路径中不要用中文,如图 11-3 所示。

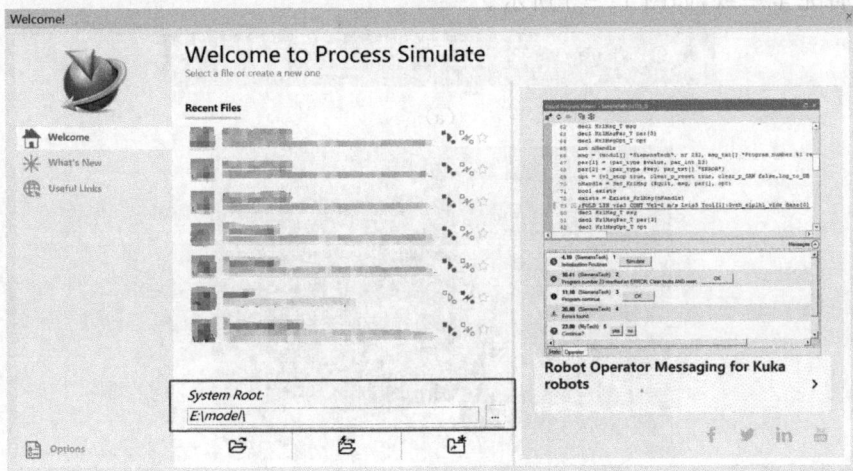

图 11-3　设置根目录

2.创建新项目

在欢迎界面点击 New Study,或关闭欢迎界面,在软件主界面点击 File→Disconnected Study→New Study,创建新项目。然后点击 File→Disconnected Study→Convert and Insert CADfiles,在弹出的窗口中点击 add,选择要插入的 jt 模型,弹出文件导入设置框,如图 11-4 所示。Base class 选择 Resource,Options 选择 Insert components,点击 OK 插入模型。

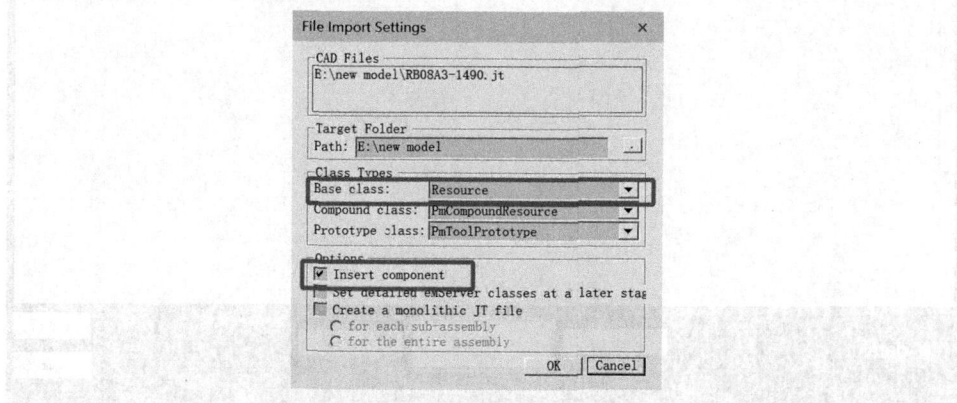

图 11-4 模型导入设置

3.保存新项目

点击 save study,设置项目名称,保存项目文件,到此我们建立了一个全新的项目模型文件,在根目录下会生成名称与导入模型一致的.cojt 格式的文件夹。

4.模型布局

借助工具条中重定位、移动、测量等工具,将模型按照实体设备的布局进行布局设置,使其与实体设备完全一致,如图 11-5 所示。

（a）

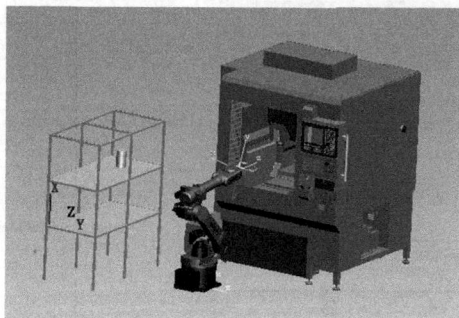

（b）

图 11-5 模型布局

(三)运动机构建模

运动机构建模主要包括机器人本体、机器人夹爪、机床、机床门、气动卡盘等设备的运动关节、运动姿态等建模配置,同时,机器人夹爪和气动卡盘需要进行工具定义。

1. 建立机器人运动学关节

选中机器人,点击 Modeling→Set Modeling Scope,然后点击 Kinematic device→Kinematic Editor,在弹出的 Kinematic Editor 中选中 Create Link,在弹出的 Link 设置框中设置 Link 包含结构件,如图 11-6 所示。机器人连杆与关节如图 11-7 所示。

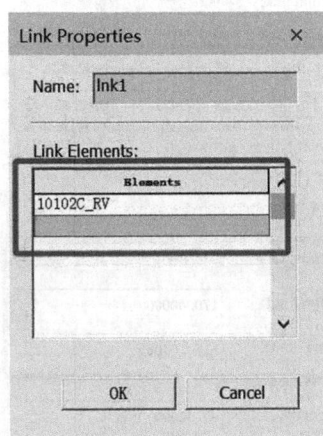

图 11-6　设置 Link 包含结构件

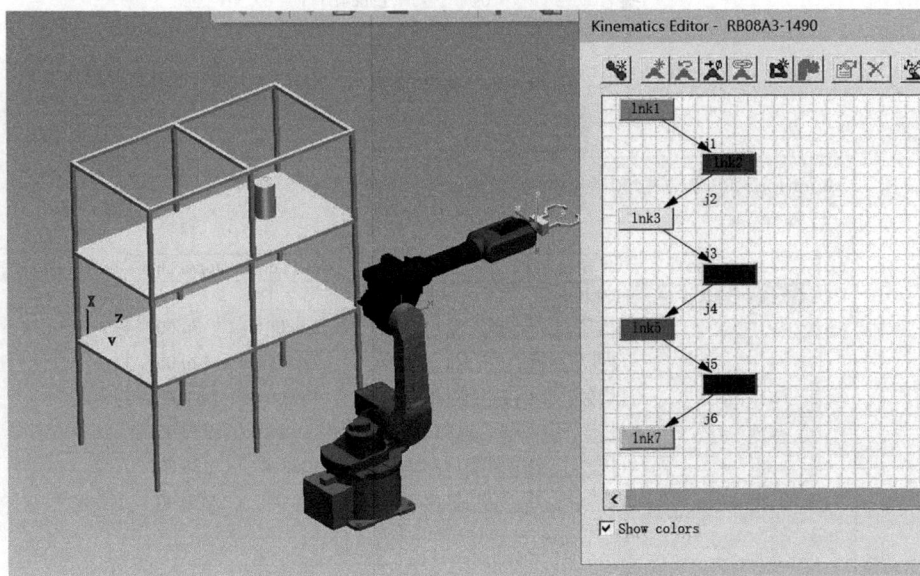

图 11-7　机器人连杆与关节(彩图扫描本项目首页二维码)

将 link1 拖动至 link2,弹出关节 j1 设置框,如图 11 - 8 所示,点击 From 选中转轴的起点,点击 To 选中转轴的终点,机器人各个关节的旋转方向按右手螺旋定则,图中 From 与 To 中显示的数字不重要,主要看代表的方向。Joint type 选择 Revolute。在 Limits 中设置各个关节的限位,各个关节转轴的方向和关节限位应与实体机器人相应参数一致,本例中机器人的关节限位如图 11 - 9 所示。

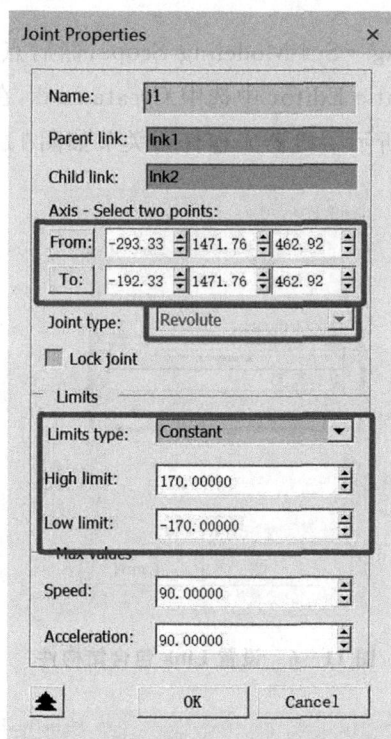

图 11 - 8　关节设置

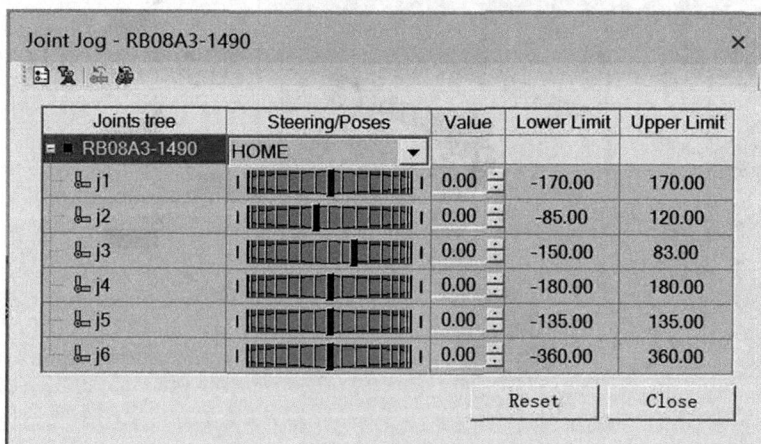

图 11 - 9　机器人关节限位

2.配置机器人夹爪

点击 Modeling→Create Frame,创建两个坐标系,分别作为夹爪的 TCP Frame 和 Base Frame。TCP 坐标系定义在夹爪底座中心,用于安装夹爪时与机械臂定位,Base 坐标系定义在夹爪中心处,用于夹取物料时定位,如图 11-10 所示。

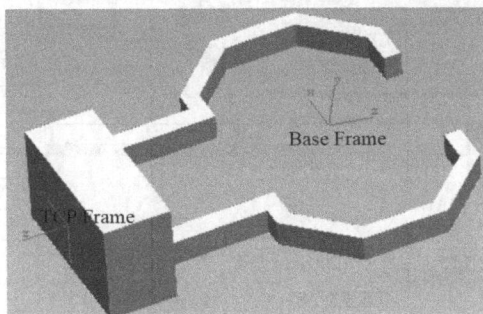

图 11-10　坐标系位置

定义夹爪的连杆与关节,如图 11-11 所示,两个关节均为沿夹爪底座水平移动,实现夹爪的张开与闭合。

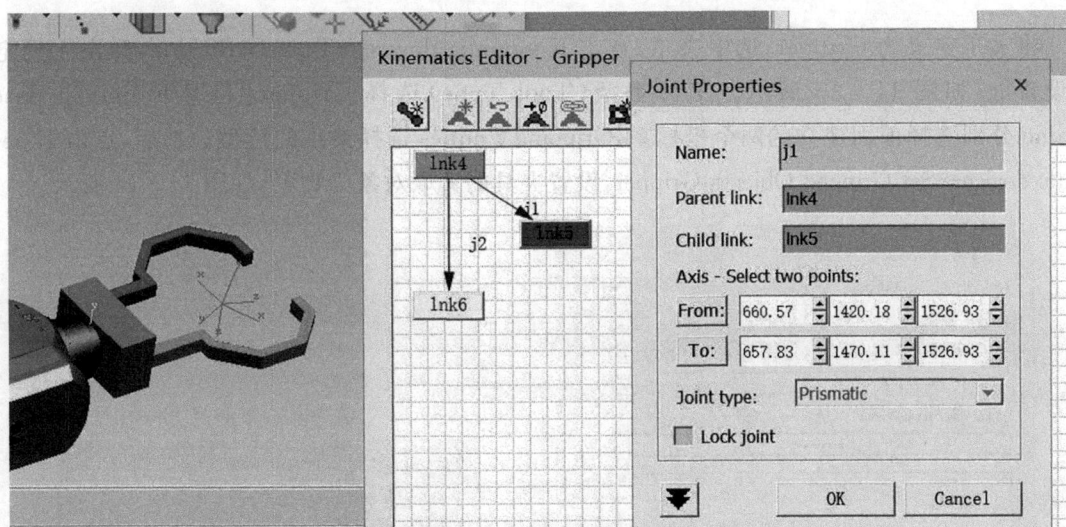

图 11-11　定义夹爪连杆与关节(彩图扫描本项目首页二维码)

定义夹爪的姿态。选中夹爪,点击 Kinematic device→Pose Editor,定义夹爪 CLOSE 和 OPEN 两个姿态,分别为闭合和张开的状态,同时 home 为张开的状态,如图 11-12 所示。

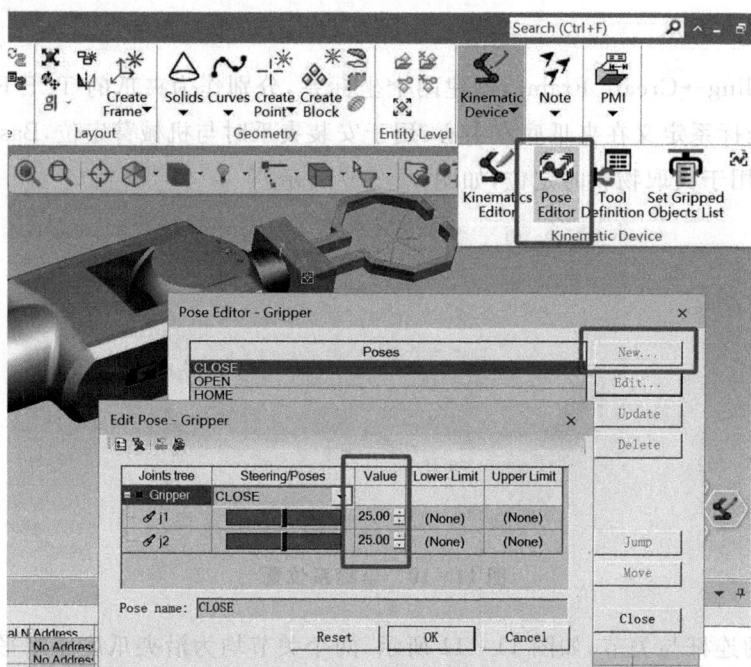

图 11-12　夹爪姿态定义

　　将夹爪定义为 Gripper,选中夹爪,点击 Kinematic device→Tool Definition,弹出工具定义设置框,如图 11-13 所示。工具类型(Tool Type)选择 Gripper,TCP Frame 和 Base Frame 分别选择前面建立的两个坐标系,Gripping Entities 选择夹爪的模型。然后,点击 Kinematic device→Set Gripped Objects Gripper,设置夹具的夹取对象为物料,如图 11-14 所示。

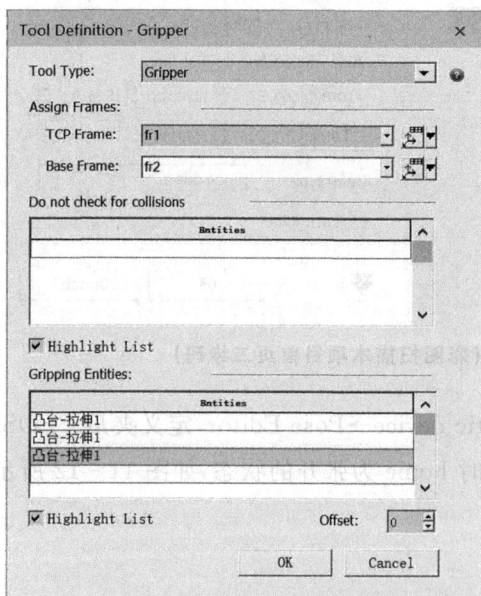

图 11-13　工具定义设置框

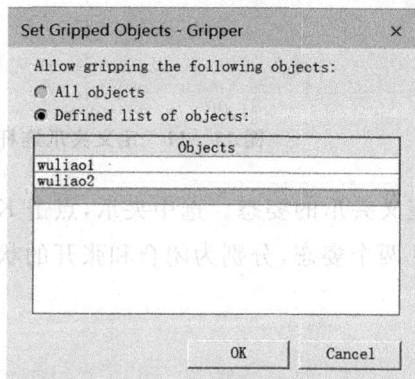

图 11-14　夹取对象设置

将夹爪安装到机器人上,先给机器人定义工作坐标系。选中机器人,打开关节编辑器,点击 Create Tool Frame,如图 11 – 15 所示,在机器人末端设置工具坐标系。然后右击机器人,选择 Mount Tool,将夹爪安装到机器人上,如图 11 – 16 所示。

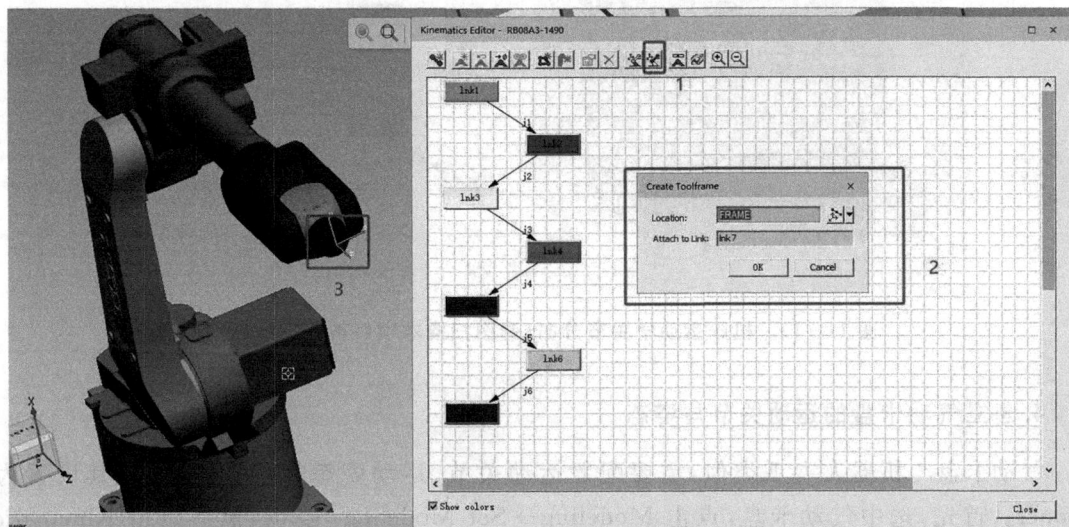

图 11 – 15　定义工作坐标系

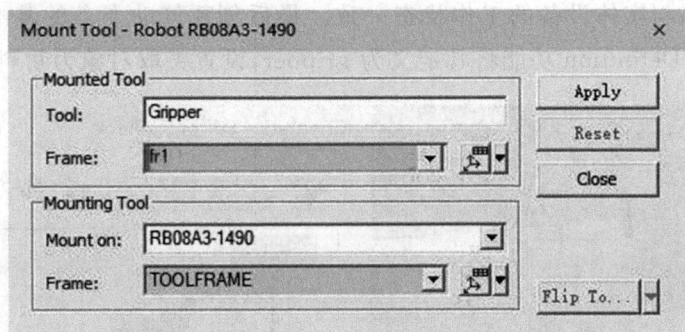

图 11 – 16　安装夹爪

3.建立机床运动学关节

选中机床,点击 Modeling→Set Modeling Scope,然后点击 Kinematic device→Kinematic Editor。打开 Kinematic Editor,首先创建连杆 Link。点击 Create Link,设置 Link 包含结构件,依次设置各个 Link,然后创建关节,点击拖动 Link 依次创建各个关节,设置关节的类型、运动方向、限位等。各个关节的类型、方向和关节限位应与实体设备相应参数一致,j1、j2、j3 为平移,j4 为旋转。本例中机床关节分布如图 11 – 17 所示。

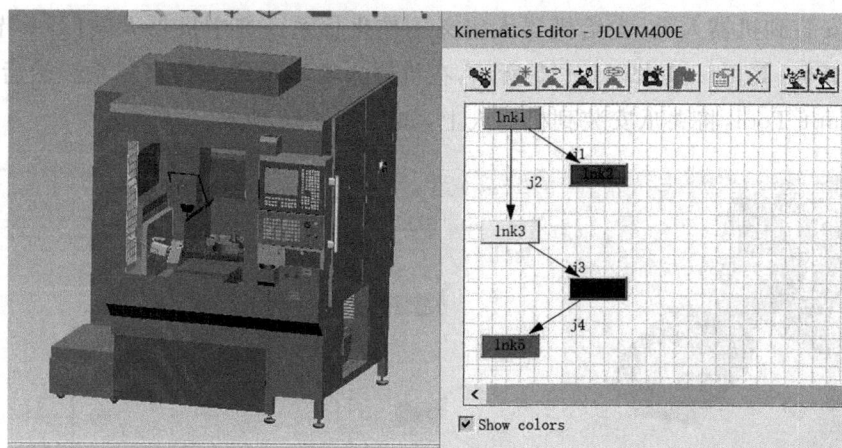

图 11-17　机床运动学关节分布（彩图扫描本项目首页二维码）

4. 建立气动卡盘的运动关节与姿态

气动卡盘与机器人夹爪类似，需要配置运动关节、运动姿态等，同时需要将其设置为 gripper。首先，选中气动卡盘，点击 Modeling→Set Modeling Scope，然后点击 Kinematic device→Kinematic Editor，依次创建各个连杆 Link。再创建关节，关节均为平移，方向沿滑槽，如图 11-18 所示。接下来点击 Pose Editor，新建气动卡盘卡紧（CLOSE）和放松（OPEN）两个姿态，与实体设备的工作状态一致。最后创建气动卡盘的基准坐标系和 TCP 坐标系，利用 Tool Definition 功能将其定义为 gripper，设置夹取对象为物料。

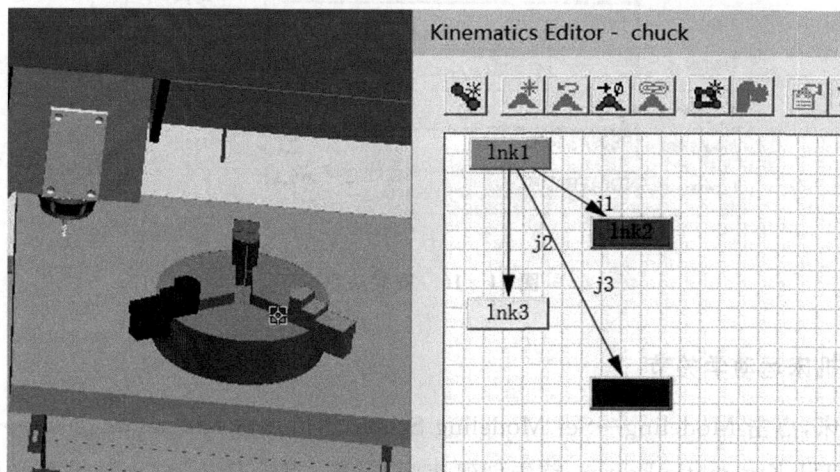

图 11-18　气动卡盘的运动关节（彩图扫描本项目首页二维码）

5. 建立机床门运动关节与姿态

选中机床门，打开 Kinematic Editor，首先创建各个连杆 Link，然后创建关节，关节均为旋转，如图 11-19 所示。再点击 Pose Editor，新建气动机床门关闭（CLOSE）和打开

（OPEN）两个姿态，与实体设备工作状态一致。机床门关闭姿态设置如图 11-20 所示。

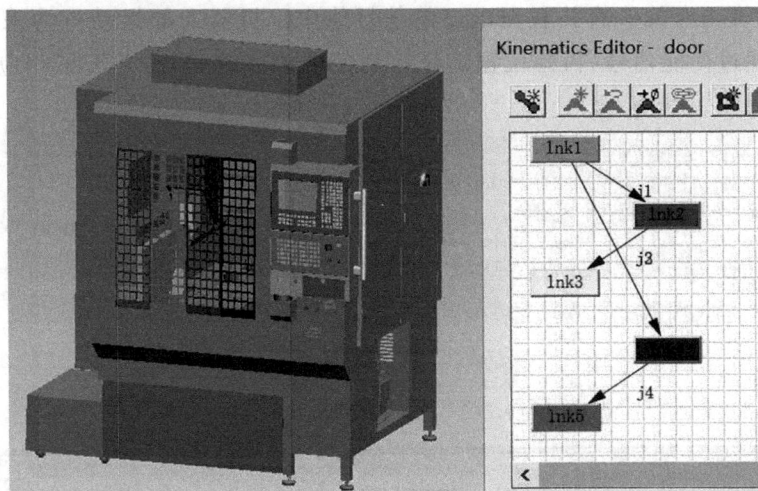

图 11-19　机床门关节（彩图扫描本项目首页二维码）

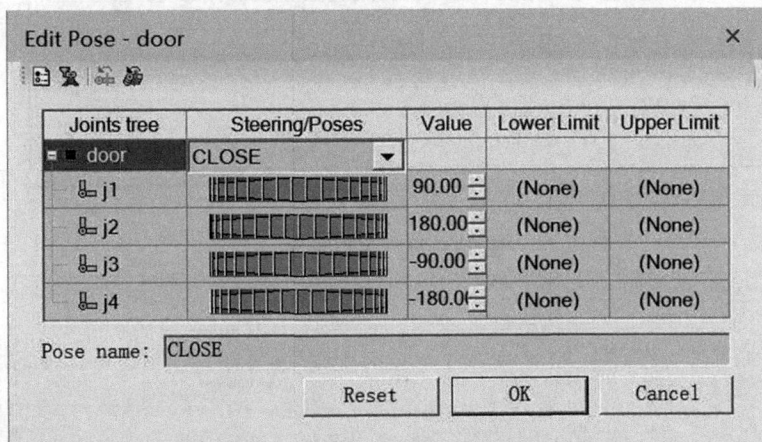

图 11-20　机床门关闭姿态设置

（四）数据接口建模

本部分主要配置机器人、机器人夹爪、机床、气动卡盘、机床门的逻辑信息，具体包含输入/输出接口信号、设备的运动行为等。

1. 创建机器人逻辑块

选中机器人，点击 Control→Add Logic to Resource，给机器人创建逻辑块，定义逻辑块入口、出口及运动行为。入口创建 1 个 BOOL 类型的变量和 6 个 REAL 类型的变量，点击 Create Signals 分别创建变量对应的 Connected Signals，信号类型为 Output，这 7 个信号分别对应机器人的使能信号和 6 个关节的目标位置信号，如图 11-21 所示。出口创建 6 个 REAL 类型的变量，并创建 Connected Signals，信号类型为 Input，用于反馈模型中机器人各

个关节的实际位置,如图11-22所示。模型中关节的位置采用关节距离传感器获取,如图
11-23所示,并将相应关节值关联至出口的信号值中。机器人的运动行为采用 move joint
to value 定义,通过使能信号、目标位置信号控制各个关节的运行,并配置相应的速度、加速
度、减速度,如图11-24所示。

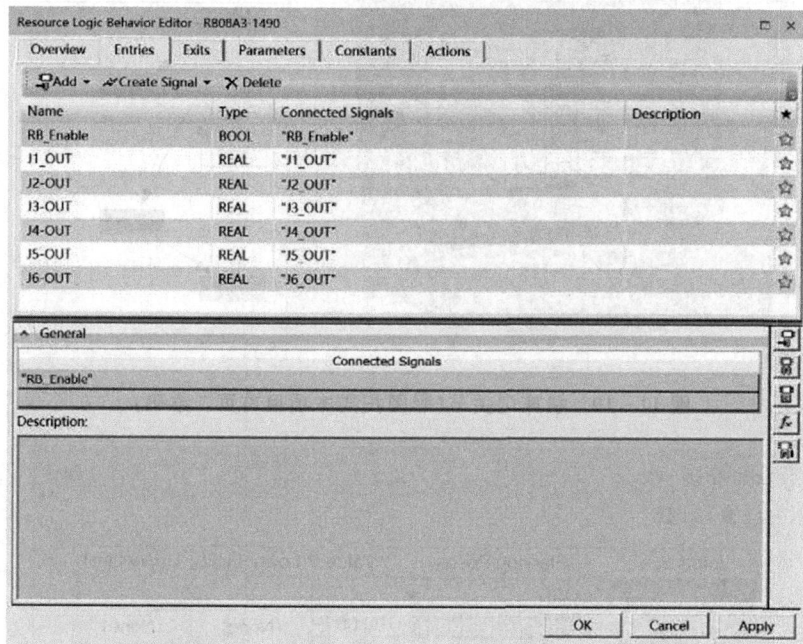

图11-21 入口定义

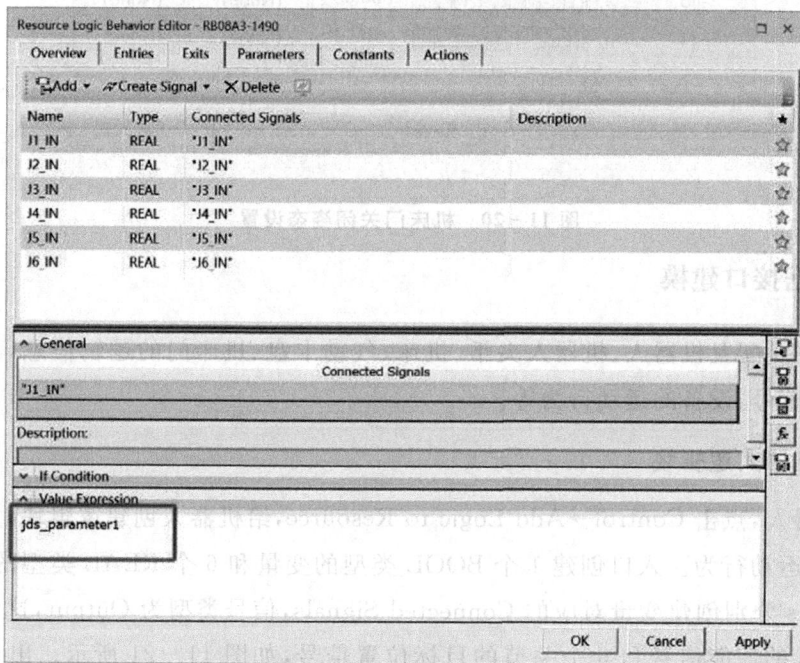

图11-22 出口定义

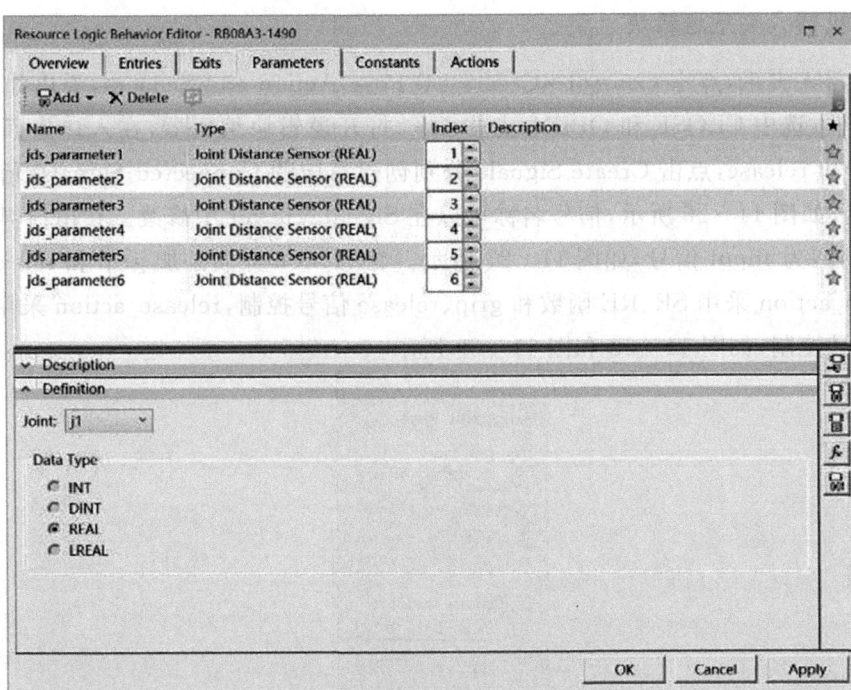

图 11 - 23　关节的位置参数

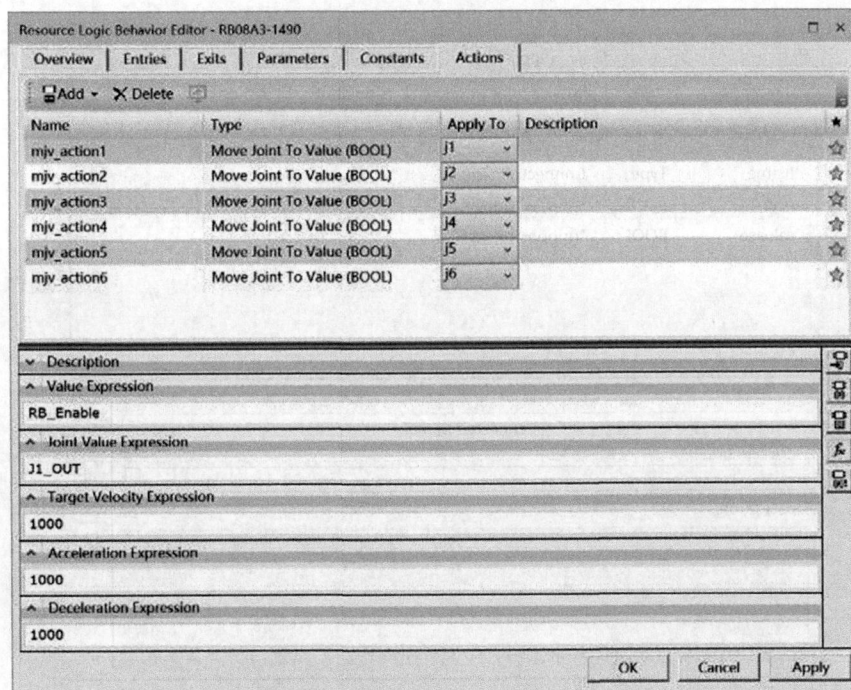

图 11 - 24　运动行为参数设置

2. 创建机器人夹爪逻辑块

选中机器人夹爪，点击 Control→Create LB Pose Action and Sensors，弹出如图 11 - 25 所示的设置框，选中 CLOSE 和 OPEN，点击 OK，打开逻辑块编辑器，在入口界面修改变量名称为 grip 和 release，点击 Create Signals 分别创建对应的 Connected Signals，信号类型为 Output 信号，如图 11 - 26 所示，信号名称可以在 Signal Viewer 中修改。在出口界面创建对应的信号，类型为 Input 信号，如图 11 - 27 所示。在 Action 界面添加 grip 和 release 两个运动行为，grip_action 采用 SR、RE 函数和 grip、release 信号控制，release_action 采用 RE 函数和 release 信号控制，如图 11 - 28 和图 11 - 29 所示。

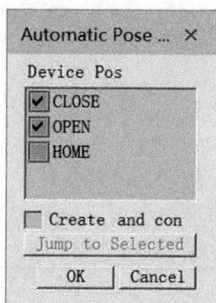

图 11 - 25　Crate LB Pose Action and Sensors

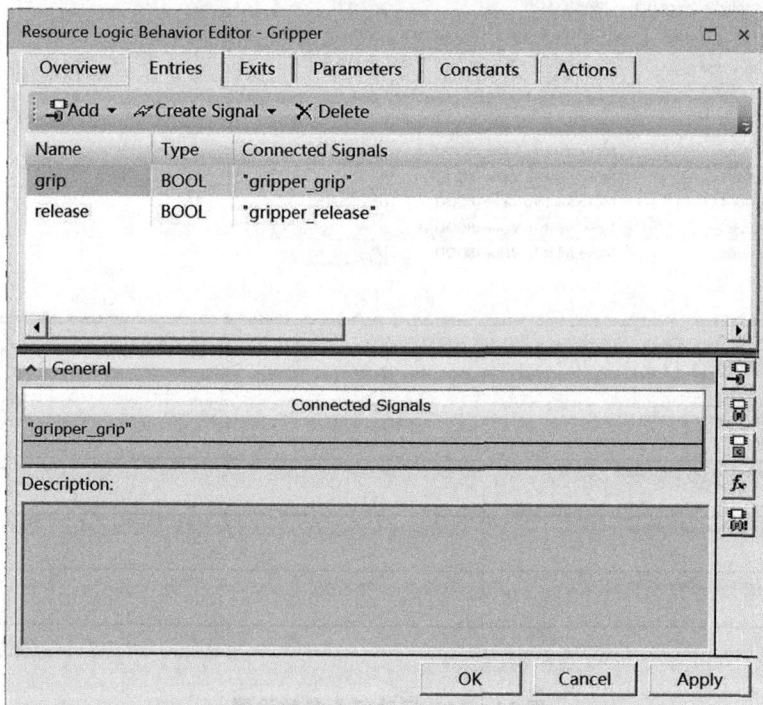

图 11 - 26　创建机器人夹爪逻辑块入口设置

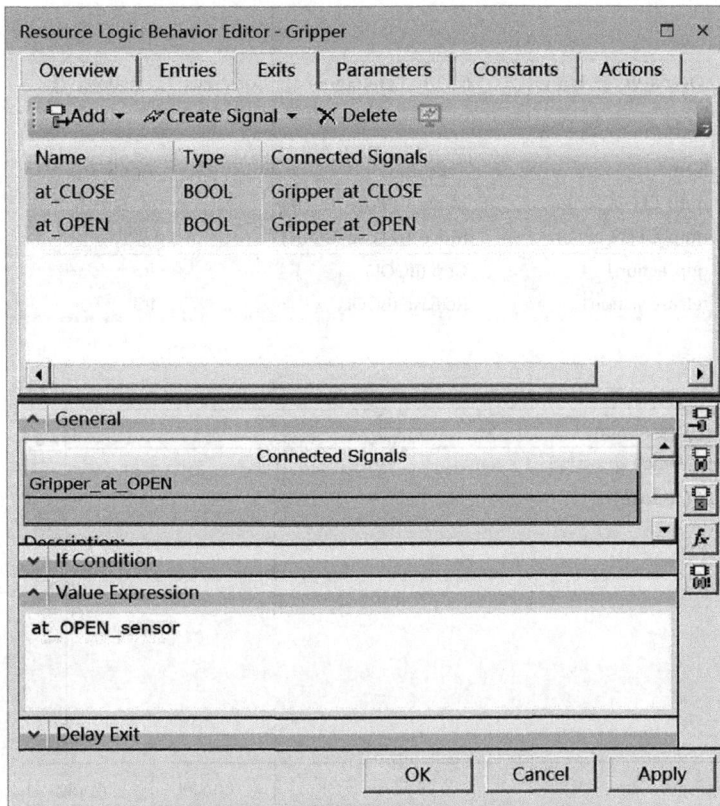

图 11 - 27　创建机器人夹爪逻辑块出口设置

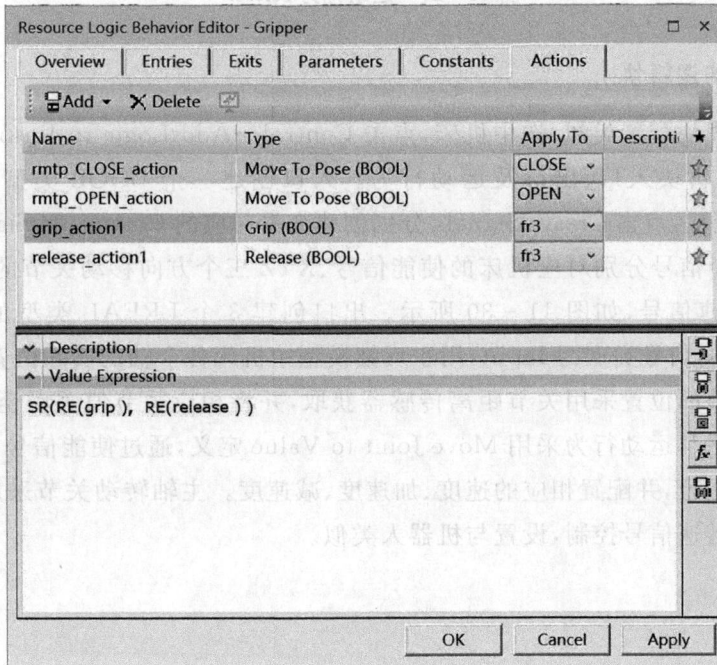

图 11 - 28　运动行为 grip

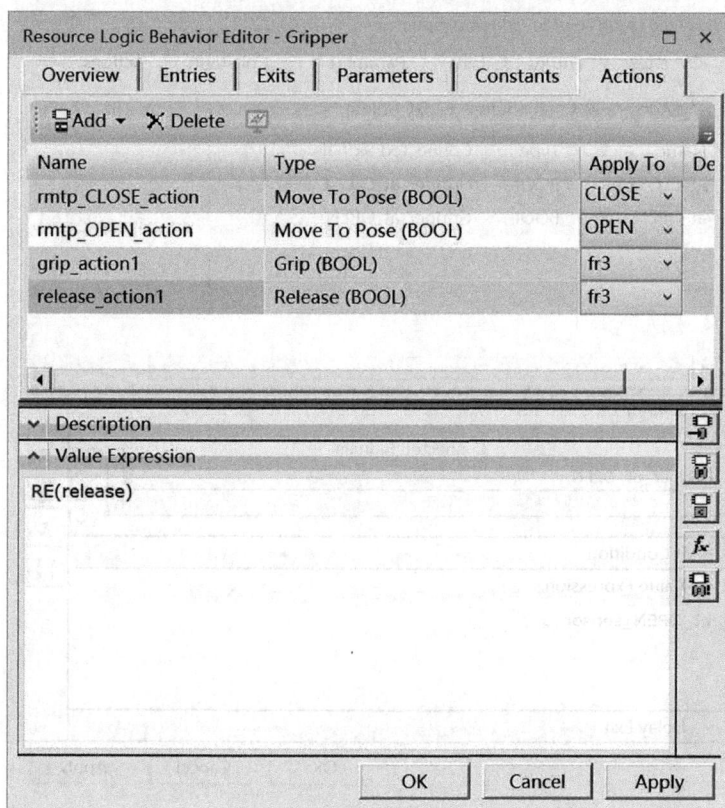

图 11 - 29　运动行为 release

3. 创建机床的逻辑块

与机器人逻辑块配置类似，选中机床，点击 Control→Add Logic to Resource，给机床创建逻辑块，定义逻辑块入口、出口及运动行为。入口创建一个 BOOL 类型的变量和 4 个 LREAL 类型的变量，点击 Create Signals 分别创建变量对应的 Connected Signals，信号类型为 Output，这 5 个信号分别对应机床的使能信号、XYZ 三个方向移动关节的目标位置信号和主轴关节的转速信号，如图 11 - 30 所示。出口创建 3 个 LREAL 类型的变量，并创建 Connected Signals，信号类型为 Input，用于反馈模型中机床各个轴的实际位置，如图 11 - 31 所示。模型中关节的位置采用关节距离传感器获取，并将相应关节值关联至出口中信号值中。机床的三个平移运动行为采用 Move Joint to Value 定义，通过使能信号、目标位置信号控制各个关节的运行，并配置相应的速度、加速度、减速度。主轴转动关节采用 Move Joint，通过使能信号和转速信号控制，设置与机器人类似。

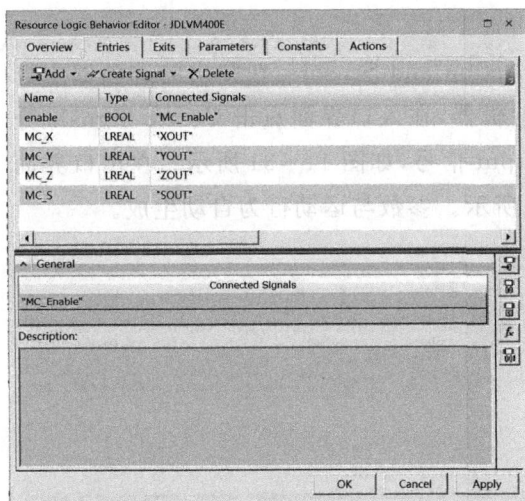

图 11-30　创建机床的逻辑块入口设置

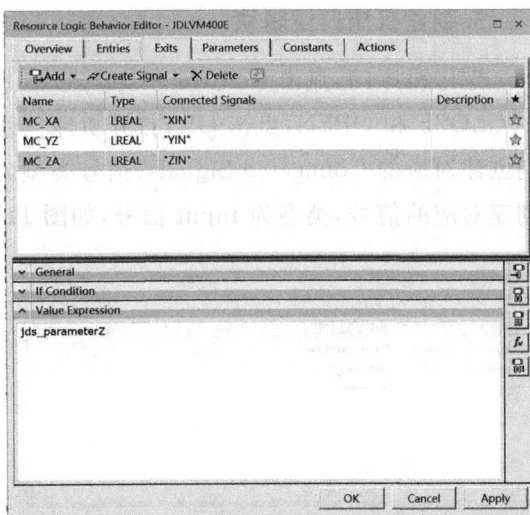

图 11-31　创建机床的逻辑块出口设置

4. 创建气动卡盘逻辑块

创建气动卡盘类似创建机器人夹爪。选中气动卡盘，点击 Control→Create LB Pose Action and Sensors，在弹出的选项框中选中 CLOSE 和 OPEN，点击 OK，打开气动卡盘资源逻辑编辑器，在入口界面修改变量名称为 grip 和 release，点击 Create Signals 分别创建对应的 Connected Signals，信号类型为 Output 信号，如图 11-32 所示。在出口界面创建对应的信号，类型为 Input 信号，如图 11-33 所示。在 Action 界面添加 grip 和 release 两个运动行为，grip_action 采用 SR、RE 函数和 grip、release 信号控制，release_action 采用 RE 函数和 release 信号控制。

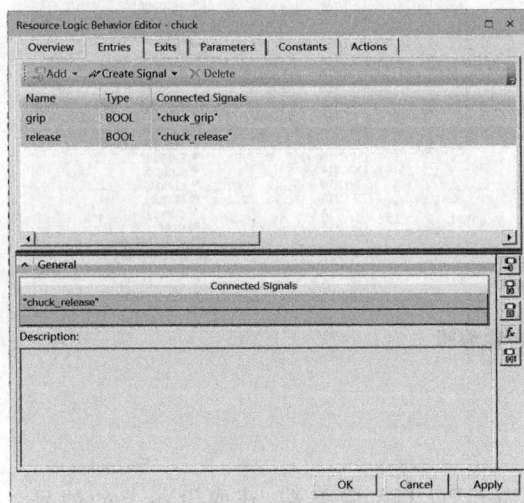

图 11-32　创建气动卡盘逻辑块入口设置

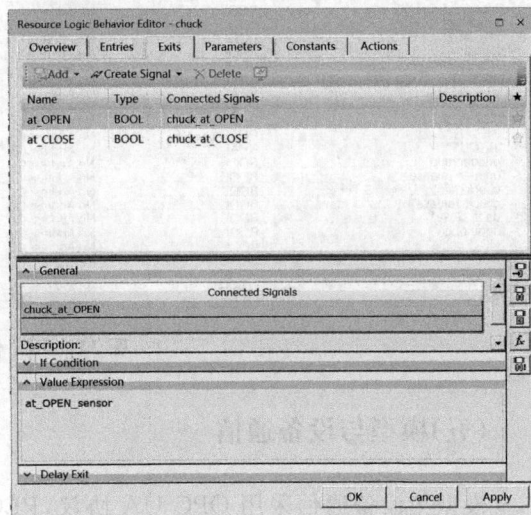

图 11-33　创建气动卡盘逻辑块出口设置

5. 创建机床门逻辑块

选中机床门,点击 Control→Create LB Pose Action and Sensors,在弹出的选项框中选中 CLOSE 和 OPEN,点击 OK,打开机床门逻辑编辑器,在入口界面点击 Create Signals 分别创建对应的 Connected Signals,信号类型为 Output 信号,如图 11 - 34 所示。在出口界面创建对应的信号,类型为 Input 信号,如图 11 - 35 所示。参数与运动行为自动生成。

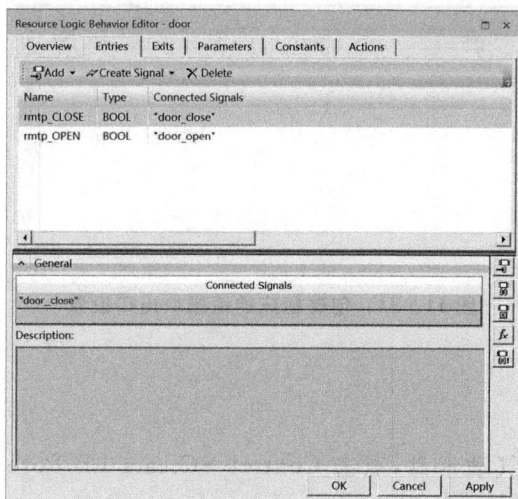

图 11 - 34　创建机床门逻辑块入口设置

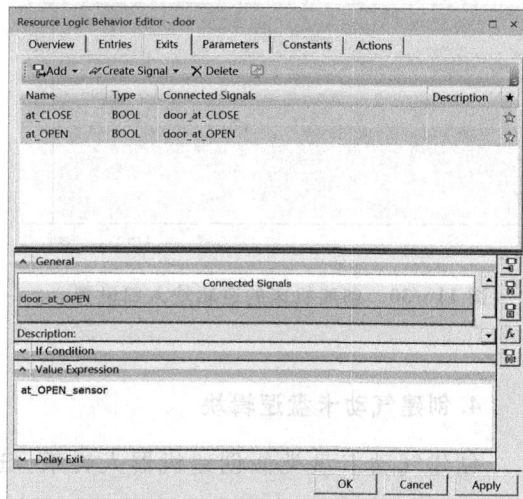

图 11 - 35　创建机床门逻辑块出口设置

梳理输入/输出信号,在 Signal Viewer 中修改信号名称,注意加引号,如图 11 - 36 所示,便于后续通信配置信号。

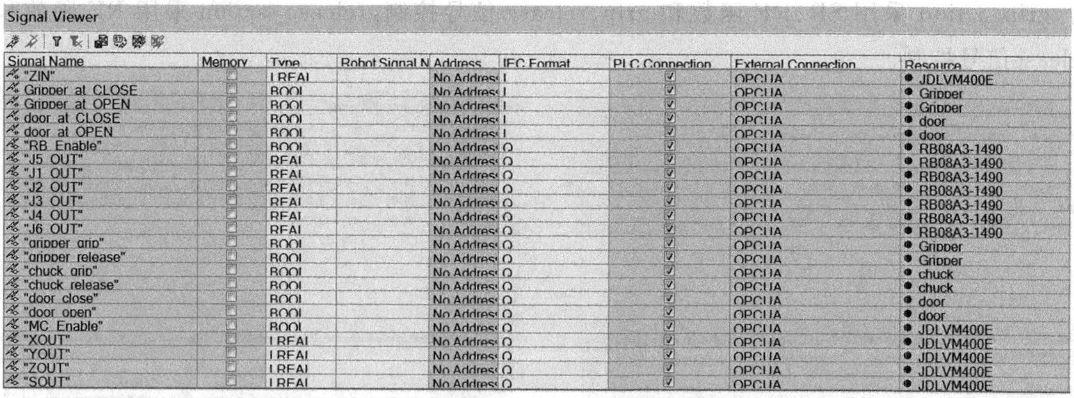

图 11 - 36　信号名称编辑

(五)模型与设备通信

模型与设备通信采用 OPC UA 协议,PLC 作为 OPC UA 服务端,获取设备上的信号,模型作为 OPC UA 客户端,读取设备信号用于驱动模型运行。

1. 启动 OPC UA 服务

在 TIA 博途中,在设备组态下,打开 PLC 常规设置,勾选"激活 OPC UA 服务器""激活 OPC UA 客户端",配置 OPC UA 运行系统许可证,如图 11 - 37 和 11 - 38 所示。

(a)

(b)

图 11 - 37　激活 OPC UA 客户端

图 11-38　配置 OPC UA 运行系统许可证

2. 创建外部连接

在 Process Simulate 中设置外部连接,从 Options 中选择 PLC,勾选 External Connection,点击 Connection Settings,如图 11-39 所示,添加 OPC UA 通信模块,Server Endpoint URL 设置为 PLC 的 OPC UA 服务器地址,NameSpace Index 设置为 3,如图 11-40 所示。此时,点击 validate 应显示有效,如图 11-41 所示。返回如图 11-36 所示的信号查看器,勾选创建的外部连接。

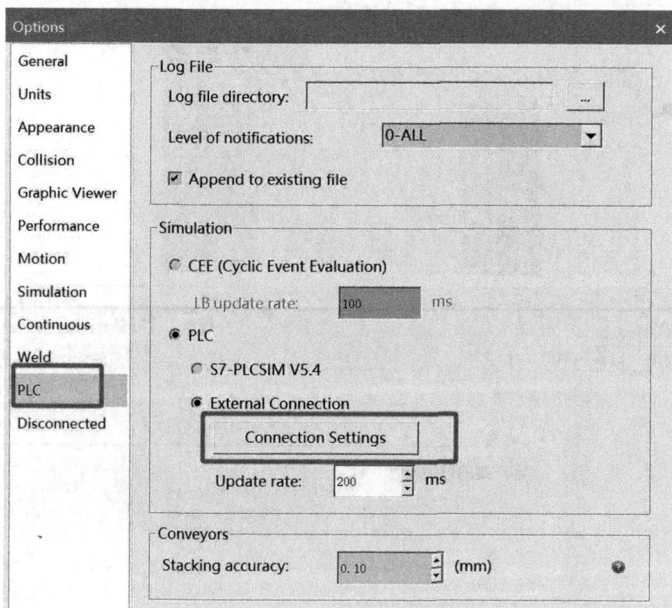

图 11-39　选择外部连接

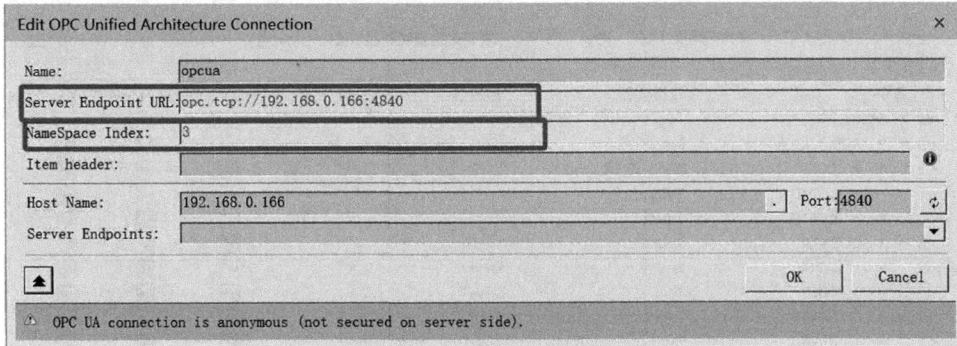

图 11 – 40　设置外部连接

图 11 – 41　外部连接验证有效

(六)虚实联调

1.机器人信号获取

在机器人通信程序中,添加 modbus 通信模块,读取机器人关节位置值等,如图 11 – 42 和图 11 – 43 所示,其中通信模块状态变量如图 11 – 44 所示。机器人位置存储变量如图 11 – 45所示,其中 ROB→PLC_LOC[0]-[5]为实体机器人关节 1 到 6 的位置信号。机器人使能信号、夹爪状态信号同样通过 modbus 通信模块获取,参考系统集成实验项目。

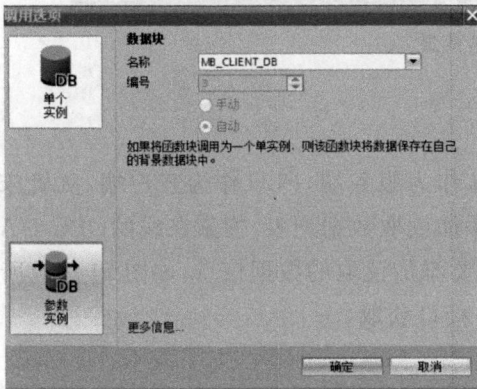

图 11 – 42　添加通信块

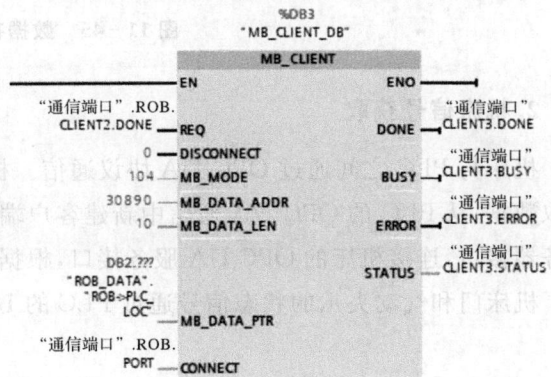

图 11 – 43　获取数据通信块

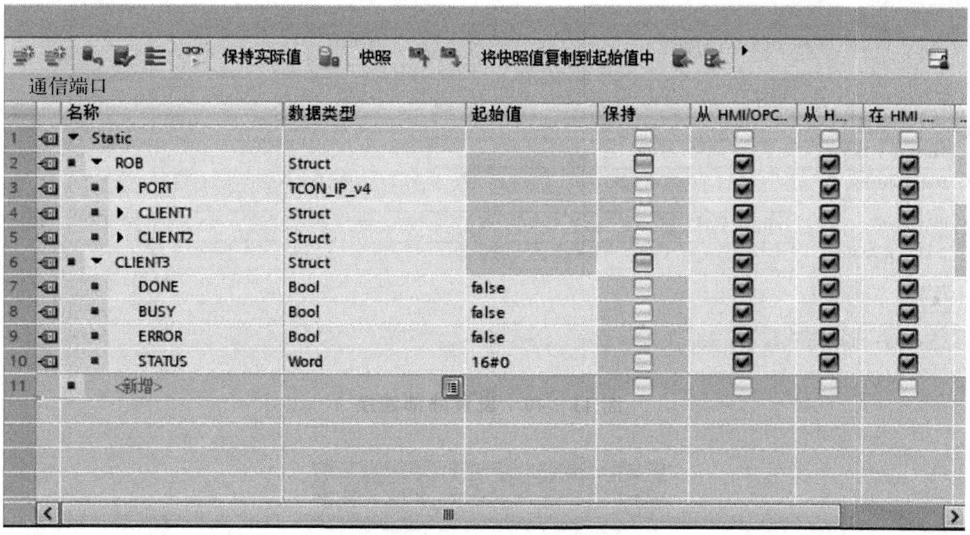

图 11 - 44　通信块状态变量

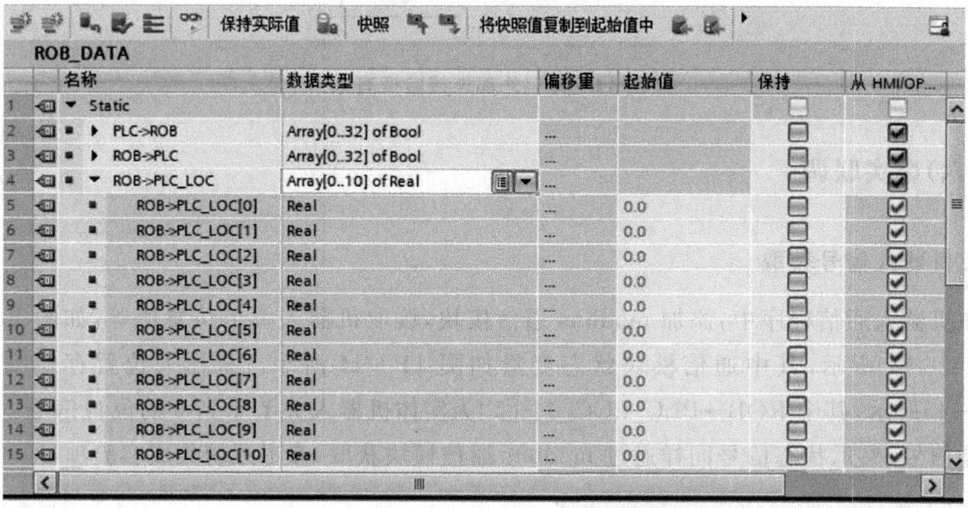

图 11 - 45　数据存储变量

2. 机床信号获取

机床与 PLC 之间通过 OPC UA 协议通信。机床作为服务端,PLC 作为客户端,从机床读取数据,从 PLC 的 OPC UA 通信中新建客户端,添加读取数据列表,搜索在线的OPC UA服务器接口,连接机床的 OPC UA 服务接口,根据需要添加读取的数据信息,如图 11 - 46 所示。机床门和气动夹爪的状态信号通过 PLC 的 I/O 接口获取。

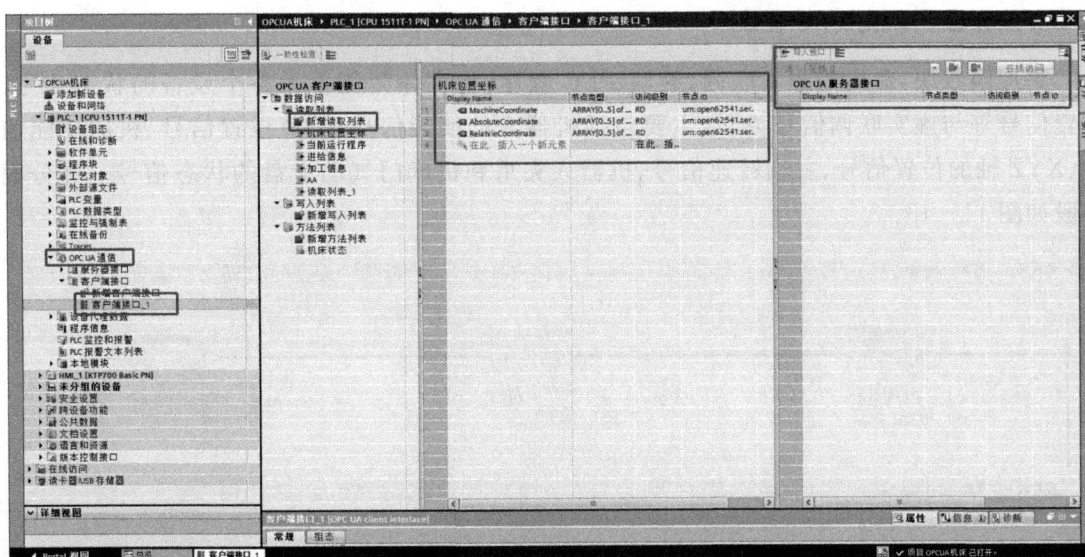

图 11-46　获取机床信号

3. 定义虚实联调变量

在 TIA 博途中,新建变量表,命名为虚实联调,定义与 Process Simulate 中通信的信号,如图 11-47 所示,信号名称要与 Process Simulate 中的一致。

		名称	数据类型	地址	保持	从 H…	从 H…	在 H…	监控
1		J1_OUT	Real	%QD10		☑	☑	☑	
2		J2_OUT	Real	%QD14		☑	☑	☑	
3		J3_OUT	Real	%QD18		☑	☑	☑	
4		J4_OUT	Real	%QD22		☑	☑	☑	
5		J5_OUT	Real	%QD26		☑	☑	☑	
6		J6_OUT	Real	%QD30		☑	☑	☑	
7		RB_Enable	Bool	%Q6.0		☑	☑	☑	
8		gripper_close	Bool	%Q50.1		☑	☑	☑	
9		gripper_open	Bool	%Q50.2		☑	☑	☑	
10		chuck_close	Bool	%Q50.3		☑	☑	☑	
11		chuck_open	Bool	%Q50.4		☑	☑	☑	
12		X_OUT	LReal	%Q60.0		☑	☑	☑	
13		Y_OUT	LReal	%Q68.0		☑	☑	☑	
14		Z_OUT	LReal	%Q76.0		☑	☑	☑	
15		S_OUT	LReal	%Q84.0		☑	☑	☑	
16		MC_Enable	Bool	%Q50.5		☑	☑	☑	
17		door_open	Bool	%Q50.6		☑	☑	☑	
18		door_close	Bool	%Q50.7		☑	☑	☑	
19		<新增>				☑	☑	☑	

图 11-47　虚实联调变量表

4. 编写虚实联调 PLC 程序

添加函数块,命名为虚实联调,编写 PLC 程序,将实体智能单元各个设备的状态信号、位置信号等与虚实联调信号关联,主要包括机器人的使能信号、关节位置信号、机床使能信号、XYZ 轴的位置信号、主轴转速信号、机器人夹爪和机床门气动卡盘的状态信号。部分程序段如图 11-48。

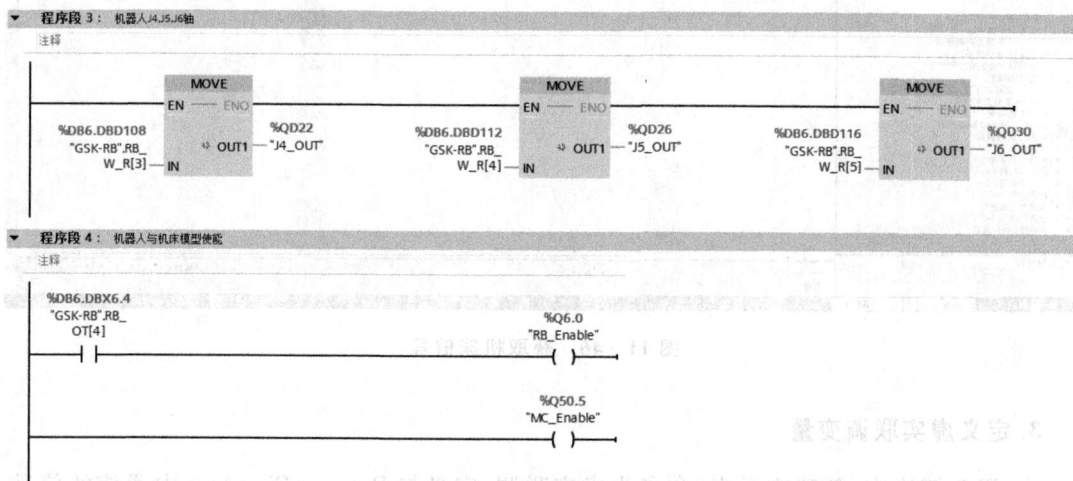

图 11-48 虚实联调部分程序段

5. 调试

设备与模型的初始位置使其一致,启动设备进行调试。

七、思考题

(1)简述智能加工单元数字孪生建模的流程。
(2)简述虚实联调的通信原理。
(3)阐述智能加工单元虚实联调的基本流程。

项目十二　智能制造产线建模与生产排程优化仿真

一、项目目标

(1)了解生产系统的基本构成；

(2)了解遗传算法与生产排程的原理与用途；

(3)学习 Plant Simulation 软件操作,掌握根据加工工艺进行产线建模的方法；

(4)掌握利用遗传算法进行同序作业调度问题的生产排程方法,并能够对产线性能进行分析。

二、相关知识点

(1)产线建模；

(2)生产排程；

(3)遗传算法；

(4)产线性能分析。

三、项目内容

(1)熟悉 Plant Simulation 软件产线建模仿真的基本操作；

(2)根据产品加工工艺参数完成产线建模；

(3)对产线的性能进行分析,找出产线的瓶颈工位,分析产线可能存在的问题；

(4)设计加工任务,根据加工任务建立生产排程模型,利用遗传算法进行生产排程分析；

(5)针对生产排程结果对产线性能进行分析。

四、项目设备

(1)硬件:计算机；

(2)软件:Plant Simulation。

五、项目原理

在智能制造迅速发展的背景下,制造业正迅速朝着智能化、信息化的方向发展。智能制造系统是一种由智能机器和人类专家共同组成的人机一体化智能系统,涉及的装备多、技术复杂、整个系统构建成本高、占用实验室空间大,在实际教学过程中很难用于实验教学。而基于虚拟仿真技术的实验教学自由度高、交互性强、安全性高,可修改参数并设计极端条件下的运行实验。生产排程在现代制造业高效运行中十分关键,引起了国内外学者的广泛重视,大家针对采矿业、高端装备、钢铁、纺织业、烟草等行业的生产排程问题展开了研究。然而,生产排程分析研究大多基于算法,在现有的本科生实践教学中很难实现。西门子 Plant Simulation 是一款面向对象的离散事件仿真软件,可以对各种规模的生产系统和物流系统进行建模、仿真,可以根据不同大小的生产订单与混合产品的生产进行生产调度分析。该软件中有自动瓶颈分析、Sankey 图、甘特图等分析工具及 GAWizard 和 GASequence 遗传算法优化分析工具等。

(一)生产排程问题

生产排程是在考虑能力和设备的前提下,在物料数量一定的情况下,安排各加工任务的顺序,优化生产顺序及选择生产设备,使等待时间减少,平衡各机器的生产负荷。同序作业调度问题指利用 m 台机床加工 n 个零件,每个零件需要经过 $k(k<m)$ 道工序,n 个零件在 m 台机床上的加工顺序相同,且每道工序需要不同的机床加工。问题的目标是求 n 个零件在每台机器上最优的加工顺序,使最大加工时间达到最小。约束条件要求同一机床上只能加工一个零件,某零件在某一时刻只能在一台设备上加工,某零件的上道工序完成后方可进入下一道工序加工,零件的每道工序加工时间是已知的。生产排程首先要构建仿真模型,建立由 m 台机器构成的产线,设计加工任务,根据加工任务和优化目标,利用遗传算法进行优化生产顺序。

(二)遗传算法原理

遗传算法(genetic algorithm,GA)是借鉴自然选择和基因遗传学发展起来的一种群体寻优的搜索算法。通过选择、交叉、变异等操作使种群里的个体结合,使个体不断优化,最终达到最优的过程。GA 不能对参数本身进行操作,需要将参数进行编码再进行操作。GA 的分析流程如图 12-1 所示。

(1)编码:对参数进行编码。常用的编码方法有二进制编码、符号编号、浮点数编码。

(2)初始化种群:随机生成 n 个个体构成一个种群,作为初始种群进行迭代。

(3)适应度计算:种群的好坏用适应度值来衡量,在优化计算时,适应度高的保留,适应度低的淘汰。适应度函数根据实际问题来确定。

（4）选择：根据适应度值的大小进行选择，适应度值大的被选择，适应度值小的被淘汰。

（5）交叉：将上一代被选择个体两两配对，将染色体中的某些基因进行交换，产生新的子代个体。

（6）变异：使染色体中的某些基因发生变化，通过变异操作可以使个体多样化，产生新的优良个体。变异具有一定的概率。

（7）终止条件：当达到终止条件时，输出最优个解，不满足则返回进行选择、交叉、变异。

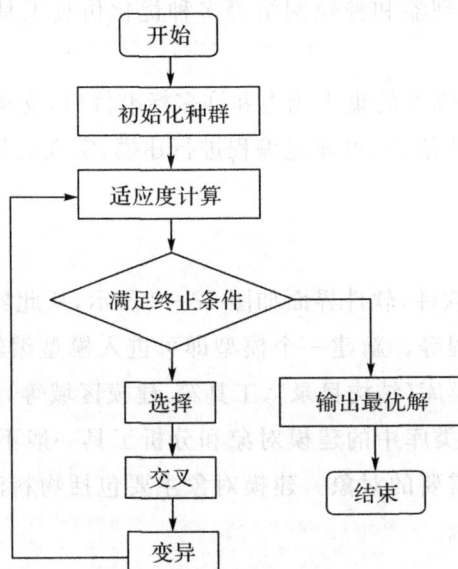

图 12-1　遗传算法分析流程

本实验中，利用 Plant Simulation 软件中的 GAWizard 和 GASequence 遗传算法优化工具进行建模分析。通过 GASequence 输入初始编码序列，GASequence 遗传操作符界面可以设置交叉、变异类型，交叉包括 OX（顺序交叉）和 PMX（部分匹配交叉），突变类型包括随机突变和固定突变数。GAWizard 将遗传算法集成到仿真模型中，根据优化目标要求设置优化方向、世代数和世代大小。适应度计算中将产线加工运行的仿真时间设置为优化目标。

（三）Plant Simulation 简介

Plant Simulation 是德国西门子公司开发的用于实现工厂、生产系统、物流系统仿真的工业软件，广泛应用于汽车、电子、机场港口、立体仓库、造船等多种行业。Plant Simulation 可以对各种规模的生产系统和物流系统进行建模、仿真，可以基于不同大小的生产订单需求及混合产品生产场景，优化生产布局、资源利用率、产能和效率、物流和供需链等。其主要的功能特点如下：

（1）可仿真复杂的生产系统和控制策略；

（2）可自顶向下渐进性建立仿真模型，复杂系统可构建层次结构，模型层次个数不受限

制,可通过多个子模型构建复杂模型,易于管理和维护;

(3)具有专门的软件对象资源库,用于迅速、有效地仿真典型情况;

(4)可进行 2D 与 3D 交互性分析;

(5)可使用图形(如直方图,饼图,曲线图,统计图等)、表格分析产线的产量、资源和瓶颈等;

(6)有丰富的分析工具,包括自动瓶颈分析、Sankey 图、甘特图等;

(7)有遗传算法、实验管理器和神经网络等多种优化仿真工具,可对生产系统参数进行优化分析;

(8)具有开放式结构,有强大的集成能力和许多标准接口,支持多种界面和一体化功能;

(9)提供了 SimTalk 编程语言,可通过编程进行建模,实现对仿真流程的控制。

(四)软件基本界面

启动 Plant Simulation 软件,软件界面如图 12-2 所示,从此界面可以新建模型、打开模型、查看入门示例、视频、教程等。新建一个模型即可进入模型编辑界面,如图 12-3 所示,该界面主要包括主工具条、类库(结构目录)、工具箱、建模区域等,类库包含整个工具箱的建模对象和分析工具及模型。类库中的建模对象和分析工具一般不要直接修改,可在模型目录下新建子目录,存放建模需要的对象。建模对象主要包括物料流、流体、资源、信息流、用户界面、移动单元、分析工具。

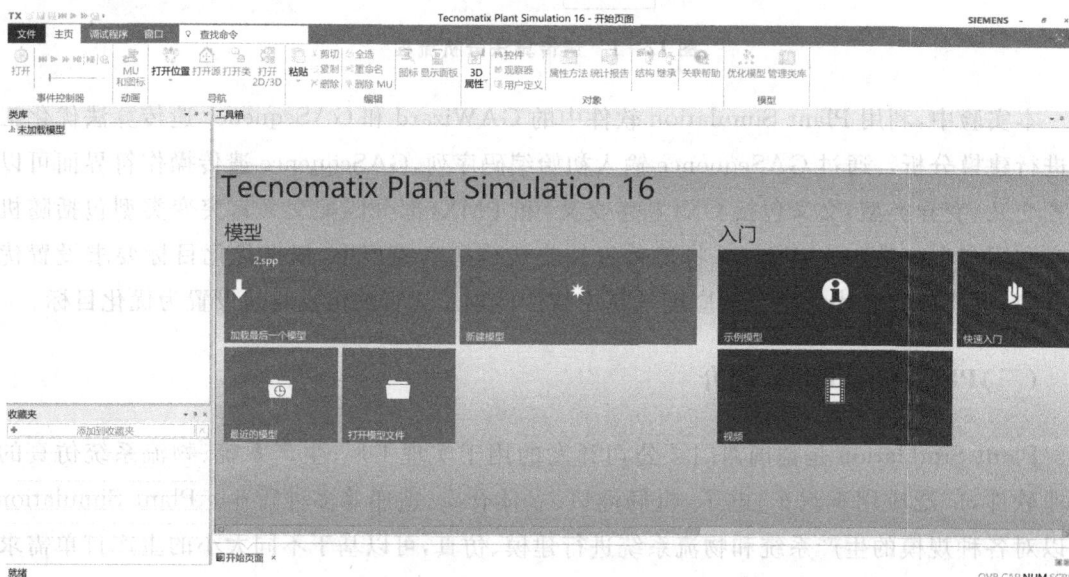

图 12-2 软件开始界面

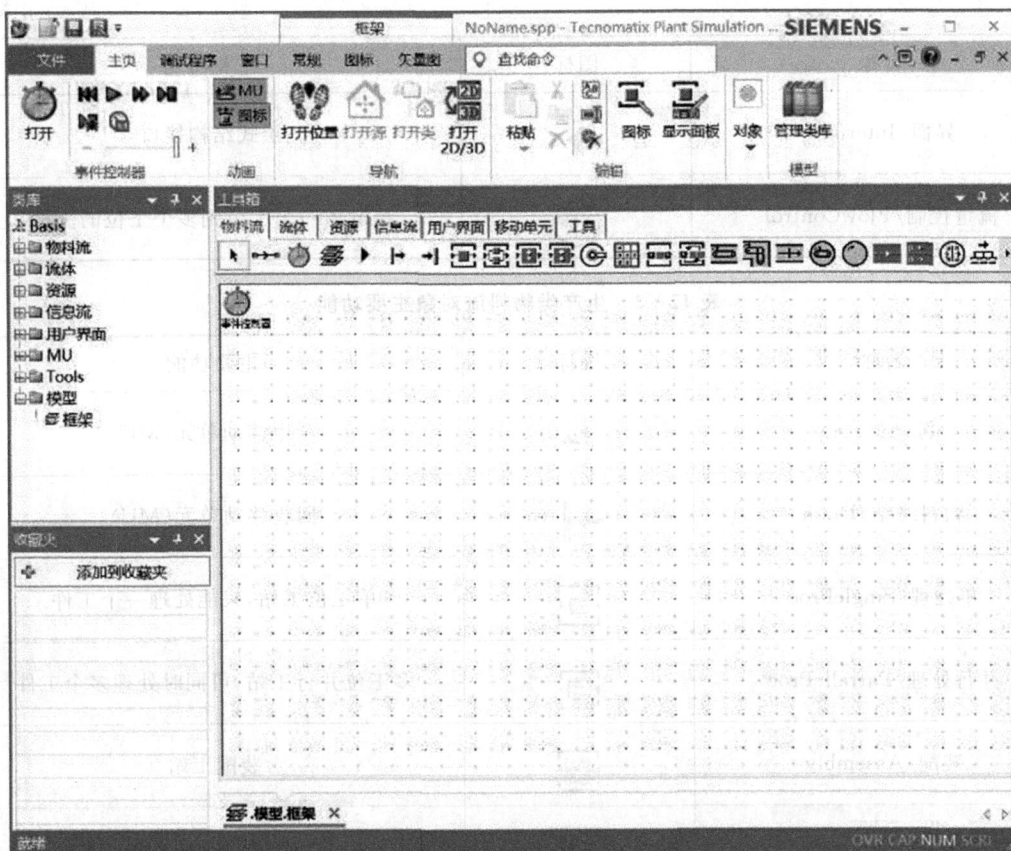

图 12-3　模型编辑界面

1. 物料流对象

物料流对象主要可分为控制和框架类、生产类和运输类。控制和框架类物料流对象主要用于搭建模型框架、控制仿真等,主要功能见表 12-1。生产类物料流对象主要指工站、缓存区等用于生产或存储工件的设备,主要功能见表 12-2。运输类物料流对象主要指传送带、轨道等与运输有关的设备,主要功能见表 12-3。

表 12-1　控制和框架类物料流对象主要功能

名称	图标	主要功能
连接器/Connector	→·→·←	连接物流对象
时间控制器/EventController	⏱	控制仿真事件
框架/Frame	彡	代表层式结构的子框架

名称	图标	主要功能
界面/Interface	▶	层式结构接口
流量控制/FlowControl		控制由一个工位到多个工位的流量

表 12－2　生产类物料流对象主要功能

名称	图标	主要功能
源/Source		产生移动单元（MU）
物料终结/Drain		回收移动单元（MU）
单处理/SingleProc		单工位工站，只能处理一个工件
并行处理/ParralleProc		多工位并行工站，可同时处理多个工件
装配/Assembly		装配工站
拆卸站/Disassembly		拆卸工站
存储/Store		存储工站
缓存区/Buffer		缓存区、暂存区
排序器/Sorter		带排序功能的缓存区
周期/Cycle		控制循环

表 12－3　运输类物料流对象主要功能

名称	图标	主要功能
拾取并放置/PickAndPlace		拾取并放置工件，如机器人
线/Line		输送线
角度转换器/AngleConverter		转换输送线方向

名称	图标	主要功能
转换器/Converter		物料转换器,可实现物料运输方向转换
旋转输送台/Turntable		旋转输送工件,只能同时输送一个工件,可连接多个输出物料流对象
转盘/Turnplate		转盘,只能同时输送一个工件,有唯一出口
轨道/Track		单车道路线,指 AGV 等运输工具的轨道
双通道轨道/TwoLaneTrack		双车道路线,指 AGV 等运输工具的轨道

2. 资源对象

资源对象主要对仿真运行提供或调配资源,主要包括工作区、人行道、班次日程、工人、工人池等,其主要功能见表 12-4。

表 12-4　资源对象主要功能

名称	图标	主要功能
工作区/WorkPlace		工位
人行通道/FootPath		人行道
工人池/WorkPool		工人池
工人/Worker		工人
导出器/Exporter		服务提供者
协调器/Broker		资源调度者
班次日历/ShiftCalendar		日程表
停工区/LockoutZone		停工区

3. 信息流对象

信息流对象在仿真中用于控制、传递和收集信息,其主要功能见表12-5。

表 12-5　信息流对象主要功能

名称	图标	主要功能
方法/method	M	由 SimTalk 语言编写代码,控制仿真系统
变量/variable	n=1	全局变量,传递信息
表文件/TableFile		提供或记录信息
卡文件/CardFile		提供或记录信息
堆叠文件/StackFile		提供或记录信息
队列文件/QueueFile		提供或记录信息
时间序列/TimeSequence		提供或记录信息
触发器/Trigger		定时或周期触发,控制何时产生 MU
生成器/Generator		控制如何产生 MU

4. 用户界面对象

用户接口对象包括用来显示仿真模型相关信息的图表和创建用户自定义界面的按钮、下拉框等。其中图表可用来分析产线的产量、资源和瓶颈。

5. 移动对象

移动对象包括实体、容器和小车。实体指系统中的工件、被处理对象;容器指装载工件的装置,如托盘等;小车指运输设备,如叉车、AGV 等。实体和容器为被动移动对象,小车为主动移动对象。

6. 工具

工具主要用于观察和分析模型,将关注的结果可视化,常用分析工具包括 BottleneckAnalyzer、

SankeyDiagram、EnergyAnalyzer、GAWizard、TransferStation 等。

(1)BottleneckAnalyzer:瓶颈分析,可视化物流对象的标准统计信息,对数据排序并列成表;

(2)SankeyDiagram:流量密度曲线,可视化 Sankey 图中物料的流动;

(3)EnergyAnalyzer:能量分析器,评估系统中设备的能量消耗;

(4)GAWizard:遗传算法,使用遗传算法优化分析;

(5)TransferStation:中转站,将零件加载、卸载或传送到容器、小车、传送带,或从容器、小车、传送带对零件进行加载、卸载或传送。

六、项目实例(备注:含实验步骤)

(一)产线建模与仿真分析

某工厂生产一种产品,每个产品由一个零件 1 和两个零件 2 组装而成,工艺路线如图 12-4 所示,各工位工艺名称及加工时间等参数见表 12-6。根据已知条件,建立产线仿真模型,对产线的瓶颈、设备利用率、物料流量等进行分析。

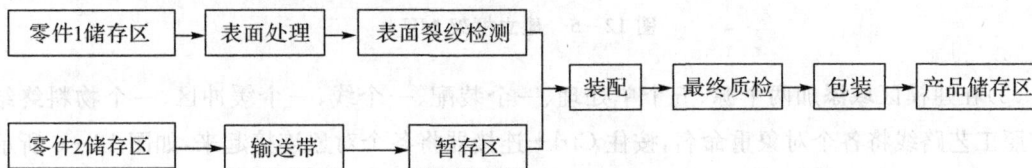

图 12-4　产品工艺路线

表 12-6　各工位工艺名称及加工时间等参数

工艺名称	加工时间/s	设备台数
零件 1 表面处理	60	2
零件 1 表面裂纹检测	25	1
装配	70	1
最终质检	45	1
包装	25	1

1.建立仿真模型

(1)启动软件,新建一个模型,点击类库→模型,右击新建文件夹,命名为 MU,用来保存模型要用到的实体。打开类库→MU,选中实体,右击复制两个实体,并分别命名为 lingjian1 和 lingjian2。按住 shift,鼠标点击 lingjian1 和 lingjian2 拖入类库→模型→MU 文件夹中,得到结果如图 12-5 所示。

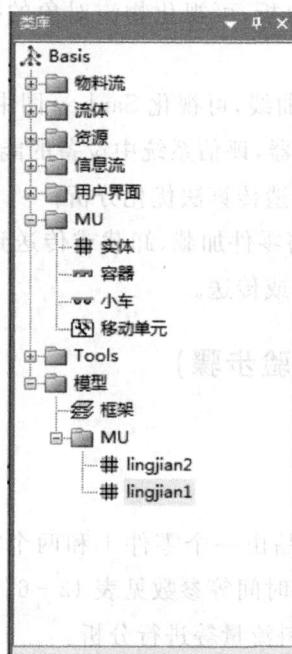

图 12-5 建立框架 MU

(2)在建模区域添加两个源、五个单处理、一个装配、一个线、一个缓冲区、一个物料终结，并按照工艺路线将各个对象重命名，按住 Ctrl+连接器将各个对象连接起来，如图 12-6 所示。

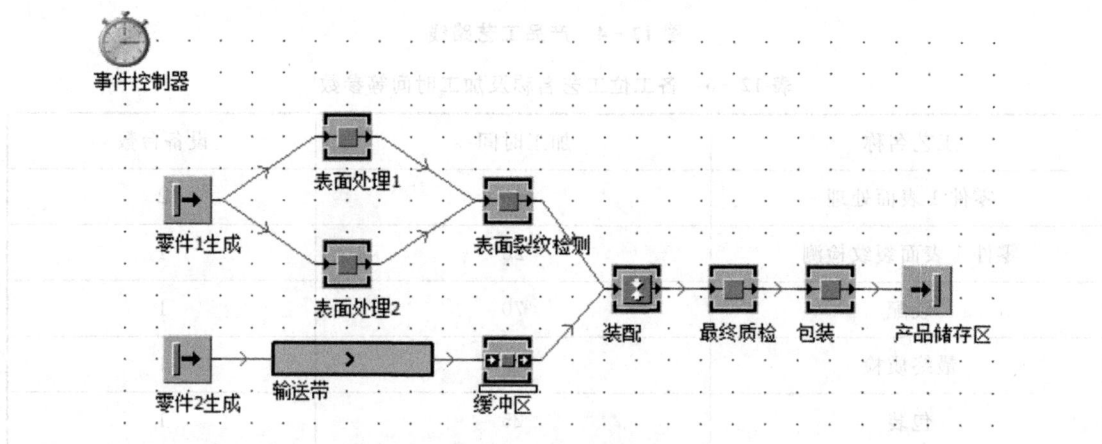

图 12-6 基本模型

(3)设置各个工位加工时间，如双击表面处理 1，打开表面处理 1 属性框，如图 12-7 所示，在处理时间框中输入 1:00 表示 60 s。处理时间为常数时，输入 10，应用后显示为 0:10，代表 10 秒，1:表示 1 分钟，1::表示 1 小时，1:::表示一天，注意必须在英文输入法下输入时间。按照同样的方法设置其他工位的处理时间。

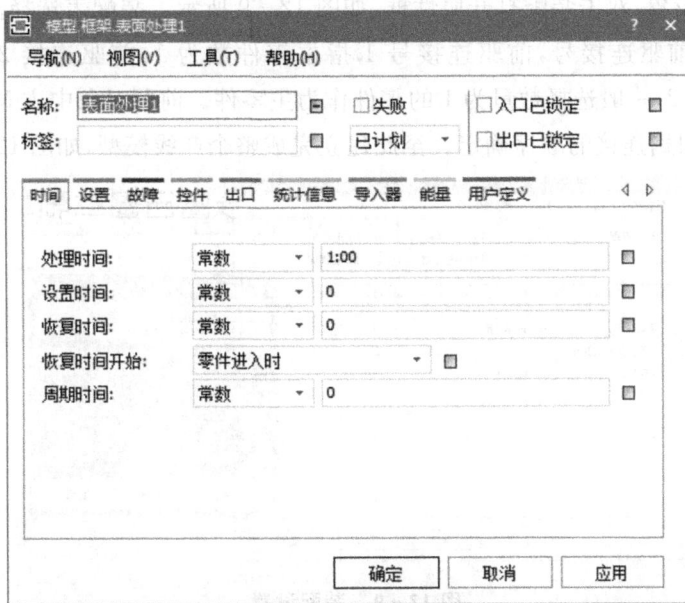

图 12 - 7　工站属性设置

(4)设置零件生成(源),双击零件 1 生成,打开属性框,将 MU 设置为模型框架下的
lingjian1,如图 12 - 8 所示。将零件 2 生成的 MU 设置为 lingjian2。间隔时间设置为15 s表
示每15 s生成一个零件,可以根据实际生产任务进行设置,在此不详细介绍。

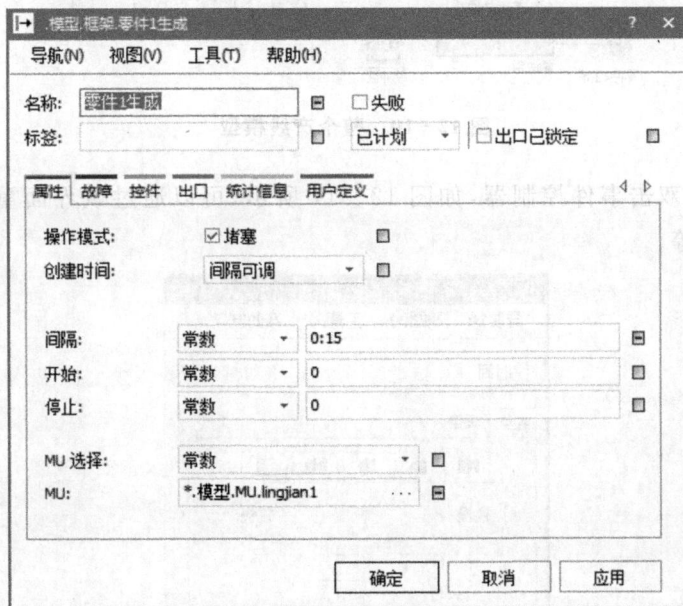

图 12 - 8　源属性设置

（5）装配工站设置，双击装配打开属性框，如图 12-9 所示。装配表选择前驱对象，打开表格，predecessors 为前驱连接号，前驱连接号 1 指主零件数为 1，前驱连接 2 号为次装配件，number表示数量为 2，一般选择数量为 1 的零件作为主零件。前驱对象中主 MU 为 1 指前驱连接号，前驱连接号根据连接的顺序确定。至此建立完成整个产线模型，如图 12-10 所示。

图 12-9 装配设置

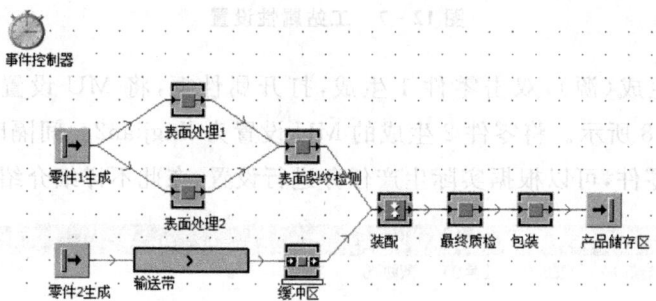

图 12-10 整个产线模型

（6）运行仿真，双击事件控制器，如图 12-11 所示，可以通过该界面重置模型、运行模型、调整运行快慢等。

图 12-11 事件控制器

（7）层次化结构建模，对于复杂模型，Plant Simulation 可以设置层次化结构来简化模型，本例以表面处理工站为例来说明层次化结构的设置。新建一个框架，命名为表面处理，添加两个单处理、两个界面，将它们连接起来，并设置处理时间，如图 12-12 所示。返回总模型框架，将原有的表面处理 1、2 工位删除，从类库→模型中将表面处理框架拖入总模型框架中，并将前驱和后续工位连接起来，如图 12-13 所示。运行仿真，可以看到模型能够正常运行，但表面处理工位看不到运行状态，可通过编辑图标→动画进行设置，请自行探索练习。

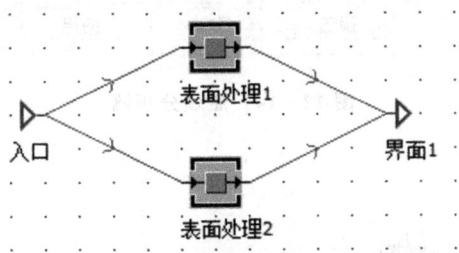

图 12-12　表面处理工站

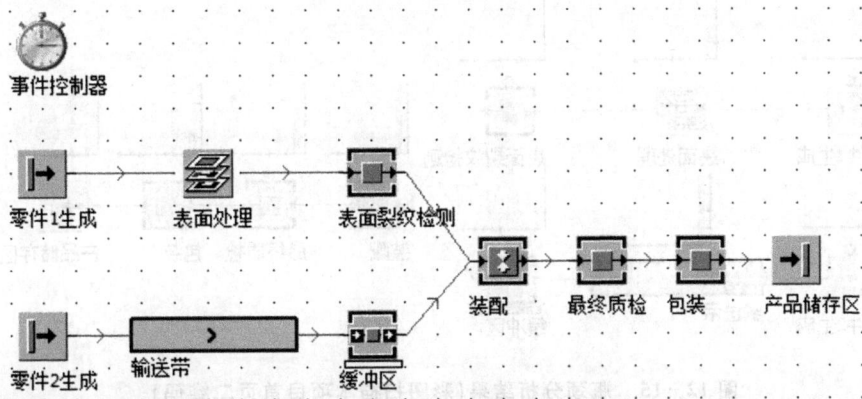

图 12-13　层次化模型

2.产线仿真分析

产线模型建立完成后，可以利用图表分析设备的使用率，利用瓶颈分析器分析产线瓶颈等。

1）瓶颈分析

在模型中添加瓶颈分析器 ，通过事件控制器运行模型，双击打开瓶颈分析器如图 12-14 所示，点击分析，可得到瓶颈分析结果，如图 12-15 所示，图中绿色柱状图代表工作时间占比，灰色代表等待时间占比，黄色代表堵塞时间占比，等待和堵塞占比越大则可优化程度越高，此处就是瓶颈工序，源堵塞除外。

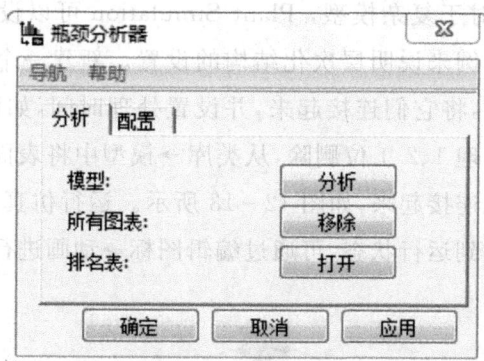

图 12 - 14　瓶颈分析器

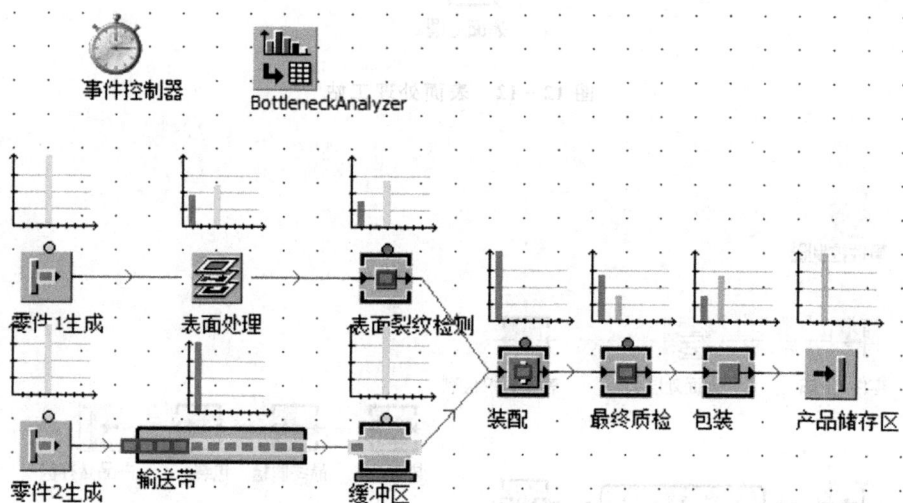

图 12 - 15　瓶颈分析结果(彩图扫描本项目首页二维码)

2)流量密度分析

在模型中添加 sankeydiagram ⬚ ,双击打开属性框,如图 12 - 16 所示,勾选"活动的",点击要观察的 MU 并打开,从类库→模型→MU 中将 lingjian1、lingjian2 拖到要观察的 MU 列表中,如图 12 - 17 所示。运行仿真,点击流量密度分析属性中的显示,可观察到 MU 的流动状态,如图 12 - 18 所示。

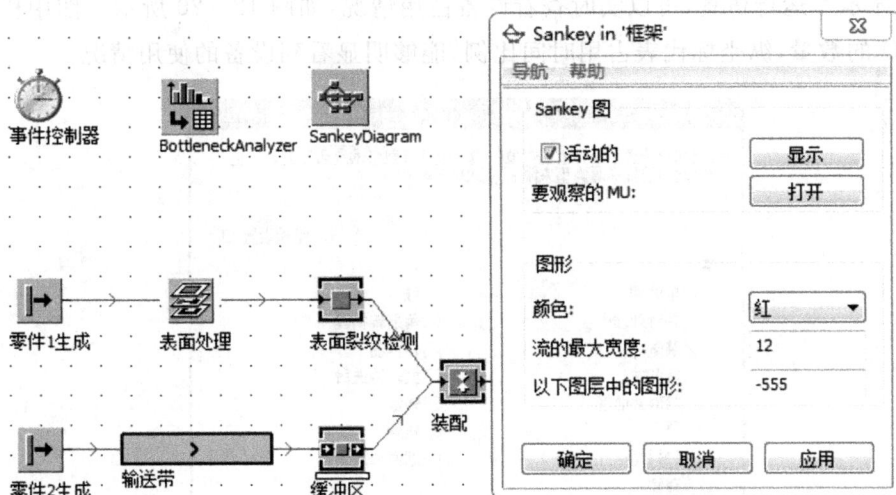

图 12 - 16　流量密度分析

图 12 - 17　流量密度分析观察的 MU

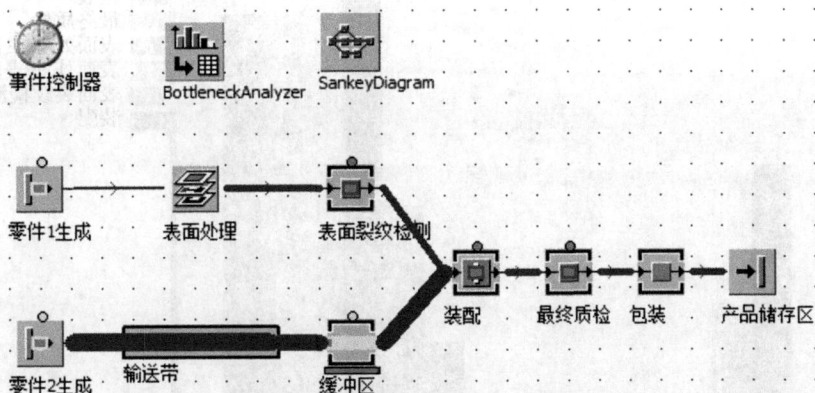

图 12 - 18　流量密度分析结果

3) 设备利用率分析

在模型中添加图表 , 右击图标, 打开统计信息向导, 如图 12 - 19 所示, 选中要分析的对象类别, 本例选中单处理和装配, 统计信息类别选择占用, 点击确定关闭统计信息向导。

右击图标"显示",运行仿真,可以实时查看设备占用情况,如图 12-20 所示。图中横坐标指设备上 MU 的数量,纵坐标代表占用时间比例,能够明显看到设备的使用情况。

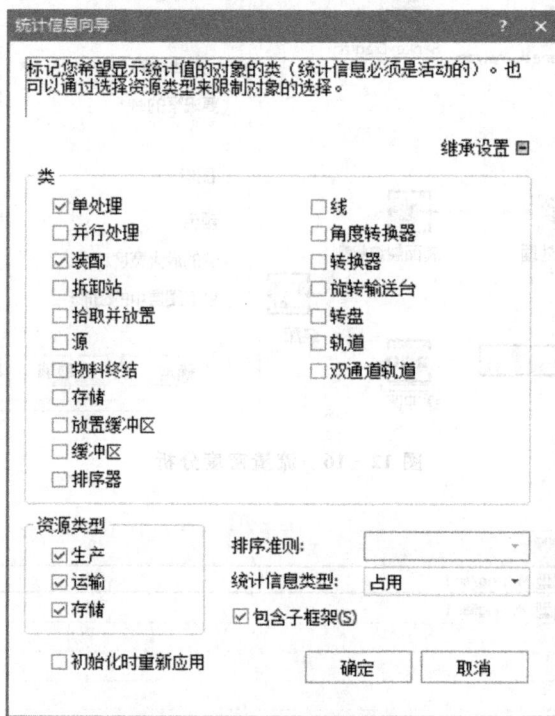

图 12-19　图表统计信息向导

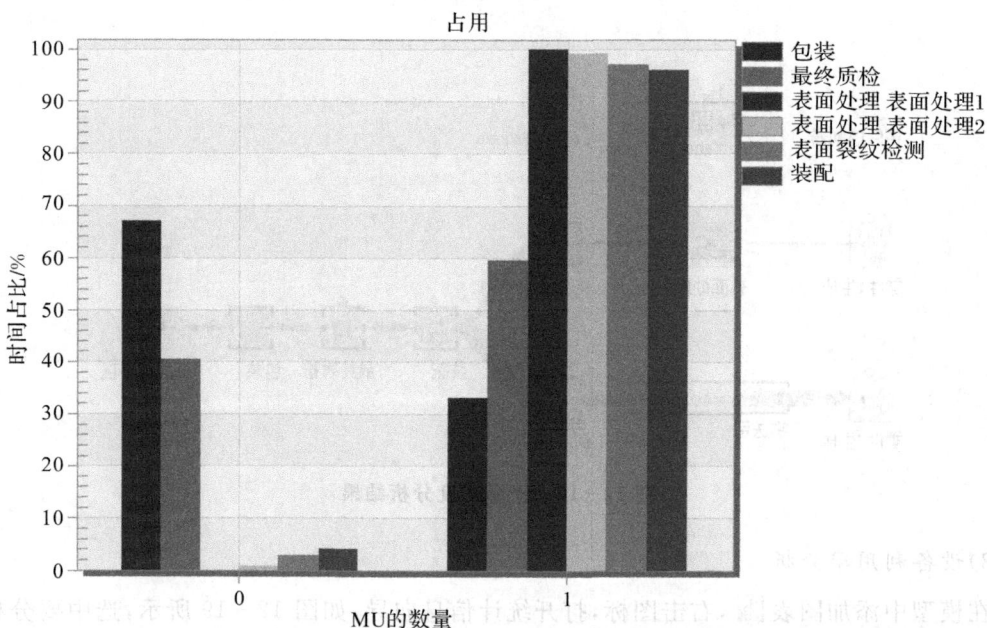

图 12-20　设备利用情况(彩图扫描本项目首页二维码)

4)设备资源统计分析

在模型中添加图表,详细操作参考设备利用率分析。在统计信息向导中,统计信息类别选择资源,可查看资源统计信息,如图 12-21 所示,从图中可以看出各工位设备的资源信息。

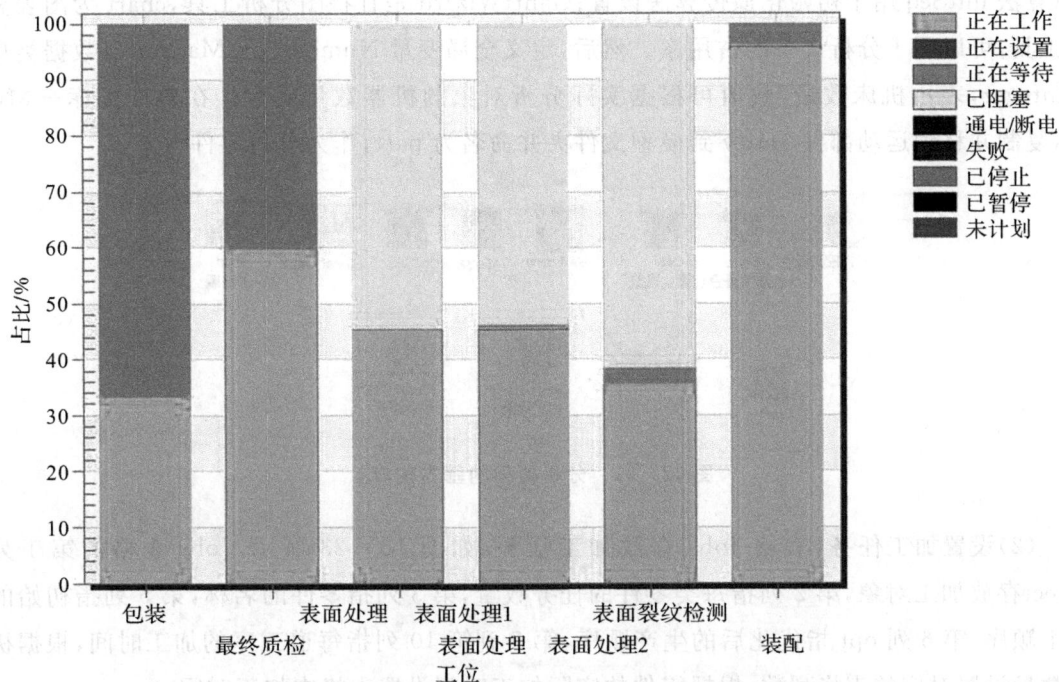

图 12-21　各工位设备的资源信息统计(彩图扫描本项目首页二维码)

(二)产线的生产排程仿真

生产排程是在考虑能力和设备的前提下,在物料数量一定的情况下,安排并优化各生产任务的生产顺序,同时优化选择生产设备,减少等待时间,平衡各机器的生产负荷。以同序作业调度问题的生产排程为例,同序作业调度问题指 m 台机床上加工 n 个工件,每个工件需要经过 $k(k<m)$ 道工序, n 个工件在 m 台机床上的加工顺序相同,且每道工序要求不同的机床加工。问题的目标是求 n 个工件在每台机器上最优的加工顺序,使最大加工时间达到最短。约束条件要求同一机床上只能加工一个工件,某工件在某一时刻只能在一台设备上加工,某工件的上道工序完成后方可进入下一道工序加工,工件每道工序加工时间是已知的。实验首先要构建仿真模型,建立由 m 台机器构成的产线,然后设计加工任务,根据加工任务和优化目标利用遗传算法进行优化生产顺序。

1.建立仿真模型

(1)首先新建一个模型,在模型中新建分析框架,用于搭建仿真模型,在分析框架中加入对象,修改命名,如图 12-22 所示。事件控制器用于控制事件仿真的启动、停止、仿真速度等;表格 Jobs 用于设置加工任务;Start 是算法对象,采用 simtalk 语言编写,用于控制机器的生成、删除,设置机器加工时间、出入控件等;算法 Reset 用于初始化仿真;算法 Writeresult 和表格 Result_Table 用于加工进度记录;GAWizard 和 GASequence 是遗传算法优化工具;算法 initSeq 用于初始化遗传算法设置;GanttWizard 是甘特图分析工具,chart 为图表分析工具,可以用于分析设备的占用率。然后,定义全局变量 Number_of_Machines,数据类型为 integer,表示机床数量,数值可根据实际分析对象的机器数量确定。在软件类库→MU 中,复制并移动运动部件 entity 到模型文件夹并命名为 part,作为分析零件对象。

图 12 - 22　分析框架的基本构成

(2)设置加工任务,表格 Jobs 存放加工任务,如图 12 - 23 所示,Jobs 表格的第 1 列 object 存放加工对象,第 2 列指每类零件的任务数量,第 3 列指零件的名称,第 5 列指初始的加工顺序,第 6 列 opt 指优化后的生产顺序,第 7 到第 10 列指每道工序的加工时间,根据机床数量设置对应的表格列数,根据零件的实际加工时间设置表格中加工时间。

	object 1	integer 2	string 3	table 4	integer 5	integer 6	time 7	time 8	time 9	time 10
string	MU	Number	Name		Ori	Opt	M1	M2	M3	M4
1	模型.Part	50	C1		1		10:00.0000	30:00.0000	25:00.0000	18:00.0000
2	模型.Part	35	C2		2		15:00.0000	20:00.0000	8:00.0000	28:00.0000
3	模型.Part	68	C3		3		6:00.0000	15:00.0000	22:00.0000	16:00.0000
4	模型.Part	24	C4		4		8:00.0000	12:00.0000	32:00.0000	32:00.0000
5	模型.Part	30	C5		5		12:00.0000	34:00.0000	40:00.0000	25:00.0000
6	模型.Part	45	C6		6		20:00.0000	20:00.0000	18:00.0000	40:00.0000
7										

图 12 - 23　加工任务

(3)编写建立模型算法 start,用于建立或删除机器、物料源、物料回收等对象,其中删除模型中机床(M)和零件存放区(BF)对象的代码运行会同时删除机车和零件存放区,目的是在建立相应对象时保证模型中不存在同名对象,方便修改加工任务时重建模型。

(4)运行 start,可以生成机床、零件存放区和加工时间数据层文件,如图 12 - 24 所示。source 用于生成物料即待加工零件,机器 M 指生产设备如机床等,BF 指零件存放区,用于存放待加工的零件。加工时间数据层 PT 里面包含四个表文件,用于存放四台设备的不同零件的加工时间。

(5)编写 reset 算法,主要实现产线清空、Result_Table 清空、初始化事件控制器设置等。

WriteResult 和 Result_Table 配合,记录产线运行时总加工时间。

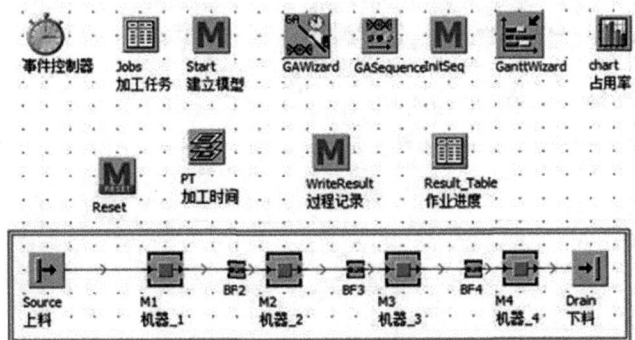

图 12 - 24　产线模型

(6)遗传算法设置。利用 GAWizard 和 GASequence 遗传算法优化工具进行优化分析。编写 InitSeq 初始化遗传算法代码,用于清空 GASequence,并在 GASequence 输入初始编码序列。GASequence 遗传操作符界面可以设置交叉、变异类型。交叉包括 OX(顺序交叉)和 PMX(部分匹配交叉),突变类型包括随机突变和固定突变数。GAWizard 界面如图 12 - 25 所示,根据优化目标要求设置优化方向、世代数和世代大小。在适应度计算中将事件控制器的仿真时间设置为优化目标。GAWizard 中对象→GA 控件设置界面如图 12 - 26 所示,将任务设置为 GASequence,可设置保存最优解的数量,用于结果分析。设置完成后,可在 GAWizard 的运行中点击重置→开始优化计算,在评估中可显示得到的优化分析结果。

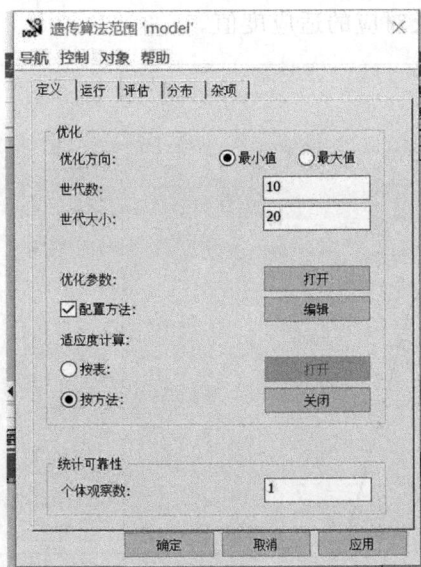

图 12 - 25　GAWizard 设置

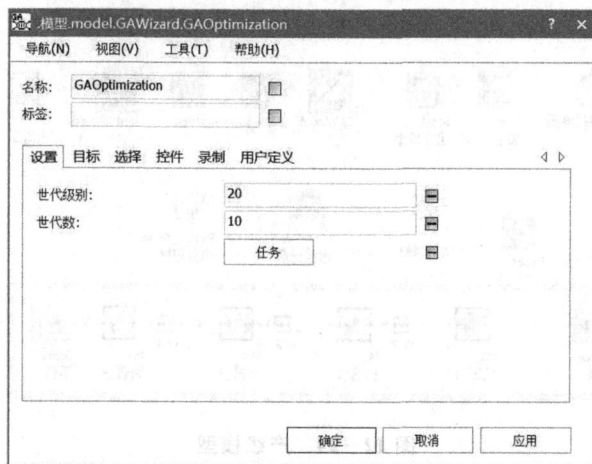

图 12 - 26　GA 控件设置

2. 生产排程分析

　　(1)将该加工任务在仿真模型加工任务 Jobs 中进行设置。首先运行整个加工过程，然后利用遗传算法进行生产排程优化分析。遗传算法分析中将事件控制器的仿真时间设置为优化目标，优化方向为最小值。世代数、世代大小、染色体编码方式、交叉方式、突变方式可根据需要设置，分析染色体编码方法、变异交叉、世代数和世代大小对排程结果的影响。运行完成后，在 GAWizard 的评估中可以查看相关分析结果，如图 12 - 27 所示为遗传算法优化性能图，从图中可以看出优化仿真的收敛情况。在 GAWizard 中，对象→GA 控件→录制中可查看染色体最优序列以及对应的适应度值。

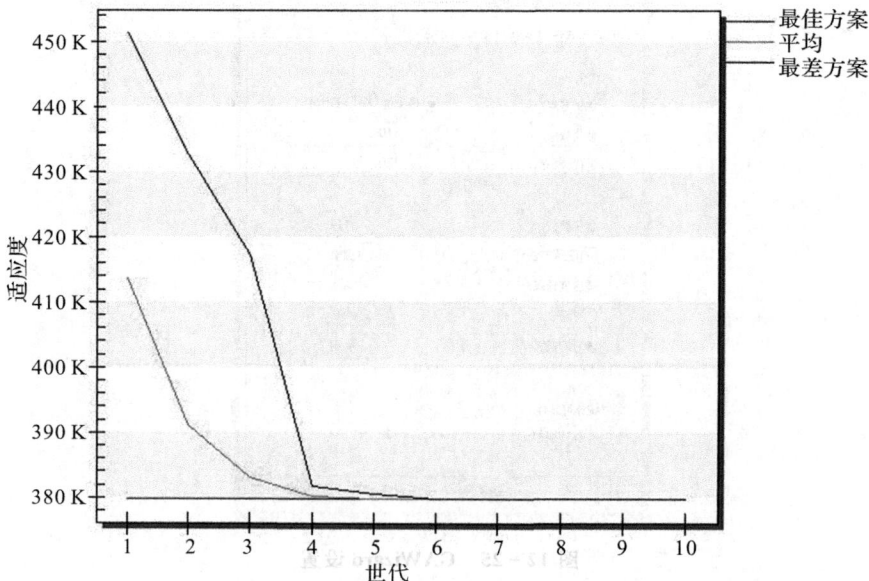

图 12 - 27　遗传算法优化性能图(彩图扫描本项目首页二维码)

（2）甘特图分析。优化分析后，将加工任务按照最优的加工顺序进行设置，利用事件控制器运行加工仿真，在甘特图（GanttWizard）中，将观察移动对象设置为分析零件对象 part，观察的资源对象设置为四台机器，可以查看甘特图，如图 12-28 所示，每种颜色方块代表同一个零件，方块长度代表在不同机器上的加工时间。从甘特图上可以看到加工任务执行的整个过程。在优化的加工任务顺序下，可以利用产线仿真分析中介绍的分析工具对产线性能进行分析。

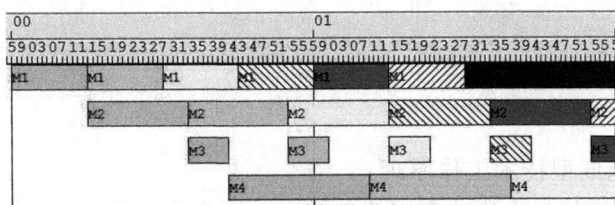

图 12-28 甘特图（彩图扫描本项目首页二维码）

七、思考题

（1）简述同序作业调度问题概念及生产排程原理。

（2）简述遗传算法优化分析原理。

（3）思考甘特图的工程实际意义。

项目十三　基于增材制造技术的产品设计制作

一、项目目标

(1)了解典型快速成型技术工作原理；

(2)熟悉 3D 打印机的基本构造和工作流程；

(3)掌握切片软件对模型打印前的切片处理；

(4)熟练操作打印机完成模型打印，并能够根据 3D 打印机的工作原理对模型进行后处理。

二、相关知识点

(1)3D 打印机的构造与工作原理；

(2)三维建模技术；

(3)3D 打印机的操作方法。

三、项目内容

(1)建立零件三维模型；

(2)利用切片软件，生成打印机需要的文件；

(3)将打印文件加载至打印机，完成模型打印；

(4)模型后处理。

四、项目设备

硬件：计算机、Makerbot Z18 打印机、Objet30 工业级打印机、Formlabs Form2 桌面打印机。

软件：三维建模软件。

五、项目原理

(一)3D 打印基本流程

快速成型的基本过程：先建立目标件的三维计算机辅助设计（CAD 模型），然后对该实体模型在计算机内进行模拟切片分层,沿同一方向(如 Z 轴)将 CAD 实体模型离散为一片片很薄的平行平面,再把这些薄平面的数据信息传递给快速成型系统中的工作执行部件,将控制成型系统所用的成型原材料有规律地一层层复现原来的薄平面,并层层堆积形成实际的三维实体,最后经过处理成为实际零件。

比较完整的快速成型技术包含三维设计、反求工程、快速成型制造等基本流程,如图 13 - 1 所示。

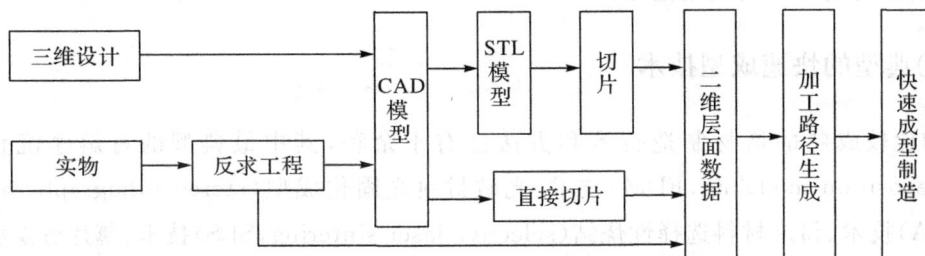

图 13 - 1　3D 打印基本操作流程

1.用计算机辅助设计软件构造三维造型

三维造型主要包括实体造型和曲面造型。它利用各种三维模型的计算机辅助设计软件进行几何造型,得到零件的 CAD 数学模型,这是获取初始信息的最常用的方法。目前比较常用的 CAD 软件有 AutoCAD、SolidWorks、ProE、Inventor、NX 等。计算机辅助设计软件产生的模型文件输出格式有多种,常见的有 IPGL、HPGL、STEP、DXF 和 STL 等,其中 STL 格式为增材制造行业普遍采用的文件格式。

2.利用反求工程构建三维模型

在很多场合下设计的初始信息状态不是 CAD 模型,而是各种形式的实物样件,若要进行仿制或再设计,必须对实物进行三维数字化处理。数字化处理包括传统测绘及各种先进测量方法,这一模式即为反求工程(又称为逆向工程)。反求工程的整个过程主要由两部分组成:①零件表面数字化,即提取零件的表面三维数据,主要由三坐标测量仪、三维激光数字化仪、工业 CT 和磁共振成像以及自动断层扫描仪完成;②三维重构,因为通过三维数字化设备得到的数据往往是一些散乱的无序点或线的集合,还需对其进行三维重构得到三维 CAD 模型。

3.三维模型的 STL 处理

模型的数据处理主要包括表面离散化和分层处理。表面离散化是在 CAD 系统上对三维的立体模型或曲面模型内外表面进行网格化处理,即用离散化的小三角形平面片代替原来的曲面或平面,经网格化处理后的模型即为 STL 文件。该文件记录每个三角形平面片的顶点坐标和法向矢量;然后用一系列平行于 XY 平面的截面(可以是等间距或不等间距)对基于 STL 文件表示的三维多面体模型用分层切片算法进行分层切片,之后对分层切片信息进行数控后处理,生成控制成型运动的数控代码。

4. 快速成型制造

快速成型制造即利用快速成型设备将原材料堆积成为三维物理实体。目前许多制造商可以提供多种快速成型制造设备,而且新的工艺设备也在不断出现,各种设备具有不同的特点和局限性,有着不同的应用范围。

(二)典型的快速成型技术

目前比较成熟的增材制造技术和方法已有十余种,其中最典型的有熔融沉积成型(fused deposition modeling,FDM)技术、光敏材料光固化成型(stereo lithography appearance,SLA)技术、粉末材料选择性烧结(selective laser sintering,SLS)技术、薄片分层叠加成型(laminated object manufacturing,LOM)技术。尽管这些增材制造技术与装备采用的结构和原材料不同,但都是基于"材料分层叠加"的成形原理,即用一层层的二维轮廓逐步叠加成三维工件。其差别主要在于二维轮廓制作采用的原型材料类型、由原材料构成截面轮廓的方法以及截面层之间的连接方式。

1. 熔融沉积成型(FDM)技术

FDM 技术的工作原理如下:将成型材料(实心丝材)缠绕在丝材盘上,电机驱动供料辊旋转,依靠供料辊和丝材之间的摩擦力将丝材不断地向喷头送进,在供料辊与喷头之间的导向套将丝材送到喷头的内腔,喷头的前端装有电阻丝式加热器,丝材在其作用下被加热熔融,然后经喷嘴挤喷出来,只要热熔材料的温度始终稍高于固化温度,而成型部分的温度稍低于固化温度,挤出喷嘴的材料就会和前一层面黏结在一起,当一个层面沉积完成后,工作台会按照预定的增量下降一个层的厚度,喷头再继续新一层面的熔喷沉积,直至完成整个实体造型。

目前市面上主要的 FDM 材料有工程塑料 PLA(聚乳酸)和 ABS(丙烯氰-丁二烯-苯乙烯)。PLA 是桌面式 3D 打印机使用最为广泛的一种材料,它来源于可再生资源,如玉米、甜菜、甘蔗等,被称为"绿色塑料"。ABS 是仅次于 PLA 的成型材料,它具有优良的综合性能,强度、柔韧性、机加工性能均很好,是制作工程机械零部件时优先选用的材料。

2. 光敏材料光固化成型(SLA)技术

SLA 是集控制技术、激光技术、物理化学等高新技术于一体的综合性技术,打印材料为液态光敏树脂,氦-镉激光器或氩离子激光器发出的紫外激光束会在控制系统的控制下,根据制件的分层截面信息逐点扫描液态光敏树脂的表面,被扫描区域的树脂会发生光聚合反应而固化,形成制件的一个薄层。一层固化完毕后,工作台下移一个层厚的距离,在固化好的树脂表面敷上一层新的液态树脂,并用刮板将黏度较大的树脂页面刮平,然后进行下一层的扫描加工,新固化的一层会牢固地黏结在前一层上,如此重复,直至整个制件成型完毕。

SLA 技术使用的材料一般都是液态光敏树脂，如光敏环氧树脂、光敏环氧丙烯酸酯、光敏丙烯树脂等。光敏树脂是在光能作用下会敏感地产生物理变化或化学反应的树脂。这种材料在一定的光源(波长 300～400 nm)照射下会引发光聚合反应，完成液态到固态的转变。

3. 粉末材料选择性烧结(SLS)技术

SLS 技术是利用粉末材料(如金属粉末、非金属粉末)，采用激光照射的烧结原理，在计算机控制下进行层层堆积，最终加工制作成所需的模型或产品。SLS 与 SLA 的原理相似，但所用原材料不同。使用铺粉辊将一层粉末材料均匀密实地平铺在已形成制件的上表面，并加热至恰好低于该粉末烧结点的某一温度。然后，控制系统控制激光束沿该层的截面轮廓扫描粉末层，使扫描到的粉末温度升至熔点，进行烧结并与下面已烧结的部分黏结。当一层的截面烧结完成后，工作台下降一个层的厚度，铺粉辊重新在上面铺一层粉末材料，进行新一层截面的烧结，如此反复，直至完成整个制件。

SLS 技术以粉末作为成型材料，理论上讲，任何被激光加热后能在粉粒间连接的粉末都可作为 SLS 技术的成型材料。目前，已成功应用于 SLS 技术的粉末材料有石蜡、高分子、金属、陶瓷粉末以及它们的复合粉末材料等。

4. 薄片分层叠加成型(LOM)技术

LOM 技术是采用薄片材料，按照模型每层的内、外轮廓线切割薄片材料，得到该层的平面形状，并逐层堆放成零件原型。在堆放时，层与层之间使用黏结剂黏牢。供料辊将底面涂有热溶胶的箔材料一段段地送至工作台的上方，同时激光切割系统在计算机指令的控制下，使用二氧化碳激光束沿模型截面的轮廓线切割工作台上的箔材，并将无轮廓区切割成小碎片，然后由热压辊将一层层箔材压紧并黏合在一起。在这个过程中，可升降的工作台支撑着正在成型的制件，并在每层成型完毕后降低一个层厚，以便送入、黏合并切割新的一层。

LOM 技术使用的成型材料为单面涂覆有热熔性黏结剂的片状材料，由基体材料和黏结剂两部分组成。常用的基体材料有纸片材、金属片材、陶瓷片材、复合片材等，常用的黏结剂主要为乙烯-醋酸乙烯酯。

六、项目实例

(一)熔融沉积成型(FDM)技术应用案例

本实例使用 FDM 技术打印"飞机"模型。首先使用 CAD 软件建立"飞机"的三维模型，然后将模型数据导入 MakerBot 软件进行分层处理，并对打印参数进行设置，最后将处理完毕的模型数据导出至 Makerbot Z18 打印机进行逐层叠加打印。本实例使用 SolidWorks 软件进行建模，建模过程在此不具体陈述。下面对模型数据处理及 3D 打印过程进行介绍，具体步骤如下：

1. MakerBot 软件界面简介

启动 MakerBot 软件,工作界面如图 13－2 所示,工作界面的按钮功能见表 13－1。

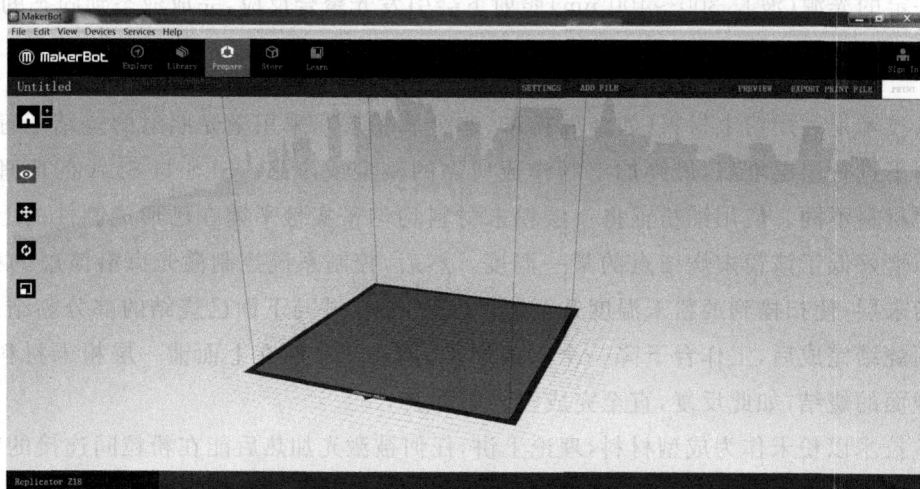

图 13－2　MakerBot 软件界面

表 13－1　MakerBot 软件界面的按钮功能

名称	功能
＋/－按钮	放大和缩小视图
Home(主页)	打印托盘的默认视图
View(查看)	可以旋转打印托盘,打开"Change View"(更改视图)子菜单并访问预设视图
Move(移动)	在打印托盘上移动模型,单击 Move 按钮可以打开"Change Position"(更改位置)子菜单并将物体置于中心或沿 x、y 或 z 轴移动特定的距离
Turn(旋转)	单击 Turn 按钮可以打开"Change Rotation"(更改旋转)子菜单并平放物体或使其绕 x、y 或 z 轴旋转特定角度
Scale(缩放)	单击并拖动鼠标可以缩小或放大模型,单击 Scale 按钮可以打开"Change Dimensions"(更改尺寸)子菜单,将物体沿 x、y 或 z 轴缩放特定的比例
文件名	显示当前打开的文件或布局的名称
Setting(设置)	可以更改当前物体或布局的打印设置
Add File(添加文件)	可以向打印托盘中添加一个或多个模型。使用"编辑"菜单中的复制、粘贴选项可复制托盘上已有的模型
Save to Library(保存到库中)	可以将 STL 或 Thing 文件保存到您的库中或本地计算机中
Print(打印)	将打印文件发送到 MakerBot Replicator Z18
/Export Print File(导出打印文件)	单击 Export Print File 导出文件
状态	可以显示连接打印机的状态、显示打印进度,还可以打开打印监控面板

2. 模型参数设置

1)模型导入 MakerBot 软件

将后缀为 STL 格式的"飞机"三维模型导入 MakerBot 软件,如图 13-3 所示。可以应用"Prepare"(准备)界面上显示的功能对模型进行移动、旋转、缩放、更改显示视图等操作。

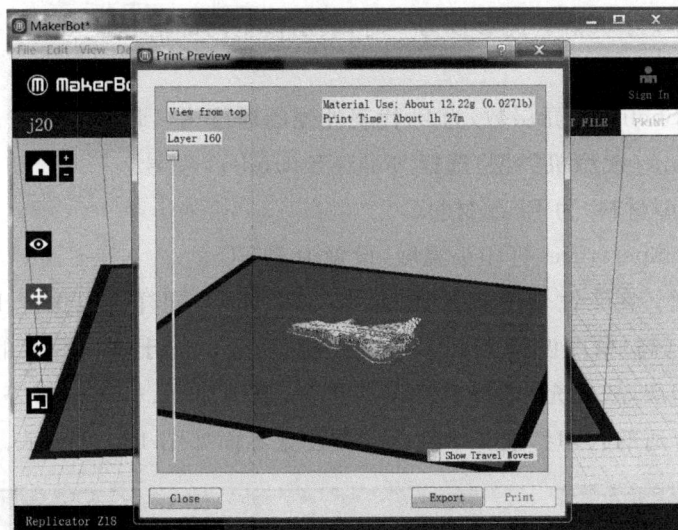

图 13-3　三维模型导入

2)打印参数设置

单击" Settings"(设置)功能,可以对要打印的模型进行打印参数设置。设置分为"quick"(快速设置)和"custom"(个性化设置),如图 13-4 所示。本实例采用快速设置功能。

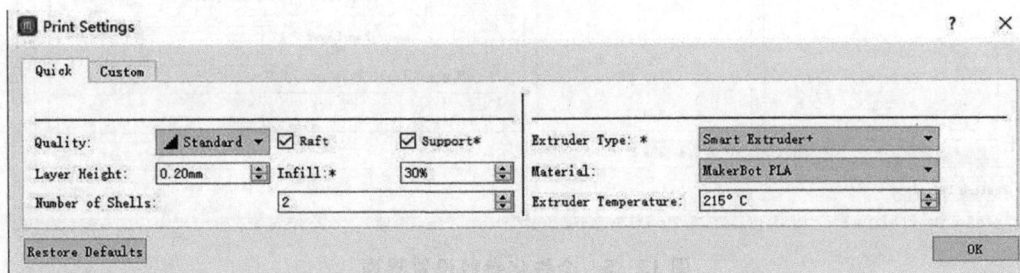

图 13-4　打印参数设置界面

(1)快速设置。在快速设置成型参数(Quick)中,可以选择 Quality(精度)控制,选择不同精度(如 Low(低)、Standard(标准)、High(高))可调整 3D 打印件的表面质量。此处选择 Standard(标准)打印。下面分别对其他参数设置进行简要说明。

①Raft(底托):选中此复选框可以在底托上生成物体。底托充当物体及任何支撑结构的基础并确保打印的结构件都牢固地黏附到打印托盘上。从打印托盘上取下完成的物体

后,可以轻松去除底托。

②Supports(支撑):选中此复选框可以使打印的物体具有支撑结构。MakerBot Desktop会自动为物体的任何外悬部分生成支撑。在打印托盘上取下完成的物体后,可以轻松去除支撑。

③Layer Height(层厚)设为 0.20 mm。该参数值越小,成型精度越高,成型时间越长。

④Infill(填充率)为 30%。此参数为 0 时,表示模型内部空心且无支撑;此参数为 100% 时,表示内部完全实心。

⑤Number of Shells(外壳层数)为 2,代表外壳的厚度为 2 倍喷嘴直径。

⑥Extruder Type(成型机类型)选择 Smart Extruder+ 型号。

⑦Material(成型材料)为 PLA 材料。

⑧Extruder Temperature(打印头温度)设置为 215℃。

(2)个性化设置。在个性化参数设置(custom)功能中,同样可以选择 Low(低)、Standard(标准)或 High (高)精度设置 3D 打印件的表面质量。对于不同等级的打印精度,有对应的成型温度、打印层厚、填充率、挤出时移动速度、空走速度、材料选择等。根据打印产品的实际需求,设置合适的打印参数。个性化参数设置界面如图 13-5 所示。

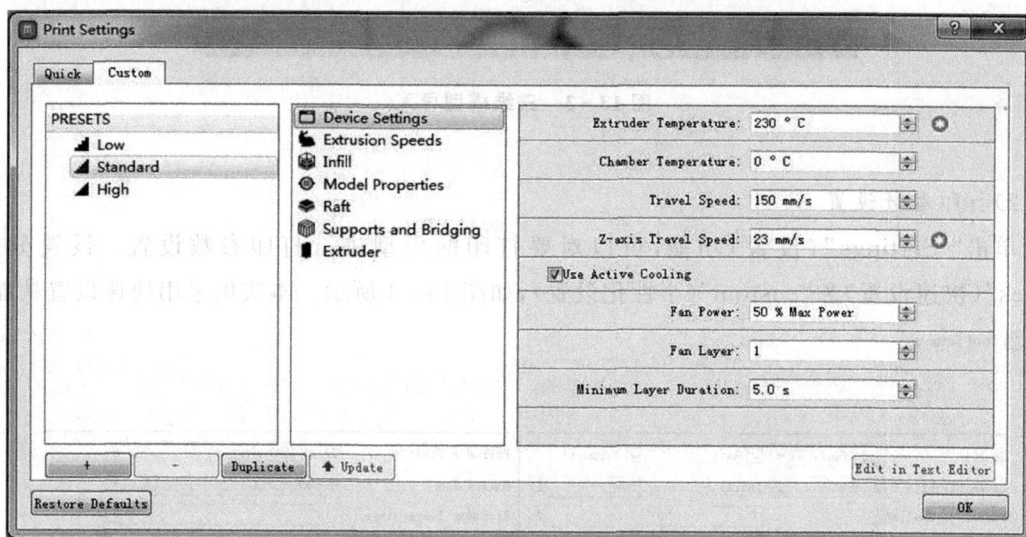

图 13-5　个性化参数设置界面

3. Preview(打印预览)

参数全部设置完成后,单击"Preview"按钮,出现预览窗口,如图 13-6 所示。通过滑动窗口左侧的滚动条可以任意查看某一层的截面及填充情况。

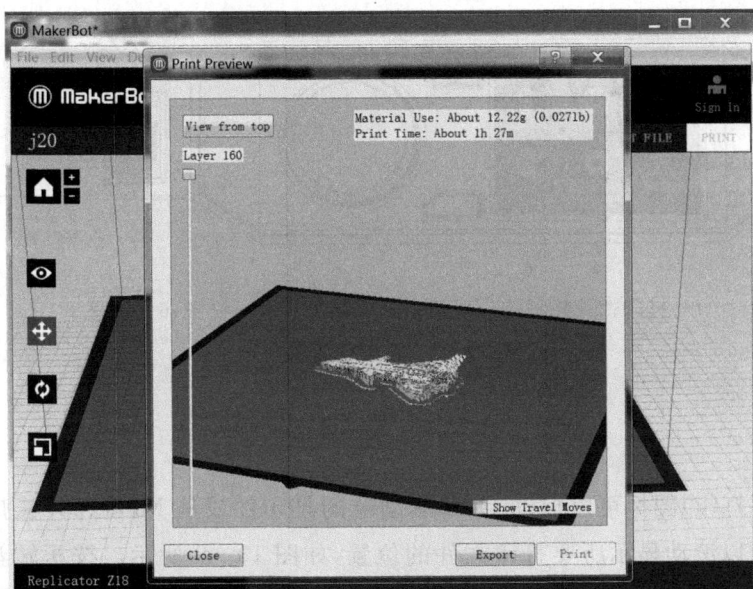

图 13-6　预览模型

4. 导出模型数据

单击"EXPORT"按钮,选择保存文件类型为. makerbot,保存文件,以备脱机打印。

5. MakerbotZ18 打印机功能简介

从 Makerbot 导出的模型数据可以直接输入到 Z18 打印机进行快速成型打印。通过打印机的控制面板进行操作,如图 13-7 所示是控制面板示意图。

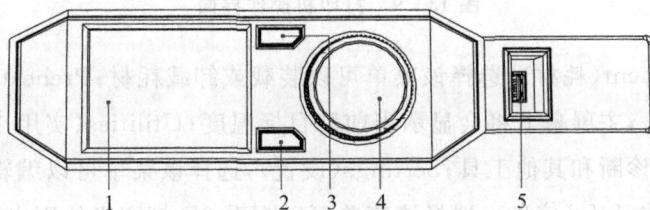

1—LCD 屏幕;2—菜单按钮;3—后退按钮;4—转盘;5—USB 驱动器端口。

图 13-7　Z18 控制面板示意图

控制面板菜单包括 Print(打印)、Filament(耗材)、Preheat(预热)、Utilities(实用工具)、Settings(设置)、Info(信息)。从 USB 驱动器端口读入打印模型文件,通过操作面板更改各种打印设置,打印面板的菜单功能如图 13-8 所示。

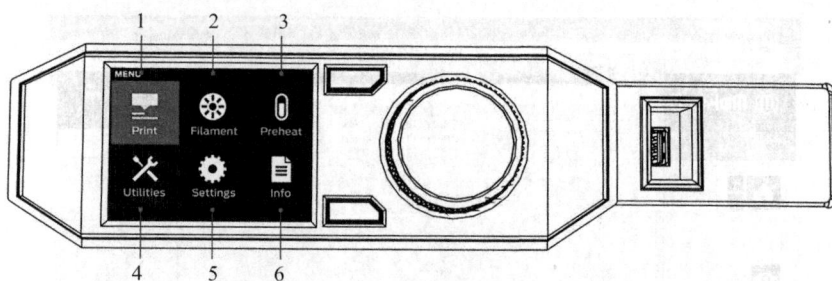

1—打印;2—耗材;3—预热;4—实用工具;5—设置;6—信息。

图 13-8　控制面板菜单

6. Print

选择 Print(打印)图标可以启动 USB 驱动器的打印件或从 Makerbot 云库同步的打印件。转动转盘可以滚动显示所要打印文件的位置,如图 13-9 所示。按压转盘可选择文件位置,再次转动转盘可以滚动显示可用文件的列表,再次按压转盘可选择一个文件,可以预估打印时间。在打印期间,可以查看打印进度及有关打印件的其他详细信息。

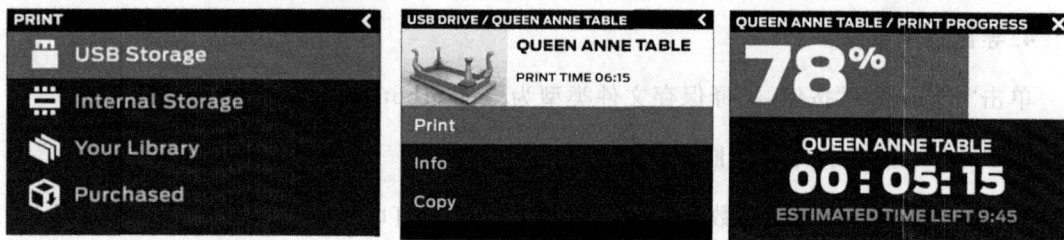

（a）打印文件位置　　　　　（b）打印模型　　　　　（c）打印件完成百分比

图 13-9　打印机操作界面

其他菜单:Filament(耗材),选择该菜单可以装载或卸载耗材;Preheat(预热),选择该菜单可以预热智能喷头,主屏幕上将会显示当前和目标温度;Utilities(实用工具),选择此菜单可以访问托盘调平、诊断和其他工具;Settings(设置),选择该菜单可以编辑网络和共享设置以及个性化打印物体;Info(信息),选择该菜单可以查看 3D 打印机的历史记录和统计数据。

开始打印后,先进行喷嘴预热,达到预设温度后,打印机开始打印。首先打印底座,然后逐层叠加,同时按照预设的填充率对模型内部进行填充。打印完成后,打印头回到机械原点,平台降到最低,打印结束。

7. 打印产品的后处理

用专用铲刀将产品从平台底板处取下。使用专用笔刀对支撑和毛刺、毛边进行修正。也可采用物理或化学手段(如砂纸打磨、珠光处理、蒸汽平滑或抛光机处理)对模型表面进行抛光处理。

(二)SLA 技术应用案例 1

本案例应用 Objet30 工业级打印机打印零件,打印步骤如下:

(1)接通打印机电源并开机。

(2)打开打印机内置电脑,打开远程桌面,如图 13-10 所示,进入打印机内置电脑系统,如图 13-11 所示。

图 13-10　打印机远程桌面

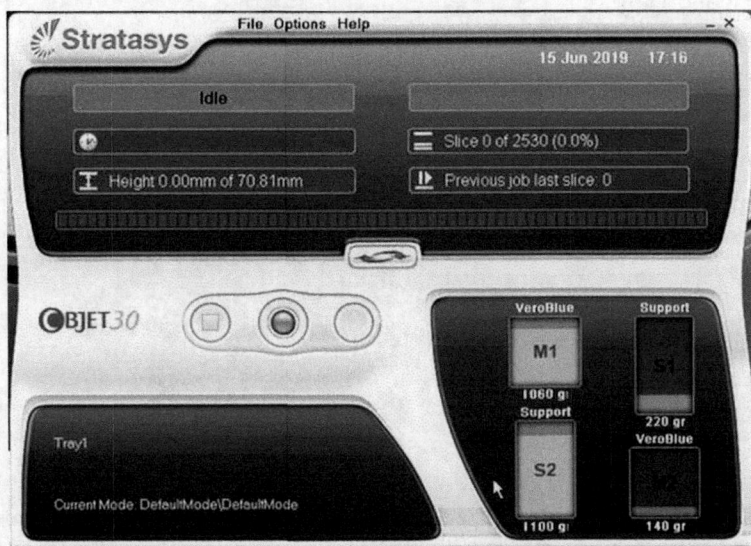

图 13-11　打印机内置电脑

(3)Objet Studio 软件切片处理。将远程电脑桌面最小化,找到 Objet Studio 软件并打开,如图 13-12 所示。左上角为模型插入、定位、验证、估计、成型按键。软件操作过程如下:

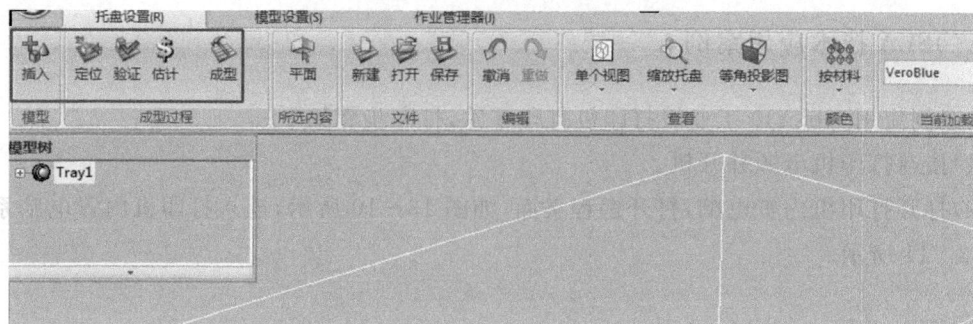

图 13 - 12　打开 Objet Studio 软件

①点击"插入"按钮,插入需要打印的三维模型,文件扩展名为. STL。选中模型自动转化到模型设置界面,这里可以手动修改模型的摆放位置,右上方"哑光"指整个模型用支撑材料包围,"光泽"指只有需要打印支撑的位置才设置支撑材料。在满足要求的情况下,为节约材料可以选择"光泽"。

②点击"定位"按钮,自动排列模型位置,如图 13 - 13 所示。

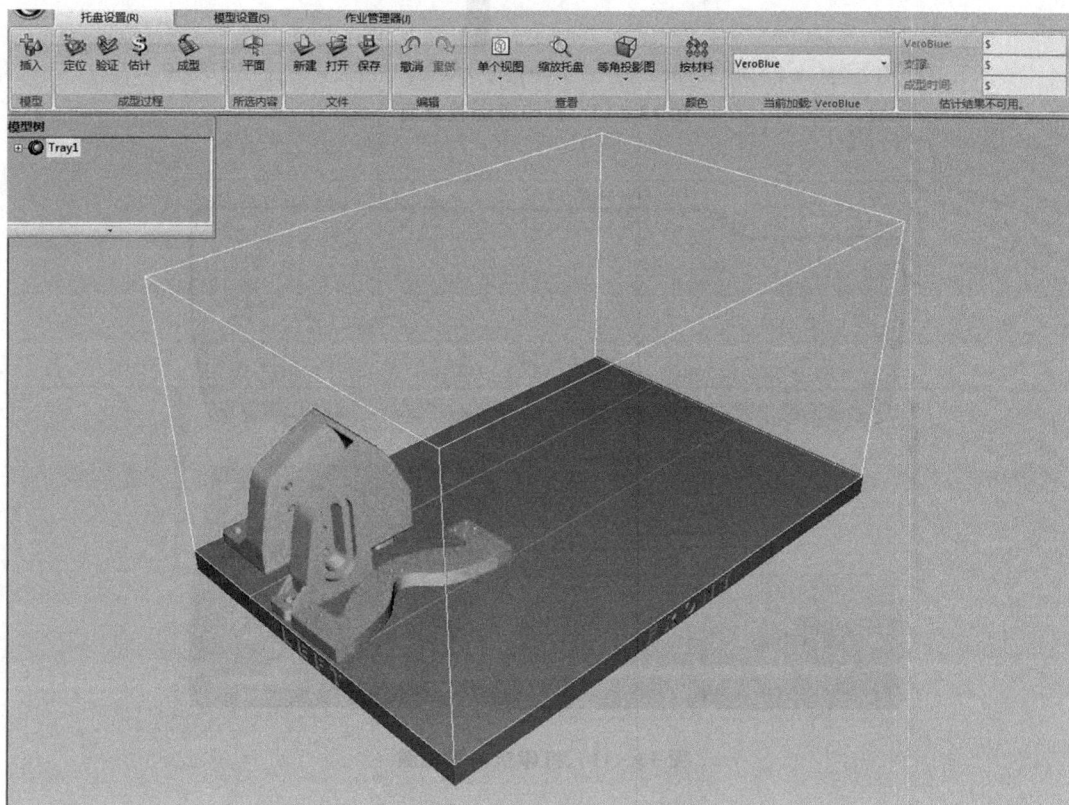

图 13 - 13　自动定位打印模型

③点击"验证",检测有效性,提示 OK 则继续,否则需要重新设计和修改三维模型。

④点击"估计"按钮,可以估算消耗多少打印材料、支撑材料以及打印成型时间。

⑤点击"成型"按钮,弹出保持界面,将工作项目保存,自动进入作业管理器。将模型进行切片,并发送到远程 3D 打印机。

⑥点击内置电脑的红色按钮,打印机开始升温(见图 13-14),升温完毕,开始打印。

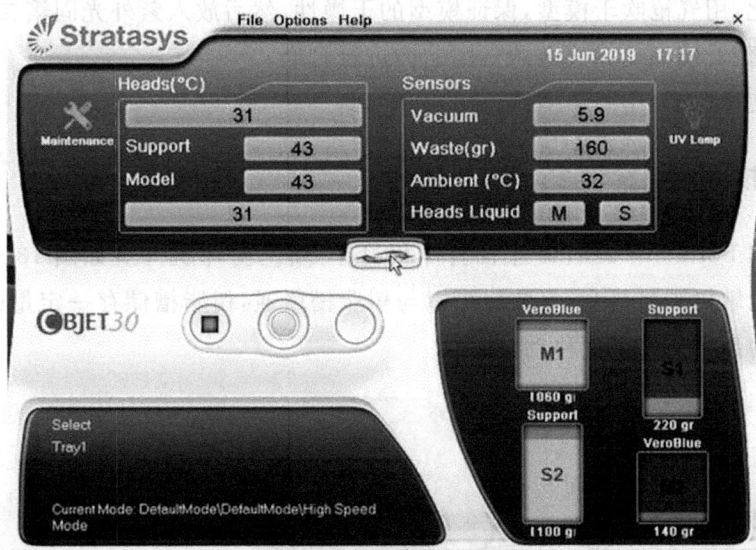

图 13-14 打印机升温、打印

打印机内置电脑常用的菜单如图 13-15 所示,此处不再详细介绍,具体操作及打印机保养方法详见打印机使用手册。

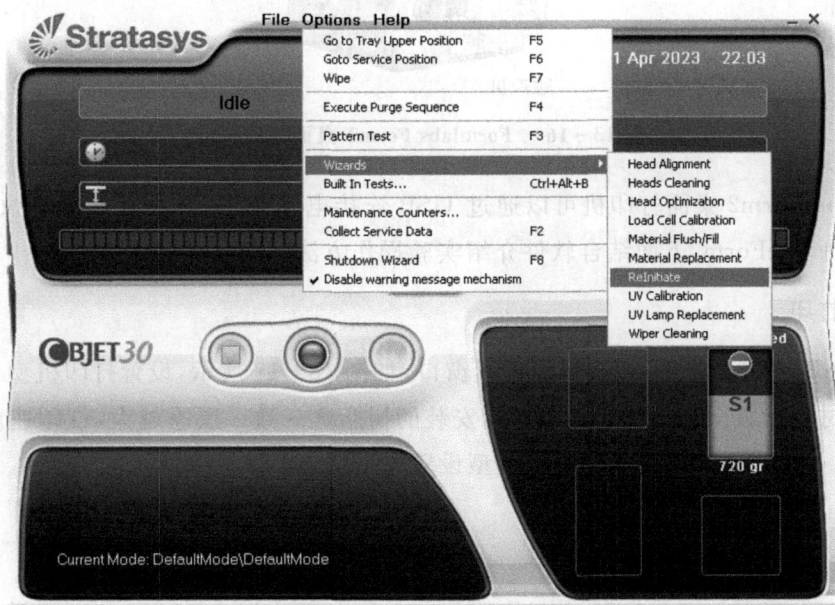

图 13-15 打印机内置电脑菜单

(4)模型后处理。

①利用专用铲刀沿网板底面将产品铲下。

②模型初步处理：用酒精把模型表面的残余树脂洗涤干净，并同时使支撑结构软化。

③去除支撑：用专用工具将软化后的支撑去掉，用毛刷刷掉残余在模型内部的残渣。

④二次固化：用气枪吹干模型，保证模型的干燥性，然后放入紫外光固箱二次固化。

⑤模型打磨：对模型支撑残余的支撑结构进行打磨。

⑥打印机使用完毕，用酒精擦拭打印头和滚筒。

(三)SLA 技术应用案例 2

本案例应用 Formlabs Form2 桌面打印机打印零件，打印机外观如图 13-16 所示。树脂盒为配套的光敏树脂材料盒，安装后可以与树脂槽联通，树脂槽储存一定量的光敏树脂用于成形加工。构建平台可上下移动。

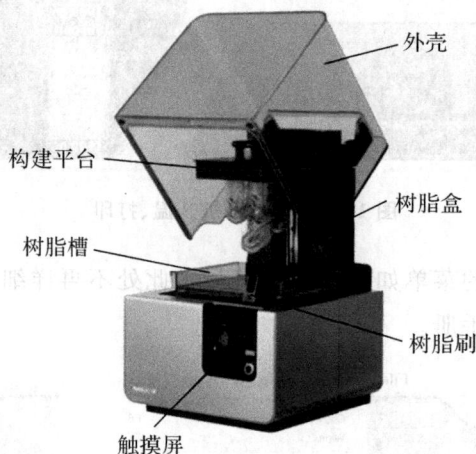

图 13-16　Formlabs Form2 桌面打印机

Formlabs Form2 桌面打印机可以通过 USB 连接电脑或 WiFi 来上传打印文件。配套应用的软件为 PreForm，下面结合软件介绍实验操作方法。

1. 模型打印

(1)启动 PreForm 软件，弹出打印设置窗口，如图 13-17 所示，设置打印机型号、材料参数、层厚等，材料参数需要与打印机上实际安装的树脂盒一致。层厚越大，打印速度越快，打印精度越低。设置完成，点击应用进入模型设置界面，如图 13-18 所示。

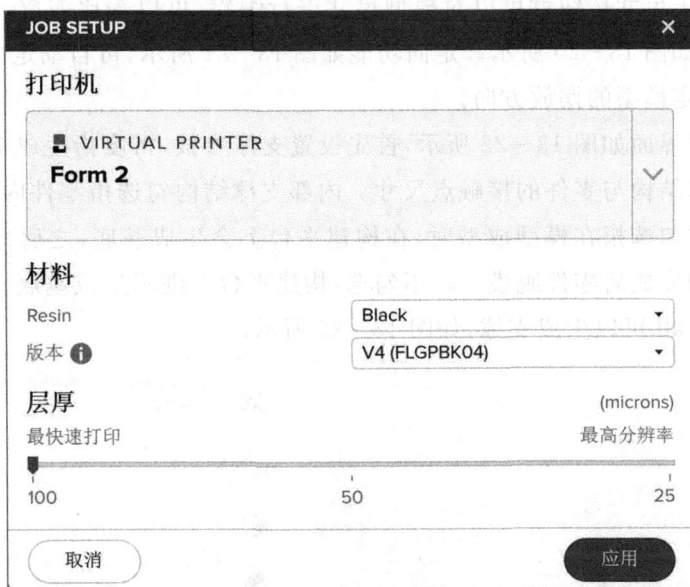

图 13 - 17　打印设置

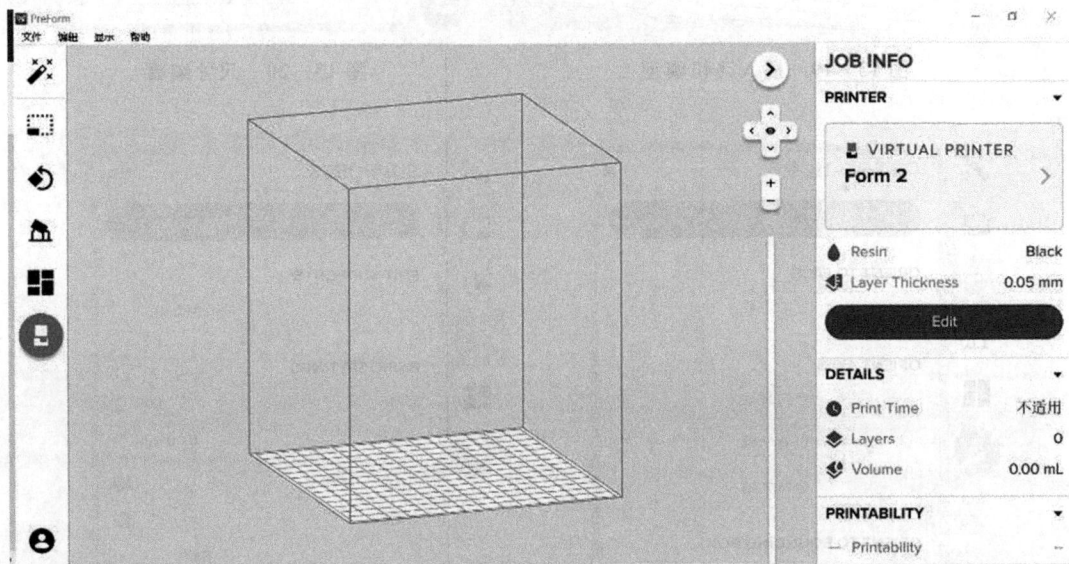

图 13 - 18　模型设置界面

　　(2)在模型设置界面,左侧为主要的模型编辑功能按钮,右侧为打印设置和打印性能参数。点击文件,打开选择要打印的模型文件,插入软件中,如图 13 - 19 所示,插入飞机模型。

　　模型编辑功能主要包括一键打印、尺寸、定向、支撑结构、布局和开始打印。一键打印功能可以根据默认设置参数自动生成支撑结构、自动定位,选择打印机上传文件,保证以最快的速度打印完成。

选中模型,点击尺寸按钮就可以对模型尺寸进行编辑,可以等比缩放,也可以对某一方向尺寸进行编辑,如图13-20所示。定向功能如图13-21所示,可自动定向,也可以通过某个面、坐标轴等确定模型的摆放方向。

支撑结构设置界面如图13-22所示,首先设置支撑参数,密度指生成支撑的稀疏程度,接触点尺寸指支撑结构与零件的接触点尺寸。内部支撑结构勾选指零件内部会自动生成支撑结构。基底标注勾选指在模型成型时,在构建平台上会生成基底,之后再打印模型,这种打印方式便于打印完成后零件脱模。若不勾选,构建平台上则不生成基底。设置完成后,点击auto-generate all可以生成支撑,如图13-23所示。

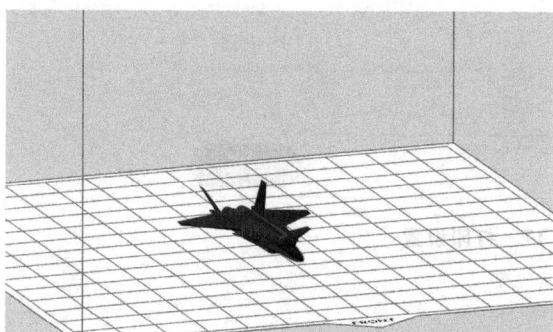

图 13-19　插入飞机模型

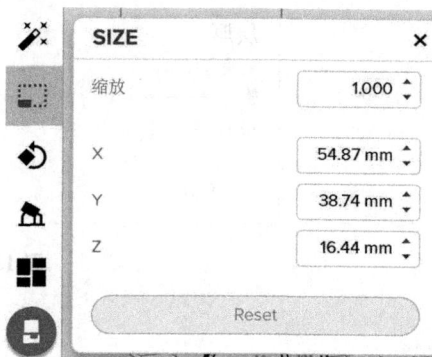

图 13-20　尺寸编辑

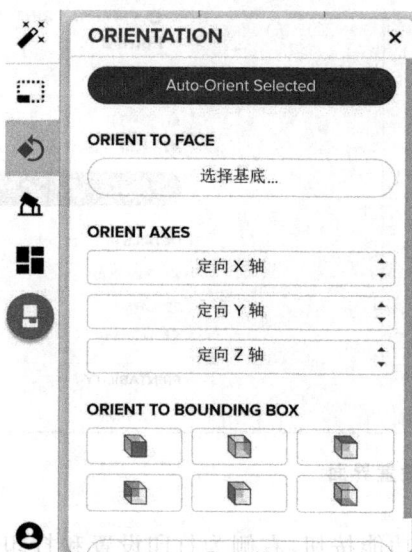

图 13-21　定向

图 13-22　支撑结构

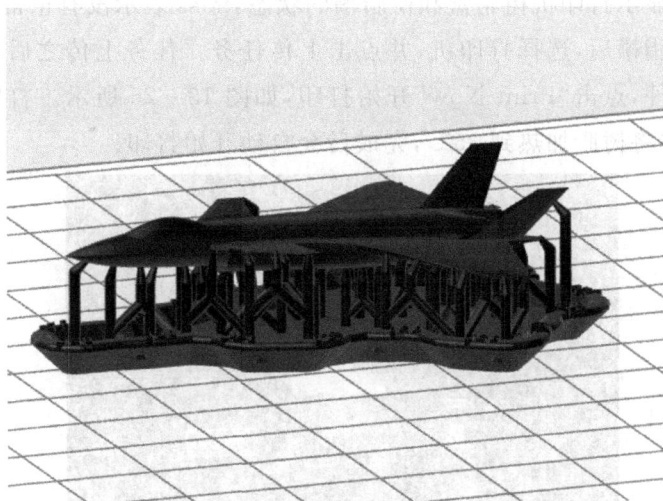

图 13 - 23　生成支撑结构的模型

　　布局设置可以实现多个零件的布局，实现同时打印多个零件。多个零件模型之间的间距、底座重叠、模型旋转、复制数量等可以根据需求进行设置，点击创建可以生成多个模型，如图 13 - 24 所示。

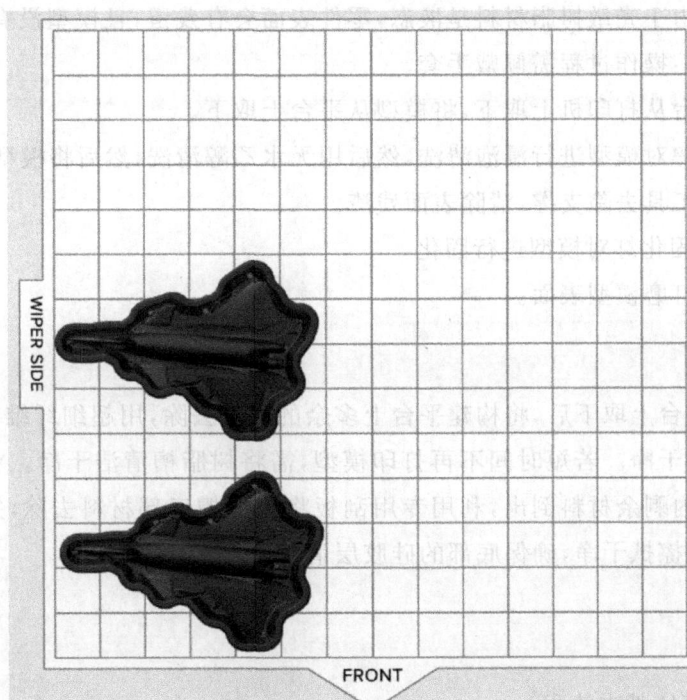

图 13 - 24　多个零件布局

　　模型设置完成后，点击开始打印，弹出打印窗口。打印机可以通过 USB 或者 WiFi 连接,搜索到打印机,显示打印机树脂盒和树脂槽的状态,miss 表示没有正常安装,检查设备正确安装树脂盒和树脂槽后,选择打印机,并点击上传任务。任务上传之后,可在打印机触摸屏上显示上传的文件,点击"Print Now"开始打印,如图 13-25 所示。打印开始前,树脂槽会自动添加树脂,并将树脂加热到 35℃,完成后会自动开始打印。

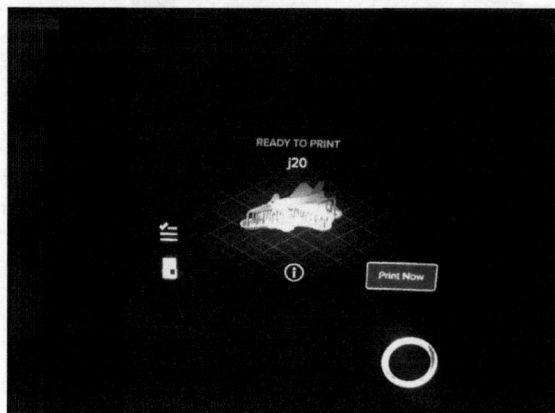

图 13-25　打印机确认打印

2. 模型后处理

打印完成后,由于光敏树脂材料是液态,零件表面会有残留,且模型没有完全固化,需进行特殊处理。注意:操作过程需佩戴手套。

(1)将构建平台从打印机上取下,将模型从平台上取下。

(2)采用异丙醇对模型进行浸泡清洗,然后用无水乙醇清洗,然后将模型擦干。

(3)利用专用工具去除支撑,清除表面残渣。

(4)采用 UV 固化灯对模型进行固化。

(5)采用砂纸打磨模型表面。

3. 打印机清理

模型从构建平台上取下后,将构建平台上多余的材料去除,用超细纤维布蘸无水乙醇将构建平台表面擦拭干净。若短时间不再打印模型,需将树脂槽清洁干净。将树脂刷和树脂槽取下,将树脂槽内剩余材料倒出,利用专用刮板将树脂槽底部材料去除,并采用超细纤维布蘸无水乙醇表面擦拭干净,确保底部的硅胶层清洁。

七、思考题

(1)简述 3D 打印基本流程。

(2)熔融沉积成型(FDM)3D 打印的原理是什么?

(3)光敏材料光固化成型(SLA)3D 打印的原理是什么?

参考文献

[1]周济,李培根.智能制造导论[M].北京:高等教育出版社,2021.

[2]梅雪松.机床数控技术[M].北京:高等教育出版社,2021.

[3]人力资源社会保障部专业技术人员管理司.智能制造工程技术人员——智能装备于产线应用(初级)[M].北京:中国人事出版社,2021.

[4]人力资源社会保障部专业技术人员管理司.智能制造工程技术人员——智能装备于产线应用(中级)[M].北京:中国人事出版社,2021.

[5]谢希仁.计算机网络(第8版)[M].北京:中国工信出版社,2022.

[6]李晶,徐学武,姜歌东,等,智能制造基础项目教程[M].北京:中国机械工业出版社,2021.

[7]李瑞峰,葛连正.工业机器人技术[M].北京:清华大学出版社,2019.

[8]王志全,王云飞.KUKA工业机器人基础入门与应用案例精析[M].北京:机械工业出版社,2020.

[9]张国雄.三坐标测量机[M].天津:天津大学出版社,1999.

[10]曾雅洁,刘有才,刘耀驰.熔融沉积成型打印技术研究进展[J].化工新型材料,2025,53(02):53-59.

[11]Penumakala P K,Santo J,Thomas A. Acriticalreview on the fused deposition modeling of thermoplastic polymer compoGsites[J]. Composites Part B:Engineering,2020,201:108336.

[12]王进峰,普雄鹰,刘颖,等.增材制造技术原理与应用[M].北京:化学工业出版社,2023.

[13]张国辉,胡一凡,孙靖贺.改进遗传算法求解多时间约束的柔性作业车间调度问题[J].工业工程,2020,23(2):19-25,48.

[14]杨立娟,郭艳婕,李晶,等.基于遗传算法的生产排程优化仿真实验设计[J].中国现代教育装备,2022,(11):5-7+10.

[15]潘怡颖,徐嘉杰,刘大河.基于遗传算法的汽车零配件生产排程问题[J].海峡科技与产业,2019(3):116-117,122.

[16]白鹏,张喜斌,张斌,等.SVM理论及工程应用实例[M].西安:西安电子科技大学出版社,2008.

[17]邱丽娟.基于支持向量机的铁谱磨粒图像识别技术[D].太原理工大学,2015.

[18]郑小敏,李翔宇.随机森林手势识别算法的高效嵌入式软件实现[J].计算机工程,2021,47(07):218-225.

[19]刘江,许康智,蔡伯根,等.基于XGBoost的列控车载设备故障预测方法[J].北京交通大学学报,2021,45(04):95-106.